非线性本构关系
在 ABAQUS 中的实现

阚前华　康国政　徐　祥　著

科 学 出 版 社
北　京

内 容 简 介

本书主要针对不同类型的非线性本构关系及其有限元实现过程进行阐述，着重讨论时间相关和时间无关两类非线性本构关系、循环本构关系和热力耦合循环本构关系、大变形本构关系、晶体塑性循环本构关系和应变梯度塑性本构关系。通过对非线性本构关系的应用背景、本构方程、非线性方程迭代求解和一致性切线模量推导进行详细介绍，展示非线性本构关系在结构非线性分析中的具体应用，为研究固体材料非线性力学响应提供基本的理论体系和数值分析方法。

本书可供力学、土木、材料、机械等工科专业的研究生阅读，作为非线性本构关系有限元实现方面的参考书籍，也可以作为技术开发人员进行结构非线性分析的参考用书。

图书在版编目（CIP）数据

非线性本构关系在 ABAQUS 中的实现 / 阚前华，康国政，徐祥著. —北京：科学出版社，2019.8（2020.7 重印）

ISBN 978-7-03-061815-3

Ⅰ. ①非… Ⅱ. ①阚… ②康… ③徐… Ⅲ. ①非线性弹性力学－有限元分析－应用软件 Ⅳ. ①O241.82-39

中国版本图书馆 CIP 数据核字（2019）第 137156 号

责任编辑：华宗琪 / 责任校对：杨聪敏
责任印制：罗 科 / 封面设计：墨创文化

科 学 出 版 社 出版
北京东黄城根北街 16 号
邮政编码：100717
http：//www.sciencep.com
四川煤田地质制图印刷厂印刷
科学出版社发行 各地新华书店经销
*
2019 年 8 月第 一 版 开本：787×1092 1/16
2020 年 7 月第三次印刷 印张：14
字数：330 000
定价：112.00 元
（如有印装质量问题，我社负责调换）

前　言

固体力学研究固体在外力、温度和形变作用下的响应，是连续介质力学的一个重要分支，而固体材料的本构关系则是固体力学最重要的研究方向之一，是进行复杂材料非线性分析的基石。材料本构关系的合理性和准确性是真实反映固体材料服役行为和开展结构数值分析的前提。目前大部分规范采用 Hooke 定律描述弹性应力-应变关系，进而基于许用应力开展结构设计。然而，随着新型材料和结构的不断涌现，材料和结构的服役环境日趋复杂，不仅涉及传统的金属材料，还有可能利用到高分子材料、智能材料等；不仅涉及弹塑性问题，还可能涉及热力耦合问题；不仅涉及单调加载情形，还有可能涉及循环加载情形；不仅涉及宏观尺度，还有可能涉及微纳米尺度。有限元分析作为国际工业界成熟的结构分析方法已被广泛应用在生产、制造的各个环节，极大地缩短了产品的研发周期。其中，常用的 ABAQUS、ANSYS、NASTRAN、COMSOL Multiphysics 等有限元软件因其工程仿真的便利性和求解器的高效性等，受到高等院校、科研院所和工业界的普遍欢迎。它们均为用户提供了大量的标准材料库，包含了多种经典的非线性材料模型。然而，非线性本构关系因材料、服役环境、研究尺度而异，现有有限元软件中难以一一包含。因此，针对不同类型、服役环境和研究尺度，借助大型有限元软件 ABAQUS 开发非弹性本构关系的用户材料子程序，对固体材料和结构在复杂加载环境下的强度和疲劳分析具有重要的理论意义和工程应用价值。

作者于 2003 年开始从事固体材料本构关系及其有限元实现方面的研究工作，不断推行非线性本构关系在航空、核电、铁路和高速公路等方面的应用，深切感受到工业界对复杂服役环境下结构非线性分析的紧迫需求；同时，也深知非线性本构关系自身的复杂性，一个基础的开发范例将极大地加快科技工作者的研发周期，而这些基础资料却很难从公共渠道获取。作者及其合作者自 2008 年开始在研究生教学中开设了“非弹性本构关系及其有限元实现”课程，广受研究生的欢迎，大量研究生在该课程的启发下完成了硕士学位论文和博士学位论文。然而，该课程目前仅受益于西南交通大学力学、土木和机械专业的研究生。

为了更好地为从事非线性本构关系用户子程序开发的广大研究生群体和科技工作者服务，作者试图通过本书尽可能全面地介绍结构分析中最新的非线性本构关系，不仅详细地介绍了不同非线性本构关系的本构框架及其应用范围，还重点介绍了有限元实现过程，并通过单个单元和结构分析进行充分验证，旨在说明不同类型非线性本构关系有限元实现的差异和特点，为开发者提供范例和参考。更为重要的是，所有开发的用户子程序源代码和输入文件均通过二维码方式提供，极大地方便了读者阅读和学习。考虑到 ABAQUS 在非线性材料本构关系方面的突出表现和用户子程序开发的友好性，本书所有实例均在 ABAQUS 中完成，读者通过修改相关代码对应的变量可较容易地移植到其他有限元软件中。

本书共 13 章，以不同类型的非线性本构关系为例，结合团队的研究成果，详尽地介绍了各类非线性本构关系在有限元软件 ABAQUS 中的有限元实现过程。第 1 章为绪论部分，介绍本构关系的框架、用户子程序模板和输入文件格式；第 2～6 章首先介绍非线性弹性和黏弹性本构关系，进而考虑弹塑性、黏塑性和超弹性本构关系；第 7 章和第 8 章介绍循环弹塑性和黏塑性本构关系；第 9 章和第 10 章介绍热力耦合循环塑性本构关系和耦合损伤循环塑性本构关系；第 11 章则在大变形框架下介绍弹塑性循环本构关系；第 12 章和第 13 章基于微观变形机制考虑材料的晶体结构和尺寸效应分别介绍了晶体塑性循环本构关系和应变梯度塑性本构模型。

谨对本书所引用到的所有研究成果的作者表示诚挚谢意；感谢李建博士、丁立博士、赵吉中博士、王子仪博士和梁志鸿硕士在内容编写和校对方面的大力支持和帮助。最后，感谢国家自然科学基金（11572265，U1734207 和 11532010）的资助和支持。

受编者水平所限，不妥之处在所难免，敬请读者批评指正，共同提高。

阚前华　康国政　徐　祥

2018 年 8 月于成都

目　　录

第 1 章　绪论：非线性本构关系简介

1.1　本构关系概述

1.1.1　本构关系的含义

从广义上讲，本构关系是指材料激励和内部响应之间的关系，描述这一关系的数学表达式则称为本构方程。例如，电压与在电压的作用下导体产生的电流之间的关系；温差与由温差在导热物体中引起的热流之间的关系；力和可变形物体在力的作用下产生的变形之间的关系；水力梯度和由此引起的土体材料渗流之间的关系等[1]。

在连续介质力学框架下，材料的本构方程是通过另一个物理场量 $\boldsymbol{\Lambda}$（或一系列物理场）的值给出一个物理场 $\hat{\boldsymbol{\Phi}}$ 逐点的值，通常用如下形式的方程表示[2]：

$$\boldsymbol{\Phi}(\boldsymbol{X},t)=\hat{\boldsymbol{\Phi}}(\boldsymbol{\Lambda}(\boldsymbol{X},t),\boldsymbol{X}) \tag{1-1}$$

其中，函数 $\hat{\boldsymbol{\Phi}}$ 为本构响应函数。为了反映本构响应与材料点位置的相关性，将本构响应函数 $\hat{\boldsymbol{\Phi}}$ 显式地表示为材料点 $\boldsymbol{X}$ 的函数。如果物体的本构响应函数 $\hat{\boldsymbol{\Phi}}$ 与材料点 $\boldsymbol{X}$ 无关，则称物体是均匀的。

从狭义上讲，材料的本构关系反映了材料在物理运动过程中受到的外部激励和内部响应之间的关系，在固体力学范畴内讨论的材料本构关系是专指力与固体材料在力作用下产生的变形之间的关系，也称为材料的本构理论。简而言之，是讨论固体材料中的应力和应变之间的关系。最简单的本构关系就是材料力学中所涉及的胡克定律，又称为线弹性材料本构关系。

1.1.2　本构关系的分类

按照本构理论描述的材料变形行为的特性来分，大致可分为：弹性本构模型、黏弹性本构模型、塑性本构模型、黏塑性本构模型和损伤本构模型等[1]。

弹性本构模型：建立在弹性理论基础上的本构模型。包括线性弹性本构模型（即广义胡克定律）和非线性弹性本构模型。其描述的是可恢复的变形，即弹性变形与外加应力之间的关系。

黏弹性本构模型：描述与时间相关的弹性变形行为的本构模型，即反映了可恢复变形与外加应力及时间之间的关系。

塑性本构模型：建立在塑性理论基础上的一种与时间无关的本构模型，包括屈服面、流动准则及硬化准则等，描述的是不可恢复变形，即塑性变形与外加应力之间的关系。进一步细分，可分为理想塑性本构模型（不考虑材料弹性变形）和硬化塑性本构模型（即通常提到的弹塑性模型）两大类。

黏塑性本构模型：建立在黏塑性理论基础上的一种与时间相关的本构模型，反映了塑性和黏性之间的共同作用，可分为刚性-黏塑性本构模型和弹-黏塑性本构模型（也称黏塑性本构模型）。此外，针对塑性和黏性之间的共同作用，也可将其分为分离型黏塑性本构模型和统一型黏塑性本构模型。其中，分离型黏塑性本构模型将塑性变形和黏性变形分离开来，分别引入不同的流动准则；而统一型黏塑性本构模型则不区分塑性和黏性变形，用一个统一的流动准则来反映与时间相关的塑性变形的演化。

损伤本构模型：是建立在损伤力学基础上的本构模型，其考虑各种损伤理论下损伤与变形的耦合作用。

1.1.3　本构原理

材料本构方程的建立，或者说建立的本构方程能否真实地反映材料的响应特性，必须满足如下两个基本原理（也称为本构原理）[2]。

1. 构架无差异原理（客观性原理）

由于材料的本构方程代表了不同材料点在外部作用下的响应特征，而这种特征并不会随着观察者角度的变化而变化，也就是说，建立的本构方程必须满足构架无差异性要求，即建立的本构方程在构架发生变化过程中必须是构架无差异的、客观的，其具体表示如下。

在时空变换 $\{\boldsymbol{x},t\}$ 和 $\{\boldsymbol{x}^*,t^*\}$ 中，存在：

$$\boldsymbol{x}^* = \boldsymbol{Q}(t)\boldsymbol{x} + \boldsymbol{c}(t),\quad t^* = t + a \tag{1-2}$$

其中，$\boldsymbol{Q}(t)$ 和 $\boldsymbol{c}(t)$ 分别表示正交张量和向量；a 为某一常数。实际上，$\boldsymbol{Q}(t)$ 为刚体转动；$\boldsymbol{c}(t)$ 为刚体平移。

在满足式（1-2）的两个做相对运动的时空参考系下，若标量场 ρ，向量场 $\boldsymbol{u}$，张量场 $\boldsymbol{T}$ 分别满足：

$$\rho^* = \rho,\quad \boldsymbol{u}^* = \boldsymbol{Q}\boldsymbol{u},\quad \boldsymbol{T}^* = \boldsymbol{Q}\boldsymbol{T}\boldsymbol{Q}^{\mathrm{T}} \tag{1-3}$$

则分别称标量场 ρ，向量场 $\boldsymbol{u}$，张量场 $\boldsymbol{T}$ 是客观的。

2. 热力学相容性要求

热力学相容性的要求是：建立的本构方程必须满足热力学定律，即具有热力学相容性。包括热力学第一定律（能量守恒定律）和热力学第二定律（熵增原理）。

1）热力学第一定律

对于一个封闭的系统，所有外部作用对系统所做的总功率必须等于系统总能量的增加率。系统的能量众多，但对于材料在外力作用下的变形来说，只关心机械能和热能，因此对以 $\partial\Omega$ 为边界，体积为 Ω 的物体，设

（1）E 为内能，e 为比内能，则有 $E = \int_{\Omega} \rho e \mathrm{d}\Omega$。

（2）K 为动能，则 $K=\frac{1}{2}\int_{\Omega}\rho\boldsymbol{v}\cdot\boldsymbol{v}\mathrm{d}\Omega$ 。

（3）Q 为体积 Ω 的物体的热能吸收率，可以由内部热源产生，也可以由外界通过热传递产生，即 $Q=\int_{\Omega}\rho r\mathrm{d}\Omega-\int_{\partial\Omega}\boldsymbol{q}\cdot\boldsymbol{n}\mathrm{d}s$ ，其中，r 为内热的质量密度；$\boldsymbol{q}$ 是热流矢量；$\boldsymbol{n}$ 是物体边界的外法线方向。

（4）$P_{(e)}$ 是外力的实际功率，即 $P_{(e)}=\int_{\Omega}\rho\boldsymbol{f}\cdot\boldsymbol{v}\mathrm{d}\Omega+\int_{\partial\Omega}\boldsymbol{T}\cdot\boldsymbol{v}\mathrm{d}s$。

根据质量守恒定律，物体在受外力作用而产生运动的过程中，不发生物体质量的损失或者增加，即在运动过程中物体的质量保持不变，称为质量守恒定律，其数学表达式为

$$\dot{\rho}+\rho\nabla_x\cdot\boldsymbol{v}=0 \tag{1-4}$$

其中，ρ 是物体当前时刻的密度；$\boldsymbol{v}$ 为物体当前时刻的速度矢量；∇_x 为梯度算子。

根据动量守恒定律，物体中所有点的总动量的变化率等于作用在该物体上的所有外力的矢量和，则有

$$\frac{\mathrm{d}}{\mathrm{d}t}\int_{\Omega}\rho\boldsymbol{v}\mathrm{d}\Omega=\int_{\Omega}\rho\boldsymbol{f}\mathrm{d}\Omega+\int_{\partial\Omega}\boldsymbol{T}\mathrm{d}s \tag{1-5}$$

其中，$\frac{\mathrm{d}}{\mathrm{d}t}$ 表示物质导数；Ω 为物体当前时刻的体积；$\partial\Omega$ 为物体边界；$\boldsymbol{f}$ 为单位质量上物体所受的体力向量；$\boldsymbol{T}$ 为作用在物体边界上的张力向量，且有

$$\boldsymbol{T}=\boldsymbol{\sigma}\cdot\boldsymbol{n} \tag{1-6}$$

$\boldsymbol{\sigma}$ 为物体的应力张量；$\boldsymbol{n}$ 是边界面的外法线方向向量。

利用散度定理：$\int_{\partial\Omega}\boldsymbol{T}\mathrm{d}s=\int_{\partial\Omega}\boldsymbol{\sigma}\cdot\boldsymbol{n}\mathrm{d}s=\int_{\Omega}\nabla_x\cdot\boldsymbol{\sigma}\mathrm{d}\Omega$ ，则式（1-5）可写为

$$\int_{\Omega}\nabla_x\cdot\boldsymbol{\sigma}+\rho\boldsymbol{f}-\rho\frac{\mathrm{d}\boldsymbol{v}}{\mathrm{d}t}\mathrm{d}\Omega=0 \tag{1-7}$$

由此可得

$$\nabla_x\cdot\boldsymbol{\sigma}+\rho\boldsymbol{f}=\rho\frac{\mathrm{d}\boldsymbol{v}}{\mathrm{d}t} \tag{1-8}$$

根据动量矩守恒定律，物体中所有点的总动量矩的变化率等于作用在该物体上所有矩的矢量和，则有

$$\frac{\mathrm{d}}{\mathrm{d}t}\int_{\Omega}(\boldsymbol{r}\times\rho\boldsymbol{v})\mathrm{d}\Omega=\int_{\Omega}(\boldsymbol{r}\times\rho\boldsymbol{f})\mathrm{d}\Omega+\int_{\partial\Omega}(\boldsymbol{r}\times\boldsymbol{T})\mathrm{d}s \tag{1-9}$$

其中，$\boldsymbol{r}$ 是所考虑物体点的位置向量。利用如下积分定理：

$$\int_{\partial\Omega}(\boldsymbol{r}\times\boldsymbol{T})\mathrm{d}s=\int_{\partial\Omega}(\boldsymbol{r}\times\boldsymbol{\sigma}\cdot\boldsymbol{n})\mathrm{d}s=\int_{\partial\Omega}\boldsymbol{n}\cdot(\boldsymbol{r}\times\boldsymbol{\sigma}^{\mathrm{T}})^{\mathrm{T}}\mathrm{d}s=\int_{\Omega}\nabla_x\cdot(\boldsymbol{r}\times\boldsymbol{\sigma}^{\mathrm{T}})^{\mathrm{T}}\mathrm{d}\Omega \tag{1-10}$$

可得

$$\boldsymbol{\sigma}=\boldsymbol{\sigma}^{\mathrm{T}} \tag{1-11}$$

这就是应力张量的对称性。

基于以上定理，可得热力学第一定律：$\forall\Omega$，有

$$\frac{\mathrm{d}}{\mathrm{d}t}(E+K)=P_{(e)}+Q \tag{1-12}$$

或

$$\frac{\mathrm{d}}{\mathrm{d}t}\int_{\Omega}\rho\left(e+\frac{1}{2}\boldsymbol{v}\cdot\boldsymbol{v}\right)\mathrm{d}\Omega=\int_{\Omega}\rho(\boldsymbol{f}\cdot\boldsymbol{v}+\boldsymbol{r})\mathrm{d}\Omega+\int_{\partial\Omega}\boldsymbol{T}\cdot\boldsymbol{v}-\boldsymbol{q}\cdot\boldsymbol{n}\mathrm{d}s \tag{1-13}$$

利用散度定理，有

$$\int_{\partial\Omega}\boldsymbol{T}\cdot\boldsymbol{v}-\boldsymbol{q}\cdot\boldsymbol{n}\mathrm{d}s=\int_{\partial\Omega}[(\boldsymbol{\sigma}\cdot\boldsymbol{n})\cdot\boldsymbol{v}-\boldsymbol{q}\cdot\boldsymbol{n}]\mathrm{d}s=\int_{\Omega}\nabla_x(\boldsymbol{\sigma}\cdot\boldsymbol{v}-\boldsymbol{q})\mathrm{d}\Omega \tag{1-14}$$

利用式（1-5）和式（1-6）可得

$$\int_{\Omega}\rho\frac{\mathrm{d}e}{\mathrm{d}t}\mathrm{d}\Omega=\int_{\Omega}\rho(\boldsymbol{f}\cdot\boldsymbol{v}+\boldsymbol{r})+\nabla_x(\boldsymbol{\sigma}\cdot\boldsymbol{v}-\boldsymbol{q})\mathrm{d}\Omega \tag{1-15}$$

再利用动量守恒定律有

$$\rho\frac{\mathrm{d}e}{\mathrm{d}t}=\boldsymbol{\sigma}:\boldsymbol{D}+\nabla_x\cdot\boldsymbol{q} \tag{1-16}$$

写成分量形式为

$$\rho\frac{\mathrm{d}e}{\mathrm{d}t}=\sigma_{ij}D_{ij}+\rho r-q_{ii} \tag{1-17}$$

其中，$\boldsymbol{D}$ 为变形率张量。在小变形假设下，式（1-17）可写成

$$\rho\frac{\mathrm{d}e}{\mathrm{d}t}=\sigma_{ij}\dot{\varepsilon}_{ij}+\rho r-q_{ii} \tag{1-18}$$

其中，$\dot{\varepsilon}_{ij}$ 为应变率张量。

2）热力学第二定律

在一个物体体系中存在一个热力学状态变量——熵，其表达式为 $S=\int_{\Omega}\rho s\mathrm{d}\Omega$，熵的变化决定了系统中能量转移的方向。熵反映的是一种与温度变化相关的能量变化。热力学第二定律指出，熵的生成率总是大于或等于热吸收率除以温度，对 $\forall\Omega$ 有

$$\frac{\mathrm{d}S}{\mathrm{d}t}\geqslant\int_{\Omega}\frac{\rho r}{T}\mathrm{d}\Omega-\int_{\partial\Omega}\frac{\boldsymbol{q}\cdot\boldsymbol{n}}{T}\mathrm{d}s \tag{1-19}$$

其中，S 为熵；s 为比熵密度。也可以由散度定理写成

$$\int_{\Omega}\left(\rho\frac{\mathrm{d}s}{\mathrm{d}t}+\nabla_x\cdot\frac{\boldsymbol{q}}{T}-\frac{\rho r}{T}\right)\mathrm{d}\Omega\geqslant 0 \tag{1-20}$$

由于对 $\forall\Omega$ 都成立，则由上式可得

$$\rho\frac{\mathrm{d}s}{\mathrm{d}t}+\nabla_x\cdot\frac{\boldsymbol{q}}{T}-\frac{\rho r}{T}\geqslant 0 \tag{1-21}$$

利用能量守恒定律，消去 ρr 可得

$$\rho\frac{\mathrm{d}s}{\mathrm{d}t}+\nabla_x\cdot\frac{\boldsymbol{q}}{T}-\frac{1}{T}\left(\rho\frac{\mathrm{d}e}{\mathrm{d}t}-\boldsymbol{\sigma}:\boldsymbol{D}+\nabla_x\cdot\boldsymbol{q}\right)\geqslant 0 \tag{1-22}$$

由于 $\nabla_x\cdot\frac{\boldsymbol{q}}{T}=\frac{\nabla_x\cdot\boldsymbol{q}}{T}-\frac{\boldsymbol{q}\cdot\mathrm{grad}(T)}{T^2}$，再乘以 T ($T>0$)，可得

$$\rho\left(T\frac{\mathrm{d}s}{\mathrm{d}t}-\frac{\mathrm{d}e}{\mathrm{d}t}\right)+\boldsymbol{\sigma}:\boldsymbol{D}-\frac{\boldsymbol{q}\cdot\mathrm{grad}(T)}{T^2}\geqslant 0 \tag{1-23}$$

其中，grad(T) 表示 T 的梯度。引入一个新的变量，即比自由能 $\psi(\psi = e - Ts)$，可得如下 Clausius-Duhem 不等式：

$$\boldsymbol{\sigma}:\boldsymbol{D}-\rho\left(\frac{\mathrm{d}\psi}{\mathrm{d}t}+s\frac{\mathrm{d}T}{\mathrm{d}t}\right)-\frac{\boldsymbol{q}\cdot\mathrm{grad}(T)}{T^2}\geqslant 0 \tag{1-24}$$

在小变形假设下，式（1-24）可以写成

$$\boldsymbol{\sigma}:\dot{\boldsymbol{\varepsilon}}-\rho(\dot{\psi}+s\dot{T})-\frac{\boldsymbol{q}\cdot\mathrm{grad}(T)}{T^2}\geqslant 0 \tag{1-25}$$

若该物理过程是一个等温绝热过程，且不考虑温度变化的小变形范围内的弹塑性变形过程，则上述 Clausius-Duhem 不等式简化为如下形式：

$$\boldsymbol{\sigma}:\dot{\boldsymbol{\varepsilon}}-\rho\dot{\psi}\geqslant 0 \tag{1-26}$$

3. 其他常用的本构原理

除了上述两个最基本的本构原理外，还有其他几个比较常用的本构原理：

1）决定性原理

假定在某一个参考时刻 t_0，物体 B_{t_0} 在空间所占据的区域对应于参考构形 B，则决定性原理认为：如果在 t_0 时刻物体中所有材料点的热力学状态已知，则材料点 $\boldsymbol{X}$ 在以后的 t 时刻的应力状态完全由物体中所有材料点自时刻 t_0 到时刻 t 的运动历史决定。

2）局部作用原理

局部作用原理认为：在 t 时刻对应于材料点 $\boldsymbol{X}$ 的应力仅依赖于该材料点附近无限小的邻域内材料点的运动历史，而与远离该材料点的运动历史无关。

3）关于材料对称性的不变性原理

材料的本构关系应满足与材料对称性有关的、在某些正交变换群下的不变性要求。例如，对于各向同性材料，其本构关系就应该在任意正交变换群下是不变的，进而其本构响应函数可以通过各向同性张量函数的表示定理给出其具体表达形式。

4）记忆公理

记忆公理实际上是在时间尺度上与空间尺度上的局部作用原理相对应的一个基本原理。其指出：在相隔较远的过去时刻，本构变量的值对本构响应函数的当前值不产生明显影响。也就是说，物体在任意一个时刻 t 的本构关系，只取决于该时刻以前较短时间历史内（或称为较短的时间域内）的独立的本构变量的值及其变化。

如果运动足够光滑，则运动 $\chi(\boldsymbol{X},t')$ 在所考虑的当前时刻 t 可以展开成泰勒（Taylor）级数，按照记忆公理的要求，过去较远时刻 t' 的独立变量对当前时刻 t 的材料本构关系的影响可以忽略，进而在级数展开式中可以只保留 $t'-t$ 的低幂次项；如果运动不够光滑，则可以采用影响函数的积分形式来考察记忆效应对材料本构关系的影响，如黏弹性情形等。

5）简单物质假设

简单物质假设的定义是：物质的本构关系仅依赖于变形梯度历史 $\boldsymbol{F}(\boldsymbol{X},\tau)$（其中，$\tau$ 是反映历史记忆的时间变量），而与运动 $\chi(\boldsymbol{X},\tau)$ 关于材料 $\boldsymbol{X}$ 的高阶导数无关。

1.2　本构关系的两种形式

1.2.1　全量型本构关系

塑性力学中用全量应力和全量应变表述弹塑性材料本构关系的理论，称为全量型本构关系，又称为塑性变形理论，其是描述简单加载条件下金属塑性变形过程中应变和应力之间关系的物性方程（本构方程）[3]。

塑性全量理论要求结构内部每一质点的材料都经历简单加载的历史。但实际结构大多数是在非均匀应力条件下工作的，要保证结构内部每一点都满足简单加载条件，对于结构所承受的载荷和结构的材料必须提出某些要求。Iliushin 指出，如果满足如下的三个条件，那么结构内各点都经历简单加载：①小变形；②所有外载荷都通过一个公共参数按比例单调增加，如有位移边界条件，只能是零位移边界条件；③材料是不可压缩的。这就是简单加载定理。

单一曲线假设：在简单加载或偏离简单加载不太大的条件下，应力强度与应变强度具有确定的关系，而且可以用单向拉伸曲线表示，与应力状态无关，即

$$\sigma=\Phi(\varepsilon)\Rightarrow\bar{\sigma}=\Phi(\bar{\varepsilon}) \tag{1-27}$$

弹性状态下，根据广义胡克定律 $\boldsymbol{\varepsilon}=\boldsymbol{C}^{-1}:\boldsymbol{\sigma}$ 可得出偏量形式的广义胡克定律

$$\varepsilon_m=\frac{1-2\nu}{E}\sigma_m,\quad \boldsymbol{e}=\frac{1}{2G}\boldsymbol{s} \tag{1-28}$$

根据 von Mises 条件下等效应力应变表达式，进一步可以得到

$$G=\frac{\bar{\sigma}}{3\bar{\varepsilon}} \tag{1-29}$$

塑性阶段，塑性变形理论指出，偏塑性应变分量与偏应力分量成正比

$$\boldsymbol{e}=\lambda\boldsymbol{s} \tag{1-30}$$

此外，根据静水压力实验可知，体积应变是弹性的，因此

$$\sigma_m=\frac{E}{1-2\nu}\varepsilon_m \tag{1-31}$$

Hencky-Iliushin 理论（形变理论）可表述为

$$\varepsilon_m=\frac{1-2\nu}{E}\sigma_m,\quad \boldsymbol{e}=\frac{3\bar{\varepsilon}}{2\bar{\sigma}}\boldsymbol{s},\quad \bar{\sigma}=\Phi(\bar{\varepsilon}) \tag{1-32}$$

1.2.2　增量型本构关系

增量型本构关系是相对全量型本构关系而言的，由于材料具有在进入塑性状态时的非线性性质和塑性变形的不可恢复的特点，因此须研究应力增量和应变增量之间的关系，这就是所谓的增量理论（增量型本构关系）。对弹塑性体，只有在简单加载的条件下，才能建立应力和应变全量之间的关系（本构方程），但在一般塑性变形条件下，我们只能建立两者增量之间的关系。用增量形式表示的本构关系，一般统称为增量理论或流动理论[4]。

Drucke 公设：如图 1-1 所示，对于强化材料，考虑某一应力循环，开始应力状态 $\boldsymbol{\sigma}^0$ 在屈服面内，到达 $\boldsymbol{\sigma}$，刚好在屈服面上，继续加载到 $(\boldsymbol{\sigma}+\mathrm{d}\boldsymbol{\sigma})$，在这一阶段产生塑性应变增量 $\mathrm{d}\boldsymbol{\varepsilon}$，最后又将应力卸回到 $\boldsymbol{\sigma}^0$。对于稳定材料，整个应力循环内附加应力做功大于零，即 $\oint_{\sigma^0}\boldsymbol{\sigma}\mathrm{d}\boldsymbol{\varepsilon}\geqslant 0$。

增量型本构关系主要是以应力应变增量之间的关系建立起来的，以理想刚塑性材料（$\bar{\sigma}=\sigma_s$）为例，其应力应变关系如图 1-2 所示，有

$$\sigma=\begin{cases}E\varepsilon, & \varepsilon\leqslant\varepsilon_s\\ \sigma_s, & \varepsilon>\varepsilon_s\end{cases} \tag{1-33}$$

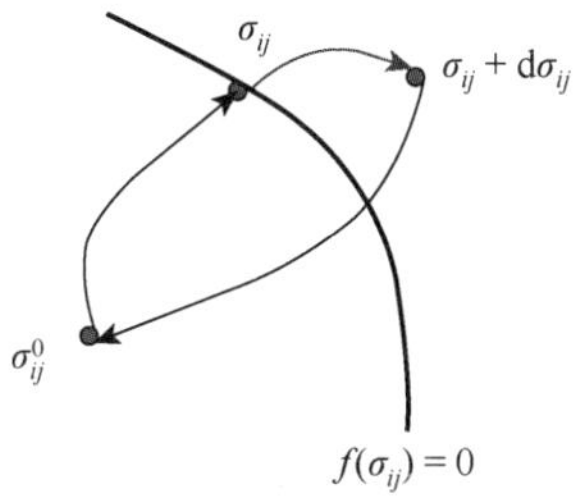

图 1-1　应力循环示意图

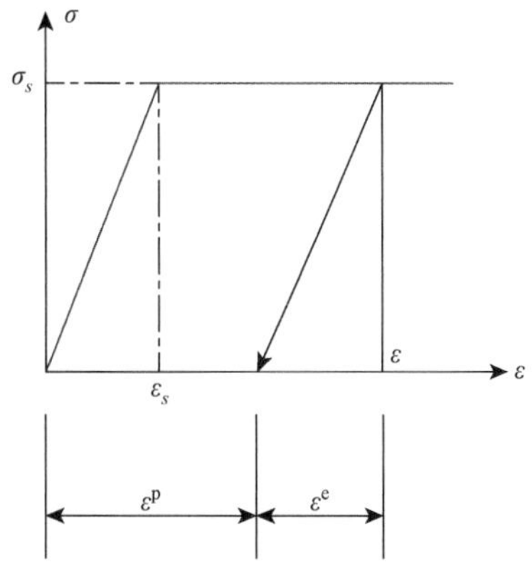

图 1-2　理想刚塑性材料应力应变曲线

在塑性区，应变增量由弹性和塑性两部分组成：

$$\mathrm{d}\boldsymbol{\varepsilon}=\mathrm{d}\boldsymbol{\varepsilon}^{\mathrm{e}}+\mathrm{d}\boldsymbol{\varepsilon}^{\mathrm{p}},\quad \mathrm{d}\boldsymbol{e}=\mathrm{d}\boldsymbol{e}^{\mathrm{e}}+\mathrm{d}\boldsymbol{e}^{\mathrm{p}} \tag{1-34}$$

进而有

$$\mathrm{d}\boldsymbol{e}^{\mathrm{e}}=\frac{1}{2G}\mathrm{d}\boldsymbol{s}+\boldsymbol{s}\mathrm{d}\lambda \tag{1-35}$$

根据 Drucke 公设所考虑功 $\mathrm{d}W_d=\boldsymbol{s}:\mathrm{d}\boldsymbol{e}$ 得到

$$\mathrm{d}\lambda=\frac{3\mathrm{d}W_d}{2\sigma_s^2} \tag{1-36}$$

因此，在增量型本构关系描述下，理想刚塑性材料增量型本构关系（Prandtl-Reuss 理论）可描述为

$$\begin{cases}\varepsilon_m=\dfrac{1-2\nu}{E}\sigma_m\\ \mathrm{d}\boldsymbol{e}=\dfrac{1}{2G}\mathrm{d}\boldsymbol{s}+\dfrac{3\mathrm{d}W_d}{2\sigma_s^2}\boldsymbol{s}\end{cases} \tag{1-37}$$

增量理论不受加载条件的限制，在理论上较全量理论优越。但在实际运用时，须按加载过程中变形路径进行积分，因此较复杂。

1.3 本构关系的张量表示

在连续介质力学框架下，变形体局部的长度变化是由变形梯度张量$\boldsymbol{F}$来表征的。因此，若变形梯度张量$\boldsymbol{F}$已知，可以通过给出自由能ψ_R和应力张量$\boldsymbol{T}_R$与变形梯度张量$\boldsymbol{F}$的数学方程来定义这类弹性固体的响应特性，即

$$\begin{cases}\psi_R=\hat{\psi}_R(\boldsymbol{F})\\ \boldsymbol{T}_R=\hat{\boldsymbol{T}}_R(\boldsymbol{F})\end{cases} \tag{1-38}$$

其中，响应函数$\hat{\psi}_R$和$\hat{\boldsymbol{T}}_R$由一系列严格正定的张量来定义。这样式（1-38）也称为弹性固体的本构方程[2]。

此外，反映张量间相互关系的附加本构方程可表示为

$$\begin{cases}\boldsymbol{T}=\hat{\boldsymbol{T}}_R(\boldsymbol{F})=(\det\boldsymbol{F})^{-1}\hat{\boldsymbol{T}}_R(\boldsymbol{F})\boldsymbol{F}^{\mathrm{T}}\\ \boldsymbol{T}_{RR}=\hat{\boldsymbol{T}}_{RR}(\boldsymbol{F})=\boldsymbol{F}^{-1}\hat{\boldsymbol{T}}_R(\boldsymbol{F})\end{cases} \tag{1-39}$$

根据 1.1.3 节中讨论的本构原理可知，建立的本构方程若要真实地反映材料的响应特性，则必须要满足两个基本原理，即构架无差异性（客观性）原理和热力学相容性原理要求。因此，下面基于这两个原理对上述本构进行讨论并做一下必要的变化。

1. 构架无差异性（客观性）原理的要求

基于式（1-39）给出的弹性固体本构方程，因为自由能ψ_R是一个标量场，并且是构架变化时的不变量。因此在构架进行变化时应满足

$$\psi_R^*=\psi_R \tag{1-40}$$

其中，$\psi_R^*=\hat{\psi}_R(\boldsymbol{F}^*)$为构架变换后的自由能；$\psi_R=\hat{\psi}_R(\boldsymbol{F})$为构架变化前的自由能。又因为在构架发生变化时变形梯度张量$\boldsymbol{F}$满足变换$\boldsymbol{F}^*=\boldsymbol{QF}$，则式（1-40）可以写成

$$\hat{\psi}_R(\boldsymbol{F})=\hat{\psi}_R(\boldsymbol{F}^*)=\hat{\psi}_R(\boldsymbol{QF}) \tag{1-41}$$

其中，$\boldsymbol{Q}$为正交变化张量。

同样，对于 Piola 应力本构方程，在 Piola 应力张量$\boldsymbol{T}_R$满足变换式$\boldsymbol{T}_R^*=\boldsymbol{QT}_R$时，有

$$\boldsymbol{T}_R^*=\hat{\boldsymbol{T}}_R(\boldsymbol{F}^*)=\hat{\boldsymbol{T}}_R(\boldsymbol{QF}) \tag{1-42}$$

则可以推得在构架发生变换时，响应函数$\hat{\psi}_R$和$\hat{\boldsymbol{T}}_R$应该满足：对所有的正交张量$\boldsymbol{Q}$和变形梯度张量$\boldsymbol{F}$，有

$$\begin{cases}\hat{\psi}_R(\boldsymbol{F})=\hat{\psi}_R(\boldsymbol{QF})\\ \hat{\boldsymbol{T}}_R(\boldsymbol{F})=\boldsymbol{Q}^{\mathrm{T}}\hat{\boldsymbol{T}}_R(\boldsymbol{QF})\end{cases} \tag{1-43}$$

由于正交张量$\boldsymbol{Q}$具有任意性，可以令$\boldsymbol{Q}=\boldsymbol{R}^{\mathrm{T}}$，这样，再根据变形梯度张量$\boldsymbol{F}$的极分解$\boldsymbol{F}=\boldsymbol{RU}$，可以得到$\boldsymbol{QF}=\boldsymbol{U}$。如果保持式（1-43）中左边的变形梯度张量$\boldsymbol{F}$固定不变，则可将式（1-43）改写成

$$\begin{cases}\hat{\psi}_R(\boldsymbol{F})=\hat{\psi}_R(\boldsymbol{U})\\ \hat{\boldsymbol{T}}_R(\boldsymbol{F})=\boldsymbol{R}\hat{\boldsymbol{T}}_R(\boldsymbol{U})\end{cases} \tag{1-44}$$

进一步地，将上式中的右伸长张量 $\boldsymbol{U}$ 替换成 $\sqrt{\boldsymbol{C}}$，其中，$\boldsymbol{C}$ 为右 Cauchy-Green 变形张量，则可以通过 $\bar{\psi}_R(\boldsymbol{C})=\hat{\psi}_R(\sqrt{\boldsymbol{C}})$ 引入一个响应函数 $\bar{\psi}_R$，将自由能 ψ_R 定义为右 Cauchy-Green 变形张量 $\boldsymbol{C}$ 的函数，即

$$\psi_R=\bar{\psi}_R(\boldsymbol{C}) \tag{1-45}$$

同理，根据反映应力张量之间关系的附加本构关系（1-39）和本构方程（1-42），对第二 Piola 应力张量 $\boldsymbol{T}_{RR}$，有

$$\hat{\boldsymbol{T}}_{RR}(\boldsymbol{F})=\boldsymbol{F}^{-1}\hat{\boldsymbol{T}}_{RR}(\boldsymbol{F})=\boldsymbol{F}^{-1}\boldsymbol{R}\hat{\boldsymbol{T}}_{RR}(\boldsymbol{U})=\boldsymbol{U}^{-1}\hat{\boldsymbol{T}}_{RR}(\boldsymbol{U}) \tag{1-46}$$

将上式中的右伸长张量 $\boldsymbol{U}$ 替换成 $\sqrt{\boldsymbol{C}}$，则可以通过 $\boldsymbol{T}_{RR}=\sqrt{\boldsymbol{C}}\hat{\boldsymbol{T}}(\sqrt{\boldsymbol{C}})=\bar{\boldsymbol{T}}_{RR}(\boldsymbol{C})$ 引入一个响应函数 $\bar{\boldsymbol{T}}_{RR}$，将第二 Piola 应力张量 $\boldsymbol{T}_{RR}$ 定义为右 Cauchy-Green 变形张量 $\boldsymbol{C}$ 的函数，进而有

$$\boldsymbol{T}_R=\boldsymbol{F}\bar{\boldsymbol{T}}_{RR}(\boldsymbol{C}) \tag{1-47}$$

上述推导过程说明，如果本构方程（1-38）要满足构架无差异性（客观性）原理，则该本构方程必须退化为式（1-45）和式（1-47）所示的特殊形式。

此外，由于第二 Piola 应力张量 $\boldsymbol{T}_{RR}$ 是对称张量，则由客观性原理的应力本构方程（1-47）可以推得

$$\boldsymbol{T}_R\boldsymbol{F}^{\mathrm{T}}-\boldsymbol{F}\boldsymbol{T}_R^{\mathrm{T}}=\boldsymbol{F}\boldsymbol{T}_{RR}\boldsymbol{F}^{\mathrm{T}}-\boldsymbol{F}\boldsymbol{T}_{RR}^{\mathrm{T}}\boldsymbol{F}^{\mathrm{T}}=\boldsymbol{F}(\boldsymbol{T}_{RR}-\boldsymbol{T}_{RR}^{\mathrm{T}})=\boldsymbol{0} \tag{1-48}$$

这意味着本构方程（1-38）的构架无差异性要求同时使得动量矩平衡方程能够自动满足。因此，在后续讨论过程中，只要本构方程是满足构架无差异性原理要求的，就可以不用再考虑动量矩是否平衡的问题。

最后，利用应力张量之间的变换关系式，描述 Cauchy 应力张量 $\boldsymbol{T}$ 和第二 Piola 应力张量 $\boldsymbol{T}_{RR}$ 之间关系的附加本构方程变为

$$\boldsymbol{T}=J^{-1}\boldsymbol{F}\bar{\boldsymbol{T}}_{RR}(\boldsymbol{C})\boldsymbol{F}^{\mathrm{T}} \tag{1-49}$$

式（1-47）、式（1-45）和 $\boldsymbol{T}_{RR}=\bar{\boldsymbol{T}}_{RR}(\boldsymbol{C})$ 表明，决定 Piola 应力 $\boldsymbol{T}_R$、Cauchy 应力张量 $\boldsymbol{T}$ 和第二 Piola 应力张量 $\boldsymbol{T}_{RR}$ 的关键要素是第二 Piola 应力张量 $\boldsymbol{T}_{RR}$ 的响应函数 $\bar{\boldsymbol{T}}_{RR}$。

综上所述，构架无差异性原理对本构方程（1-38）的要求把弹性固体的表征问题退化为如何确定自由能 ψ_R 和第二 Piola 应力张量 $\boldsymbol{T}_{RR}$ 的响应函数 $\bar{\psi}_R$ 和 $\bar{\boldsymbol{T}}_{RR}$（二者均取决于右 Cauchy-Green 变形张量 $\boldsymbol{C}$）。另外，这一客观性原理的要求还会使得弹性体的力学响应自动满足动量矩平衡方程的要求。

2. 热力学相容性原理的要求

如前所述，材料的本构方程除了需要满足客观性原理要求以外，还应满足能量守恒定律（热力学第一定律）和热力学第二定律。

针对任意一个本构方程，由满足客观性原理要求的本构方程（1-43）的材料时间导数可得

$$\dot{\psi}_R=\frac{\partial\bar{\psi}_R(\boldsymbol{C})}{\partial\boldsymbol{C}}:\dot{\boldsymbol{C}} \tag{1-50}$$

利用功率共轭关系式和 $\boldsymbol{T}_{RR}=\bar{\boldsymbol{T}}_{RR}(\boldsymbol{C})$ 可得

$$\boldsymbol{T}_R:\ \dot{\boldsymbol{F}}=\frac{1}{2}\boldsymbol{T}_{RR}:\ \dot{\boldsymbol{C}}=\frac{1}{2}\bar{\boldsymbol{T}}_{RR}(\boldsymbol{C}):\dot{\boldsymbol{C}} \tag{1-51}$$

考虑纯机械载荷作用下的自由能不等式，结合式（1-50）和式（1-51），可得

$$\left[2\frac{\partial\bar{\psi}_R(\boldsymbol{C})}{\partial\boldsymbol{C}}-\bar{\boldsymbol{T}}_{RR}(\boldsymbol{C})\right]:\dot{\boldsymbol{C}}\leqslant 0 \tag{1-52}$$

因为右 Cauchy-Green 变形张量$\boldsymbol{C}$是对称的，所以$\frac{\partial\bar{\psi}_R(\boldsymbol{C})}{\partial\boldsymbol{C}}$也是对称的；同时，前面已证明第二 Piola 应力张量$\boldsymbol{T}_{RR}$是对称的，因此$2\frac{\partial\bar{\psi}_R(\boldsymbol{C})}{\partial\boldsymbol{C}}-\bar{\boldsymbol{T}}_{RR}(\boldsymbol{C})$是对称的。针对上述不等式，由于它应该对任意$\boldsymbol{C}$和$\dot{\boldsymbol{C}}$都成立，所以，式（1-50）左边项与$\dot{\boldsymbol{C}}$作内积计算的部分应该等于零，即$2\frac{\partial\bar{\psi}_R(\boldsymbol{C})}{\partial\boldsymbol{C}}-\bar{\boldsymbol{T}}_{RR}(\boldsymbol{C})=\boldsymbol{0}$，进而可以得到热力学限制条件：

$$\boldsymbol{T}_{RR}=\bar{\boldsymbol{T}}_{RR}(\boldsymbol{C})=2\frac{\partial\bar{\psi}_R(\boldsymbol{C})}{\partial\boldsymbol{C}} \tag{1-53}$$

通过上式可以由自由能计算弹性体的第二 Piola 应力，这就是所谓的应力关系。根据自由能不等式和式（1-51），在弹性体的纯机械变形过程中，耗散δ_R为

$$\delta_R=\boldsymbol{T}_R:\dot{\boldsymbol{F}}-\dot{\psi}_R=0 \tag{1-54}$$

也就是说，在光滑的弹性本构方程中没有耗散产生。这是弹性体区别于其他材料的本质特征。此外，利用式（1-51），还可以将 Piola 应力张量和 Cauchy 应力张量的本构方程写为

$$\boldsymbol{T}_R=2\boldsymbol{F}\frac{\partial\bar{\psi}_R(\boldsymbol{C})}{\partial\boldsymbol{C}} \tag{1-55}$$

$$\boldsymbol{T}=2J^{-1}\boldsymbol{F}\frac{\partial\bar{\psi}_R(\boldsymbol{C})}{\partial\boldsymbol{C}}\boldsymbol{F}^{\mathrm{T}} \tag{1-56}$$

由式（1-53）、式（1-55）和式（1-56）表征的材料被称为超弹性材料。

对于任意一个弹性变形体，如果当右 Cauchy-Green 变形张量$\boldsymbol{C}=\boldsymbol{1}$时，自由能响应函数$\bar{\psi}_R(\boldsymbol{C})$具有局部最小值，则称该弹性体的参考构形是自然的。也就是说，如果存在一个标量$a>0$，使得对所有对称正定张量$\boldsymbol{C}(|\boldsymbol{C}-\boldsymbol{1}|<a)$都有$\bar{\psi}_R(\boldsymbol{C})<\bar{\psi}_R(\boldsymbol{1})$成立，则参考构形是自然的。

由此可得

$$\left.\frac{\partial\bar{\psi}_R(\boldsymbol{C})}{\partial\boldsymbol{C}}\right|_{\boldsymbol{C}=\boldsymbol{1}}=\boldsymbol{0} \tag{1-57}$$

这表明，由应力关系可得：弹性体的自然参考构形是无应力的。也就是说，在自然参考构形内 Cauchy、Piola 和第二 Piola 应力张量都等于零，即当变形梯度张量$\boldsymbol{F}=\boldsymbol{1}$时，有

$$\boldsymbol{T}=\boldsymbol{T}_R=\boldsymbol{T}_{RR}=\boldsymbol{0} \tag{1-58}$$

另外，还可以推导出$\left.\frac{\partial^2\bar{\psi}_R(\boldsymbol{C})}{\partial\boldsymbol{C}^2}\right|_{\boldsymbol{C}=\boldsymbol{1}}$是半正定的。也就是说，对任意对称张量$\boldsymbol{A}$，有

$$\left(\left.\frac{\partial^2\bar{\psi}_R(\boldsymbol{C})}{\partial\boldsymbol{C}^2}\right|_{\boldsymbol{C}=\boldsymbol{1}}\boldsymbol{A}\right)\geqslant 0 \tag{1-59}$$

每一个材料点的比自由能可以任意地加上一个仅取决于该材料点的量，因此，不失一般性，可以假设自然参考构形下的比自由能为零，即

$$\bar{\psi}_R(\mathbf{1})=0 \tag{1-60}$$

1.4　非线性求解策略

对于弹性问题，$[K]\{\delta\}=\{F\}$ 为一线性方程组，此时可利用高斯法等直接求解。但当我们考虑材料（或几何，或状态）的非线性特性时，上述方程组将变为非线性方程组，其求解变得十分复杂，通常需要通过迭代的方式进行求解[1, 4]。

非线性代数方程组通常可以表示为

$$\psi(\boldsymbol{a})=\boldsymbol{P}(\boldsymbol{a})-\boldsymbol{Q}=\mathbf{0} \quad 或 \quad \boldsymbol{P}(\boldsymbol{a})=\boldsymbol{Q} \tag{1-61}$$

其中，$\boldsymbol{a}$ 是待求解的未知量；$\boldsymbol{P}(\boldsymbol{a})$ 是 $\boldsymbol{a}$ 的非线性函数向量；$\boldsymbol{Q}$ 是独立于 $\boldsymbol{a}$ 的已知向量。在以位移为基本未知量的有限元分析中，$\boldsymbol{a}$ 是节点位移向量，$\boldsymbol{Q}$ 是节点载荷向量。

1.4.1　直接迭代法

假设方程（1-61）可改写为

$$\boldsymbol{K}(\boldsymbol{a})\boldsymbol{a}=\boldsymbol{Q} \tag{1-62}$$

其中，$\boldsymbol{K}(\boldsymbol{a})\boldsymbol{a}=\boldsymbol{P}(\boldsymbol{a})$。

直接迭代的步骤如下：

（1）假定有某个初始试算解：

$$\boldsymbol{a}=\boldsymbol{a}^{(0)} \tag{1-63}$$

（2）代入式（1-61）可得到一个改进的第一次近似解：

$$\boldsymbol{a}^{(0)}=(\boldsymbol{K}^{(0)})^{-1}\boldsymbol{Q} \tag{1-64}$$

其中，$\boldsymbol{K}^{(0)}=\boldsymbol{K}(\boldsymbol{a}^{(0)})$。

（3）重复（2），可得第 n 次近似解

$$\boldsymbol{a}^{(n)}=(\boldsymbol{K}^{(n)})^{-1}\boldsymbol{Q} \tag{1-65}$$

（4）判断误差范围 Δe^n 是否满足要求精度 Δe^0

$$\left\|\Delta e^n\right\|=\left\|\boldsymbol{a}^{(n)}-\boldsymbol{a}^{(n-1)}\right\|\leqslant\Delta e^0 \tag{1-66}$$

如果（4）满足要求，则上述迭代过程结束；若不满足，则重复迭代，直到满足要求为止。

直接迭代法中意味着 $\boldsymbol{K}$ 可用 $\boldsymbol{a}$ 的显式表示，所以它只适用于与变形历史无关的非线性问题，例如，非线性弹性、单调的弹塑性问题等；对依赖于变形历史的非线性问题则不能采用直接迭代法，例如，循环弹塑性和加载路径不断变化的弹塑性问题。

为了避免每次迭代都需要对新的系数矩阵 $\boldsymbol{K}^{(n-1)}=\boldsymbol{K}(\boldsymbol{a}^{(n-1)})$ 取逆，可采用常系数矩阵进行迭代，即求出 $\boldsymbol{a}^{(1)}$ 后可以利用下式求解 $\boldsymbol{a}^{(1)}$ 的修正量 $\Delta\boldsymbol{a}^{(1)}$：

$$\Delta\boldsymbol{a}^{(1)}=(\boldsymbol{K}^{(0)})^{-1}(\boldsymbol{Q}-\boldsymbol{K}^{(1)}\boldsymbol{Q}^{(1)}) \tag{1-67}$$

其中，$\boldsymbol{K}^{(1)}=\boldsymbol{K}(\boldsymbol{a}^{(1)})$。由此可得

$$\boldsymbol{a}^{(2)} = \boldsymbol{a}^{(1)} + \Delta\boldsymbol{a}^{(1)} \tag{1-68}$$

如此继续迭代，可以得到

$$\begin{cases} \Delta\boldsymbol{a}^{(n-1)} = (\boldsymbol{K}^{(0)})^{-1}(\boldsymbol{Q} - \boldsymbol{K}^{(n-1)}\boldsymbol{Q}^{(n-1)}), & n = 2,3,\cdots \\ \boldsymbol{a}^{(n)} = \boldsymbol{a}^{(n-1)} + \Delta\boldsymbol{a}^{(n-1)}, & n = 2,3,\cdots \end{cases} \tag{1-69}$$

直到满足（4）要求的精度条件为止。由于重新形成 $\boldsymbol{K}^{(n-1)}$ 的工作量远小于对其进行分解求逆的工作量，因此上述方法可极大地提高计算效率，也称为常刚度的直接迭代法。

1.4.2 Newton-Raphson 迭代法

若第 n 次近似解 $\boldsymbol{a}^{(n)}$ 已经得到，一般情况下 $\psi(\boldsymbol{a}^{(n)}) \neq \boldsymbol{0}$，为了求进一步的近似解 $\boldsymbol{a}^{(n+1)}$，可将 $\psi(\boldsymbol{a}^{(n+1)})$ 表示成 $\boldsymbol{a}^{(n)}$ 附近仅保留线性项的 Taylor 展开式，即

$$\psi(\boldsymbol{a}^{(n+1)}) = \psi(\boldsymbol{a}^{(n)}) + \left(\frac{\mathrm{d}\psi}{\mathrm{d}\boldsymbol{a}}\right)_n \Delta\boldsymbol{a}^{(n)} \tag{1-70}$$

其中，$\boldsymbol{a}^{(n+1)} = \boldsymbol{a}^{(n)} + \Delta\boldsymbol{a}^{(n)}$。$\dfrac{\mathrm{d}\psi}{\mathrm{d}\boldsymbol{a}}$ 是切线刚度矩阵，即

$$\frac{\mathrm{d}\psi}{\mathrm{d}\boldsymbol{a}} \equiv \frac{\mathrm{d}\boldsymbol{P}}{\mathrm{d}\boldsymbol{a}} \equiv \boldsymbol{K}_T(\boldsymbol{a}) \tag{1-71}$$

由式（1-71）可知

$$\boldsymbol{a}^{(n)} = -(\boldsymbol{K}_T^{(n)})^{-1}\psi^{(n)} = -(\boldsymbol{K}_T^{(n)})^{-1}(\boldsymbol{P}^{(n)} - \boldsymbol{Q}) = (\boldsymbol{K}_T^{(n)})^{-1}(\boldsymbol{Q} - \boldsymbol{P}^{(n)}) \tag{1-72}$$

其中，$\boldsymbol{K}_T^{(n)} = \boldsymbol{K}_T(\boldsymbol{a}^{(n)}), \boldsymbol{P}^{(n)} = \boldsymbol{P}(\boldsymbol{a}^{(n)})$。

由于式（1-68）仅取 Taylor 展开式近似解，因此 $\boldsymbol{a}^{(n+1)}$ 仍为近似的，需要重复上述迭代过程直到满足精度要求为止。Newton-Raphson 迭代法一般具有良好的收敛性。

1.4.3 增量法

增量法的一般求解思路是：先假设第 m 步的载荷 $\boldsymbol{Q}_m$ 和相应的位移 $\boldsymbol{a}_m$ 已知，然后将载荷增加为 $\boldsymbol{Q}_{m+1} = \boldsymbol{Q}_m + \Delta\boldsymbol{Q}_m$，再求解位移解 $\boldsymbol{a}_{m+1} = \boldsymbol{a}_m + \Delta\boldsymbol{a}_m$。

如果 $\Delta\boldsymbol{Q}_m$ 足够小，则解的收敛性可以得到保证。该方法可以考虑详细的加载历史过程。将式（1-61）改写为

$$\psi(\boldsymbol{a}) = \boldsymbol{P}(\boldsymbol{a}) - \lambda\boldsymbol{Q}_0 = \boldsymbol{0} \tag{1-73}$$

其中，λ 是表示载荷变化的参数。将上式对 λ 求导，则有

$$\frac{\mathrm{d}\boldsymbol{P}}{\mathrm{d}\boldsymbol{a}} \times \frac{\mathrm{d}\boldsymbol{a}}{\mathrm{d}\lambda} - \boldsymbol{Q}_0 = \boldsymbol{K}_T \frac{\mathrm{d}\boldsymbol{a}}{\mathrm{d}\lambda} - \boldsymbol{Q}_0 = \boldsymbol{0} \tag{1-74}$$

由此可得

$$\frac{\mathrm{d}\boldsymbol{a}}{\mathrm{d}\lambda} = \boldsymbol{K}_T^{-1}(\boldsymbol{a})\boldsymbol{Q}_0 \tag{1-75}$$

上式是一个典型的常微分方程组问题，有限元分析中常用的求解方法有欧拉法和 mN-R 法等。

1. 欧拉法

这是一种最简单的算法。如果已知 $\boldsymbol{a}_m$，则可由下式计算 $\boldsymbol{a}_{m+1}$：

$$\boldsymbol{a}_{m+1} = \boldsymbol{a}_m + \Delta\boldsymbol{a}_m = \boldsymbol{a}_m + \boldsymbol{K}_T^{-1}(\boldsymbol{a}_m)\boldsymbol{Q}_0\Delta\lambda_m = \boldsymbol{a}_m + (\boldsymbol{K}_T)_m^{-1}\Delta\boldsymbol{Q}_m \tag{1-76}$$

其中，$\Delta\lambda_m = \lambda_{m+1} - \lambda_m$，并且必须足够小；$\Delta\boldsymbol{Q}_m = \boldsymbol{Q}_{m+1} - \boldsymbol{Q}_m$。

另外，还可以通过校正的欧拉法，其步骤如下。

（1）由式（1-74）计算得到 $\boldsymbol{a}_{m+1}$ 的预测值，记为 $\boldsymbol{a}_{m+1}^*$。

（2）由下式计算得到最终的 $\boldsymbol{a}_{m+1}$：

$$\boldsymbol{a}_{m+1} = \boldsymbol{a}_m + \Delta\boldsymbol{a}_m = \boldsymbol{a}_m + (\boldsymbol{K}_T)_{m+\theta}^{-1}\Delta\boldsymbol{Q}_m \tag{1-77}$$

其中，$(\boldsymbol{K}_T)_{m+\theta} = \boldsymbol{K}_T(\boldsymbol{a}_{m+\theta}), \boldsymbol{a}_{m+\theta} = (1-\theta)\boldsymbol{a}_m + \theta\boldsymbol{a}_{m+1}^*(0 \leqslant \theta \leqslant 1)$。

为了避免解的振荡性，将式（1-76）改为

$$\boldsymbol{a}_{m+1} = \boldsymbol{a}_m + (\boldsymbol{K}_T)_m^{-1}[\boldsymbol{Q}_{m+1} - \boldsymbol{P}(\boldsymbol{a}_m)] \tag{1-78}$$

此方法将上一步的误差也考虑进来，从而避免了解的振荡性。此方法为考虑平衡校正的欧拉增量法。

2. *m*N-R 法

将 Newton-Raphson 迭代法用于每一个增量步进而改进欧拉法的精度。此时只在每一个增量步内进行迭代，则对于 $\boldsymbol{a}_{m+1}$ 的 $(m+1)$ 次增量步的第 $(n+1)$ 次迭代可表示为

$$\boldsymbol{\psi}_{m+1}^{(n+1)} = \boldsymbol{P}(\boldsymbol{a}_{m+1}^{(n+1)}) - \boldsymbol{Q}_{m+1} = \boldsymbol{P}(\boldsymbol{a}_{m+1}^{(n)}) - \boldsymbol{Q}_{m+1} + (\boldsymbol{K}_T^n)_{m+1}\Delta\boldsymbol{a}_m^{(n)} \tag{1-79}$$

由此可得 $\Delta\boldsymbol{a}_m$ 的第 n 次修正量：

$$\Delta\boldsymbol{a}_m^{(n)} = (\boldsymbol{K}_T^n)_{m+1}^{-1}[\boldsymbol{Q}_{m+1} - \boldsymbol{P}(\boldsymbol{a}_{m+1}^{(n)})] \tag{1-80}$$

进而有

$$\Delta\boldsymbol{a}_{m+1}^{(n+1)} = \Delta\boldsymbol{a}_{m+1}^{(n)} + \Delta\boldsymbol{a}_m^{(n)} \tag{1-81}$$

开始迭代时可令 $\boldsymbol{a}_{m+1}^{(0)} = \boldsymbol{a}_m$，连续迭代，直到平衡方程在规定误差范围内得到满足。此时，每次迭代都需要重新形成和分解 $(\boldsymbol{K}_T^n)_{m+1}$ 矩阵，工作量很大，因此可以采用 *m*N-R 法，即令 $(\boldsymbol{K}_T^n)_{m+1} = (\boldsymbol{K}_T^0)_{m+1} = \boldsymbol{K}_T(\boldsymbol{a}_m)$ 进行求解。

1.5　本构关系的有限元实现过程

1.5.1　有限元法简介

有限元法是当今工程分析中应用最为广泛的数值计算方法，其实质是在变分原理的基础上，利用有限个离散的单元对需求解的连续区域进行模拟或逼近。如果单元满足问题的收敛性要求，则随着单元数目的增加，解的近似程度将不断改进，近似解将不断逼近精确解[5, 6]。

有限元法具有如下特点：

（1）能够对众多复杂的空间结构进行细致的分析。

（2）可以求解包括结构分析之内的众多物理问题。

（3）有限元法具有坚实的数学理论基础，整个有限元分析框架具有严格的理论保证，因而具有很高的可靠度。

（4）特别适合于计算机分析，具有较高的收敛性，并随着计算机技术的迅速发展在计算效率方面得到了很大的提高。

1.5.2　有限元分析的基本步骤

一般的有限元软件分析主要分为 3 个步骤，包括剖分、单元分析及求解近似变分方程等。

步骤 1：剖分

将待解区域进行分割，离散成有限个元素的集合。元素（单元）的形状原则上是任意的。二维问题一般采用三角形单元或矩形单元，三维空间可采用四面体或多面体等。每个单元的顶点称为节点。

步骤 2：单元分析

进行分片插值，即将分割单元中任意点的未知函数用该分割单元中形状函数及离散网格点上的函数值展开，即建立一个线性插值函数。

步骤 3：求解近似变分方程

用有限个单元将连续体离散化，通过对有限个单元作分片插值求解各种力学、物理问题的一种数值方法。有限元法把连续体离散成有限个单元：杆系结构的单元是每一个杆件；连续体的单元是各种形状（如三角形、四边形、六面体等）的单元体。每个单元的场函数是只包含有限个待定节点参量的简单场函数，这些单元场函数的集合就能近似代表整个连续体的场函数。根据能量方程或加权残量方程可建立有限个待定参量的代数方程组，求解此离散方程组就得到有限元法的数值解。有限元法已被用于求解线性和非线性问题，并建立了各种有限元模型，如协调、不协调、混合、杂交、拟协调元等。有限元法十分有效、通用性强、应用广泛，已有许多大型或专用程序系统供工程设计使用。

结构材料非线性分析与线弹性有限元分析步骤略有不同，其具体应用步骤如下：

步骤 1：结构离散化。

利用特定的单元对连续结构进行离散化。此时，需要确定合理的单元形状和分割方案，以及确定单元和节点的数目等问题。

步骤 2：选择位移模式。

在对典型单元进行特征分析时，必须对单元中的位移分布作一定的假设，也就是假定位移是坐标的某种简单函数，即确定位移模式或插值函数。通常用多项式作为位移模式。根据选定的位移模式，可以导出用节点位移来表示单元内任一点位移的关系式：

$$\boldsymbol{f} = \boldsymbol{N}\boldsymbol{a}_e \tag{1-82}$$

其中，$\boldsymbol{f}$ 为单元内任一点的位移列阵；$\boldsymbol{N}$ 为形函数矩阵；$\boldsymbol{a}_e$ 为单元的节点位移列阵。

步骤 3：分析单元的力学特性。

（1）利用几何方程导出用节点位移表示的单元应变的关系式：

$$\boldsymbol{\varepsilon} = \boldsymbol{B}\boldsymbol{a}_e \tag{1-83}$$

其中，$\boldsymbol{B}$ 为单元应变矩阵；$\boldsymbol{\varepsilon}$ 为单元内任一节点的应变列阵。

（2）利用本构方程导出用节点位移表示单元应力的关系式，即

$$\boldsymbol{\sigma} = \boldsymbol{C}\boldsymbol{B}\boldsymbol{a}_e \tag{1-84}$$

其中，$\boldsymbol{\sigma}$ 为单元内任一点的应力列阵；$\boldsymbol{C}$ 为与材料相关的弹性矩阵，对于非线性材料，分为弹性矩阵 $\boldsymbol{C}_{\mathrm{e}}$ 和塑性矩阵 $\boldsymbol{C}_{\mathrm{p}}$ 等。

（3）利用变分原理，建立作用于单元上的节点力和节点位移之间的关系式，即建立单元的平衡方程：

$$\boldsymbol{P}_e = \boldsymbol{K}_e\boldsymbol{a}_e \tag{1-85}$$

其中，$\boldsymbol{K}_e$ 为单元刚度矩阵；$\boldsymbol{P}_e$ 为单元等效节点载荷列阵，并且

$$\boldsymbol{K}_e = \iiint_{V_E} \boldsymbol{B}^{\mathrm{T}}\boldsymbol{C}\boldsymbol{B}\,\mathrm{d}x\mathrm{d}y\mathrm{d}z \tag{1-86}$$

（4）组集所有单元的平衡方程，建立整个结构的平衡方程组，即

$$\boldsymbol{K}\boldsymbol{a} = \boldsymbol{P} \tag{1-87}$$

其中，$\boldsymbol{K}$ 为整体刚度矩阵；$\boldsymbol{a}$ 为结构节点位移列阵；$\boldsymbol{P}$ 为结构节点载荷列阵。在考虑了几何边界条件并作适当的修改之后，才能解出所有位置的节点位移。

（5）求解未知节点的位移。利用平衡方程组（1-87）解出未知位移。如果是非线性问题，平衡方程组则为非线性方程组，此时需要利用各种迭代求解方法来进行求解。

在材料非线性问题中，通常采用 Newton-Raphson 迭代法进行求解。与此同时，在每一个迭代过程中，均需要提供与材料本构关系类型及其积分算法相关的一致性切线刚度矩阵，才能保证迭代过程的无条件稳定性和二阶的收敛速度。

（6）最后根据已求得的节点位移，计算出单元和节点的应力、应变等待求的未知量。

1.6　ABAQUS 用户材料子程序接口

1.6.1　UMAT 简介

有限元软件 ABAQUS 支持用户自定义材料模型，相应的自定义模型程序称为用户材料子程序（User-Material Subroutine，简称为 UMAT）。通过此方法可以开发各类非线性本构关系并应用于工程结构的非线性有限元分析中。基于 ABAQUS 编译的 UMAT 应具备以下特点[1]。

（1）可以用来描述材料的力学行为；

（2）在单元的每一个积分点均可进行计算；

（3）可用于任何力学问题的分析；

（4）可调用与计算结果相关的状态变量；

（5）必须在增量步结束时刻更新应力和状态变量；

（6）需提供与力学本构模型相关的材料雅可比（Jacobian）矩阵，即一致性切线刚度矩阵 $\dfrac{\mathrm{d}\Delta\sigma}{\mathrm{d}\Delta\varepsilon}$；

（7）可与用户自定义场变量子程序（USDFLD）一起使用。

根据 ABAQUS 提供规则，UMAT 程序采用 Fortran 程序语言并需要有以下声明要求：

```
SUBROUTINE UMAT(STRESS,STATEV,DDSDDE,SSE,SPD,SCD,
    1 RPL,DDSDDT,DRPLDE,DRPLDT,
    2 TRAN,DSTRAN,TIME,DTIME,TEMP,DTEMP,PREDEF,DPRED,CMNAME,
    3 NDI,NSHR,NTENS,NSTATV,PROPS,NPROPS,COORDS,DROT,PNEWDT,
    4 CELENT,DFGRD0,DFGRD1,NOEL,NPT,LAYER,KSPT,JSTEP,KINC)
C
      INCLUDE 'ABA_PARAM.INC'
C
      CHARACTER*80 CMNAME
      DIMENSION STRESS(NTENS),STATEV(NSTATV),
     1 DDSDDE(NTENS,NTENS),DDSDDT(NTENS),DRPLDE(NTENS),
    2 STRAN(NTENS),DSTRAN(NTENS),TIME(2),PREDEF(1),DPRED(1),
    3 PROPS(NPROPS),COORDS(3),DROT(3,3),DFGRD0(3,3),DFGRD1(3,3),
    4 JSTEP(4)

C     必须定义变量：DDSDDE, STRESS, STATEV, SSE, SPD, SCD

    RETURN
    END
```

其中，在此对上述变量根据其含义和功能分为以下几类。

1. 必须定义的变量

1）DDSDDE（NTENS，NTENS）

该数组即雅可比矩阵 $\dfrac{\mathrm{d}\Delta\sigma}{\mathrm{d}\Delta\varepsilon}$。其中，$\Delta\sigma$ 和 $\Delta\varepsilon$ 分别为应力增量和应变增量。例如，DDSDDE（I, J）表示第 I 个应力分量在时间增量步结束时由第 J 个应变分量的小扰动引起的变化。NTENS 的含义稍后给出。需要说明的是 ABAQUS 的默认求解设置只采用 DDSDDE 矩阵的对称部分进行求解，对于非对称的雅可比矩阵需要进行非对称求解设置。除此之外，雅可比矩阵，即一致性切线刚度矩阵，能够保证整体牛顿迭代的快速收敛性，但具有较小误差的一致性切线刚度矩阵只影响收敛速度，不影响所得到计算结果的正确性。本书涉及的本构模型均给出了一致性刚度矩阵的推导过程。

2）STRESS（NTENS）

该数组表示应力张量分量，在增量步计算开始时由 ABAQUS 传递给 UMAT，并在增量步结束时必须进行更新。在有限变形问题中，在调用 UMAT 之前，考虑到刚体转动对应力张量进行旋转，因而在 UMAT 中只需实现应力积分的共旋部分。使用的应力是真应力，即 Cauchy 应力。

3）STATEV（NSTATV）

该数组表示与解相关的状态变量，可以理解为需要传递的中间变量。类似应力张量，在增量步开始时具有 ABAQUS 传递的初值，在增量步结束时必须进行更新。该数组的变量个数由用户根据本构方程中涉及的具体内变量数目来自定义，并支持输入文件进行输入。

4）SSE，SPD，SCD

此三个变量分别表示比弹性应变能、塑性耗散和蠕变耗散，同样也需要在增量步结束时完成更新，对于非能量形式的解则不受影响。第 3 章黏弹性本构模型将涉及变量更新。

对于热-力耦合或热-磁-力耦合问题，将会用到变量 RPL，DDSDDT，DRPLDE，DRPLDT。

2. 信息传递变量

此类变量由 ABAQUS 自行进行迭代计算，在 UMAT 中可以直接调用，无须更新。具体说明如表 1-1 所示。

此外，对于 UMAT 未尽详述之处，还请读者参阅 ABAQUS 帮助手册[7]。

表 1-1　信息传递变量

变量名称	变量含义
STRAN（NTENS）	增量步开始时的总应变（不包括热应变）
DSTRAN（NTENS）	应变增量
TIME（1）	当前增量步开始时的步进时间
TIME（2）	总时间
DTIME	时间增量
TEMP	增量步开始时的温度
DTEMP	温度增量
PREDEF	预定义场变量的内插值数组
DPRED	预定义场变量增量数组
CMNAME	用户材料模型名称
NDI	材料点正应力分量数目
NSHR	材料点工程剪切应力分量数目
NTENS	应力或应变数组的数目（＝NDI＋NSHR）
NSTATV	状态变量数目
PROPS	用户定义的材料模型中使用的材料常数数组
NPROPS	用户定义材料常数的数目
COORDS	材料点坐标系数值

续表

变量名称	变量含义
DROT（3, 3）	旋转增量矩阵
CELENT	特征单元长度
DFGRD0（3, 3）	增量步开始时的变形梯度
DFGRD1（3, 3）	增量步结束时的变形梯度
NOEL	单元号
NPT	积分点号
KSTEP	载荷步号
KINC	增量步号

1.6.2 输入文件 INP 格式

INP 文件作为 ABAQUS 支持的有限元模型输入文件，同步记录了 ABAQUS 各个模块的设置。例如，记录模型节点和单元编号与坐标，以及边界条件，材料模型和求解方法的设置。为了说明 UMAT 程序在工程结构有限元分析中的使用过程，暂且忽略不同结构或工程问题分析过程中所特有的设置，仅给出采用非线性本构的一般结构强度计算（不考虑几何非线性和状态非线性）的 INP 模板格式。

1. 建立部件

```
*Heading
*Preprint, echo=NO, model=NO, history=NO, contact=NO
**
** PARTS
**
*Part, name=Part-1
*Node
  1, 3., 0., 0.
  2, 1., 0., 0.
  ……
*Element, type=C3D8
  1, 662, 51, 580, 1989, 45, 1, 46, 575
  2, 663, 52, 581, 1988, 662, 51, 580, 1989
  ……
*Nset, nset=Set-1, generate
     1, 2556, 1
```

```
*Elset, elset=Set-1, generate
    1, 1504, 1
** Section: Section-1
*Solid Section, elset=Set-1, material=Material-1,
*End Part
```

2. 组装

```
**
**
** ASSEMBLY
**
*Assembly, name=Assembly
**
*Instance, name=Part-1-1, part=Part-1
*End Instance
**
*Nset, nset=Set-1, instance=Part-1-1
  ……
*Elset, elset=Set-1, instance=Part-1-1
  ……
*Surface, type=ELEMENT, name=Surf-1
  ……
*End Assembly
```

3. 材料参数定义

```
**
** MATERIALS
**
*Material, name=SA508-3
**状态变量预设数须大于 NSTATV 值
*Depvar
 100,
**本构模型材料常数输入，若在 UMAT 中定义此处需要给出默认值
*User Material, constants=1
0.,
```

4. 边界条件定义

```
**
```

```
** BOUNDARY CONDITIONS
**
** Name: BC-1 Type: Symmetry/Antisymmetry/Encastre
*Boundary
Set-1, ENCASTRE
```

5. 分步载荷定义

```
**
** STEP: Step-1
**
*Step, name=Step-1, nlgeom=NO
*Static
0.001, 1, 1e-05, 0.01
**
** BOUNDARY CONDITIONS
**
** Name: Disp-BC-2 Type: Displacement/Rotation
*Boundary
Set-2, 2, 2, 0.228
```

6. 结果输出设置

```
**
** OUTPUT REQUESTS
**
*Restart, write, frequency=0
**
** FIELD OUTPUT: F-Output-1
**
*Output, field, variable=PRESELECT
**
**状态变量输出设置
*Element Output, directions=YES
SDV,
**
** HISTORY OUTPUT: H-Output-1
**
*Output, history, variable=PRESELECT
*End Step
```

参 考 文 献

[1] 康国政. 非弹性本构理论及其有限元实现. 成都：西南交通大学出版社，2010.

[2] 康国政，蒋晗，阚前华. 连续介质力学：基础与应用. 北京：科学出版社，2015.

[3] 余同希，薛璞. 工程塑性力学. 北京：高等教育出版社，2010.

[4] 奚梅成. 数值分析方法. 合肥：中国科学技术大学出版社，2004.

[5] 王勖成. 有限单元法. 北京：清华大学出版社，2003.

[6] 庄茁. 基于 ABAQUS 的有限元分析和应用. 北京：清华大学出版社，2009.

[7] ABAQUS version 6.14.1. Abaqus User Subroutines Reference Guide 1.1.41，Hibbitt，Karlsson and Sorensen，Providence，RI，2014.

第 2 章　非线性弹性本构关系

2.1　非线性弹性本构关系简介

对于一般工程材料，在单轴应力状态下，材料的初始变形阶段是弹性的，且其应力应变满足线性关系

$$\sigma = E\varepsilon \tag{2-1}$$

其中，E 为弹性模量；σ 为单轴应力；ε 为单轴应变。式（2-1）即一维胡克定律。此类材料称为线弹性体。如图 2-1（a）所示为钢轨材料单轴应力应变关系曲线，在应力小于弹性极限时，加卸载过程沿着同一线性路径变化。但也有些材料如橡胶，在其弹性阶段为非线性应力应变关系，如图 2-1（b）所示为典型橡胶应力应变曲线，加卸载过程沿着同一非线性路径变化，此类材料称为非线性弹性体。

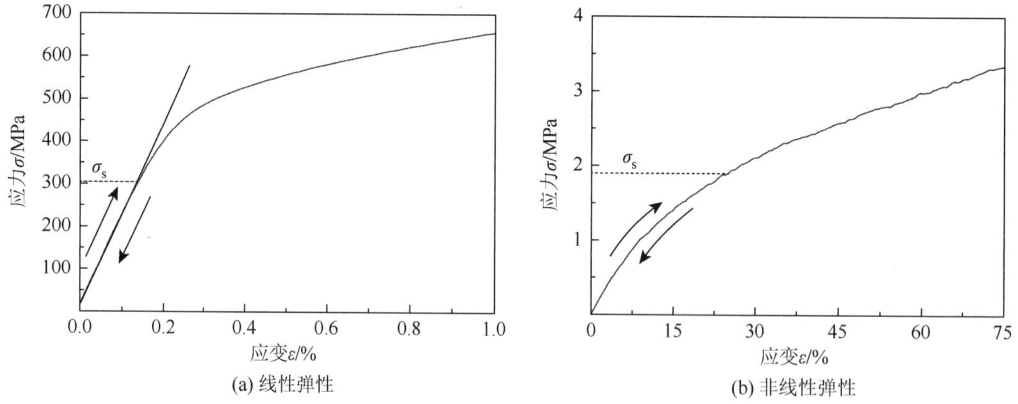

图 2-1　单轴应力应变关系

对于三维弹性体的应力应变关系，由三维胡克定律可得

$$\boldsymbol{\sigma} = \boldsymbol{C} : \boldsymbol{\varepsilon} \tag{2-2}$$

其中，$\boldsymbol{C}$ 为弹性张量，是一个四阶张量，共 81 个分量；$\boldsymbol{\sigma}$ 和 $\boldsymbol{\varepsilon}$ 分别为应力张量和应变张量，由于对称性均有 6 个独立分量。若材料为各向同性线弹性体，得出

$$\begin{Bmatrix} \sigma_x \\ \sigma_y \\ \sigma_z \\ \sigma_{xy} \\ \sigma_{yz} \\ \sigma_{zx} \end{Bmatrix} = \begin{bmatrix} \lambda+2G & \lambda & \lambda & 0 & 0 & 0 \\ \lambda & \lambda+2G & \lambda & 0 & 0 & 0 \\ \lambda & \lambda & \lambda+2G & 0 & 0 & 0 \\ 0 & 0 & 0 & G & 0 & 0 \\ 0 & 0 & 0 & 0 & G & 0 \\ 0 & 0 & 0 & 0 & 0 & G \end{bmatrix} \begin{Bmatrix} \varepsilon_x \\ \varepsilon_y \\ \varepsilon_z \\ \varepsilon_{xy} \\ \varepsilon_{yz} \\ \varepsilon_{zx} \end{Bmatrix} \tag{2-3}$$

其中，$\lambda=\dfrac{E\nu}{(1+\nu)(1-2\nu)}$ 为拉梅常数；$G=\dfrac{E}{2(1+\nu)}$ 为剪切模量；ν 为泊松比。当材料为线弹性材料时，上述参数为常数，非线性弹性材料可统一表示为

$$\boldsymbol{\sigma}=\boldsymbol{C}(x_1,x_2,\cdots):\boldsymbol{\varepsilon} \tag{2-4}$$

其中，$x_1, x_2, \cdots$ 为内变量参数，内变量参数可通过实验研究来选取，一般可以认为与材料本身应力状态，或与某个确切的物理量有关。

2.2　本 构 方 程

本章以路基土回弹问题为例来叙述非线性弹性本构模型的建立。路基土非线性弹性问题主要体现在回弹模量的动态演化。回弹模量的概念是 Seed 等[1]于 1962 年在研究路基土回弹特性与沥青路面疲劳损坏关系的过程中提出的。在之后的大量研究中发现：与路基的总变形相比，回弹变形与路面的疲劳损坏之间具有更好的相关性。因此，回弹模量这一概念逐渐被业界所接受。回弹模量也最终成为表征路基土与粒料力学特性的主要指标之一。

在重复载荷作用下路基土的总变形可以分为永久变形 ε_{p} 和可恢复变形 $\varepsilon_{\mathrm{r1}}$，当重复载荷次数进一步增加时，永久变形和可恢复变形都趋于稳定，路基土逐渐表现出更多的回弹特性，即可恢复变形趋于稳定值 ε_{r}，如图 2-2 所示。

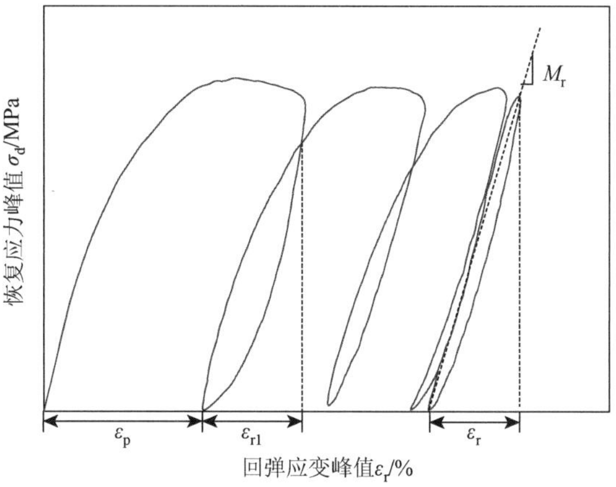

图 2-2　动态回弹模量示意图

为了既保持与传统弹性模量的区别又包含土与粒料的非线性弹-塑性特性，将回弹模量定义为重复载荷作用之下变形稳定后的偏应力峰值与回弹应变峰值之比，可按式（2-5）进行计算，这样也可以沿用经典的弹性理论进行路面结构的力学分析：

$$M_{\mathrm{r}}=\frac{\sigma_{\mathrm{d}}}{\varepsilon_{\mathrm{r}}} \tag{2-5}$$

其中，M_{r} 为回弹模量；$\sigma_{\mathrm{d}}=\sigma_1-\sigma_3$，为轴向恢复应力峰值（偏应力），$\sigma_1$ 和 σ_3 分别为最大和最小主应力；ε_{r} 为轴向回弹应变峰值。由此可见，回弹模量具有明显的应力相关性。

在动态回弹模型中，根据所选变量的不同可以分为三类，即围压类预估模型、剪切类预估模型以及同时考虑剪切和围压的复合模型。

本节案例分析采用一种统一模型 N37AR[2]。其动态回弹模量可表示为

$$M_{\mathrm{r}}(\theta,\tau_{\mathrm{oct}})=k_1P_{\mathrm{a}}\left(\frac{\theta}{P_{\mathrm{a}}}\right)^{k_2}\left(\frac{k_4\tau_{\mathrm{oct}}}{P_{\mathrm{a}}}+1\right)^{k_3} \tag{2-6}$$

其中，θ 为体积应力；τ_{oct} 为剪应力，其表达式 $\tau_{\mathrm{oct}}=\sqrt{(\sigma_1-\sigma_2)^2+(\sigma_2-\sigma_3)^2+(\sigma_3-\sigma_1)^2}\Big/3$；$P_{\mathrm{a}}$ 表示大气压力，一般取 100kPa；k_1，k_2，k_3 和 k_4 为材料参数。

（1）当 $k_4=1$ 时，N37AR 模型退化成 N37A 模型[1]。

$$M_{\mathrm{r}}=k_1P_{\mathrm{a}}\left(\frac{\theta}{P_{\mathrm{a}}}\right)^{k_2}\left(\frac{\tau_{\mathrm{oct}}}{P_{\mathrm{a}}}+1\right)^{k_3}\quad (k_1>0,k_2\geqslant 0,k_3\leqslant 0) \tag{2-7}$$

美国 NCHRP1-28A 推荐采用 N37A 模量预估模型，同时也被推荐应用于《AASHTO 2002 路面设计指南》（NCHRP1-37A）。

（2）当 k_4 取小值时，则接近于 K-θ 模型[3]，特别的，$k_4=0$ 时，N37AR 模型退化成 K-θ 模型。

$$M_{\mathrm{r}}=k_1\theta^{k_2}\quad (k_1>0,k_2\geqslant 0) \tag{2-8}$$

该模型将动态回弹模量表达为体积应力的函数，但不能反映围压和偏应力对动态回弹模量的真实影响，且存在量纲不统一问题。

（3）当 k_4 取大值时，接近于 UZAN 模型[4]。

$$M_{\mathrm{r}}=k_1\theta^{k_2}\sigma_{\mathrm{d}}^{k_3}\quad (k_1>0,k_2\geqslant 0,k_3\leqslant 0) \tag{2-9}$$

在 K-θ 模型的基础上，引入了偏应力项 σ_{d} 可形成 UZAN 模型，但该模型存在模量值不确定问题。因此，N37AR 模型可通过 k_4 将三种模型统一起来。

2.3　有限元实现格式

2.3.1　增量形式的本构方程

线弹性本构关系可表示为

$$\boldsymbol{\sigma}=\frac{E}{1+\nu}\boldsymbol{\varepsilon}+\lambda\mathrm{tr}(\boldsymbol{\varepsilon})\mathbf{1} \tag{2-10}$$

类似于线弹性本构关系，非线性弹性本构关系可写成如下形式：

$$\boldsymbol{\sigma}=\frac{M_{\mathrm{r}}}{1+\nu}\boldsymbol{\varepsilon}+\lambda\mathrm{tr}(\boldsymbol{\varepsilon})\mathbf{1} \tag{2-11}$$

其中，$\boldsymbol{\sigma}$ 是应变张量；$\boldsymbol{\varepsilon}$ 是应力张量；$\mathrm{tr}(\varepsilon)$ 是体应变；ν 是泊松比。令

$$C(\theta,\tau_{\text{oct}})=\frac{M_{\text{r}}(\theta,\tau_{\text{oct}})}{1+\nu}=kP_{\text{a}}\left(\frac{\theta}{P_{\text{a}}}\right)^{k_2}\left(\frac{k_4\tau_{\text{oct}}}{P_{\text{a}}}+1\right)^{k_3} \tag{2-12}$$

其中，$k=k_1/(1+\nu)$。

结合式（2-11）和式（2-12），动态回弹模量本构关系可以简写成

$$\boldsymbol{\sigma}=C(\theta,\tau_{\text{oct}})[\alpha\text{tr}(\boldsymbol{\varepsilon})\mathbf{1}+\boldsymbol{\varepsilon}] \tag{2-13}$$

其中，$\alpha=\nu/(1-2\nu)$。因此，本构方程的增量形式为

$$\begin{cases}\Delta\boldsymbol{\sigma}_{n+1}=C(\theta,\tau_{\text{oct}})_{n+1}[\alpha\text{tr}(\Delta\boldsymbol{\varepsilon}_{n+1})\mathbf{1}+\Delta\boldsymbol{\varepsilon}_{n+1}]\\ C(\theta,\tau_{\text{oct}})_{n+1}=k_1P_{\text{a}}\left(\dfrac{\theta_n}{P_{\text{a}}}\right)^{k_2}\left[\dfrac{k_4(\tau_{\text{oct}})_n}{P_{\text{a}}}+1\right]^{k_3}\end{cases} \tag{2-14}$$

其中，下标$(n+1)$表示当前增量步下的计算结果，n表示上一增量步的计算结果。

2.3.2　一致性切线模量推导

由式（2-13）可得体应力表达式：

$$\begin{aligned}\sigma_x+\sigma_y+\sigma_z&=3C(\theta,\tau_{\text{oct}})\alpha\text{tr}(\boldsymbol{\varepsilon})+C(\theta,\tau_{\text{oct}})\text{tr}(\boldsymbol{\varepsilon})\\&=C(\theta,\tau_{\text{oct}})\text{tr}(\boldsymbol{\varepsilon})(3\alpha+1)\end{aligned} \tag{2-15}$$

体应力和偏应力可以简写为

$$\text{tr}(\boldsymbol{\sigma})=\bar{\alpha}C(\theta,\tau_{\text{oct}})\text{tr}(\boldsymbol{\varepsilon}),\quad \bar{\boldsymbol{\sigma}}=C(\theta,\tau)\bar{\boldsymbol{\varepsilon}} \tag{2-16}$$

其中，$\bar{\alpha}=3\alpha+1=(1+\nu)/(1-2\nu)$；$\bar{\boldsymbol{\varepsilon}}$是偏应变张量，$\bar{\boldsymbol{\varepsilon}}=\boldsymbol{\varepsilon}-\dfrac{1}{3}\text{tr}(\boldsymbol{\varepsilon})\mathbf{1}$。

令$\varsigma=|\text{tr}(\boldsymbol{\varepsilon})|$，$\gamma^2=\dfrac{1}{3}\bar{\boldsymbol{\varepsilon}}:\bar{\boldsymbol{\varepsilon}}$，则由式（2-11），可以得到

$$\begin{cases}\theta=\bar{\alpha}C(\theta,\tau_{\text{oct}})\varsigma\\ \tau_{\text{oct}}=C(\theta,\tau_{\text{oct}})\gamma\end{cases} \tag{2-17}$$

将$C(\theta,\tau_{\text{oct}})$的表达式代入式（2-17）可得

$$\begin{cases}\theta=\bar{\alpha}kP_{\text{a}}\left(\dfrac{\theta}{P_{\text{a}}}\right)^{k_2}\left(\dfrac{k_4\tau_{\text{oct}}}{P_{\text{a}}}+1\right)^{k_3}\varsigma\\ \tau_{\text{oct}}=kP_{\text{a}}\left(\dfrac{\theta}{P_{\text{a}}}\right)^{k_2}\left(\dfrac{k_4\tau_{\text{oct}}}{P_{\text{a}}}+1\right)^{k_3}\gamma\end{cases} \tag{2-18}$$

显然θ、τ_{oct}与ς、γ之间存在函数关系：

$$\begin{cases}\theta=\theta(\varsigma,\gamma)\\ \tau_{\text{oct}}=\tau_{\text{oct}}(\varsigma,\gamma)\end{cases} \tag{2-19}$$

因此，$C=C(\theta,\tau_{\text{oct}})$可以用应变表示为$C=C(\varsigma,\gamma)$，进而式（2-13）可以表示为

$$\boldsymbol{\sigma} = C(\varsigma,\gamma)(\alpha \mathrm{tr}(\boldsymbol{\varepsilon})\mathbf{1} + \boldsymbol{\varepsilon}) \tag{2-20}$$

对式（2-20）求导可以得到材料的一致性切线模量 $\boldsymbol{D} = \partial\boldsymbol{\sigma}/\partial\boldsymbol{\varepsilon}$：

$$\frac{\partial\boldsymbol{\sigma}}{\partial\boldsymbol{\varepsilon}} = C(\boldsymbol{I} + \alpha\mathbf{1}\otimes\mathbf{1}) + [\alpha\mathrm{tr}(\boldsymbol{\varepsilon})\mathbf{1} + \boldsymbol{\varepsilon}]\otimes\nabla_{\varepsilon}C \tag{2-21}$$

其中，$\partial\mathrm{tr}(\boldsymbol{\varepsilon})/\partial\boldsymbol{\varepsilon} = \mathbf{1}$ $([\mathbf{1}]_{ij} = \delta_{ij})$，$\partial\boldsymbol{\varepsilon}/\partial\boldsymbol{\varepsilon} = \mathbf{1}$ $\left([\mathbf{1}]_{ijkl} = \frac{1}{2}(\delta_{ik}\delta_{jl} + \delta_{jk}\delta_{il})\right)$。

由式（2-16）和式（2-17）得

$$\nabla_{\varepsilon}C(\boldsymbol{\varepsilon}) = \frac{\partial C}{\partial\theta}\frac{\partial\theta}{\partial\varsigma}\frac{\partial\varsigma}{\partial\boldsymbol{\varepsilon}} + \frac{\partial C}{\partial\tau}\frac{\partial\tau}{\partial\varsigma}\frac{\partial\varsigma}{\partial\boldsymbol{\varepsilon}} + \frac{\partial C}{\partial\theta}\frac{\partial\theta}{\partial\gamma}\frac{\partial\gamma}{\partial\boldsymbol{\varepsilon}} + \frac{\partial C}{\partial\tau}\frac{\partial\tau}{\partial\gamma}\frac{\partial\gamma}{\partial\boldsymbol{\varepsilon}} \tag{2-22}$$

由定义 $\varsigma = |\mathrm{tr}(\boldsymbol{\varepsilon})|$，可以算得

$$\frac{\partial\varsigma}{\partial\boldsymbol{\varepsilon}} = \frac{\partial\varsigma}{\partial\mathrm{tr}(\boldsymbol{\varepsilon})}\frac{\partial\mathrm{tr}(\boldsymbol{\varepsilon})}{\partial\boldsymbol{\varepsilon}} = \mathrm{sgn}(\mathrm{tr}(\boldsymbol{\varepsilon}))\mathbf{1} \tag{2-23}$$

由于 $\gamma^2 = \frac{1}{3}\bar{\boldsymbol{\varepsilon}}:\bar{\boldsymbol{\varepsilon}}$，则有

$$\begin{aligned}\gamma^2 &= \frac{1}{3}\left[\boldsymbol{\varepsilon} - \frac{1}{3}\mathrm{tr}(\boldsymbol{\varepsilon})\mathbf{1}\right]:\left[\boldsymbol{\varepsilon} - \frac{1}{3}\mathrm{tr}(\boldsymbol{\varepsilon})\mathbf{1}\right] = \frac{1}{3}\left[\boldsymbol{\varepsilon}:\boldsymbol{\varepsilon} - \frac{2}{3}\mathrm{tr}(\boldsymbol{\varepsilon})\mathbf{1}:\boldsymbol{\varepsilon} + \frac{1}{9}\mathrm{tr}^2(\boldsymbol{\varepsilon})\mathbf{1}:\mathbf{1}\right] \\ &= \frac{1}{3}\left[\boldsymbol{\varepsilon}:\boldsymbol{\varepsilon} - \frac{2}{3}\mathrm{tr}^2(\boldsymbol{\varepsilon}) + \frac{1}{3}\mathrm{tr}^2(\boldsymbol{\varepsilon})\right] = \frac{1}{3}\left[\boldsymbol{\varepsilon}:\boldsymbol{\varepsilon} - \frac{1}{3}\mathrm{tr}^2(\boldsymbol{\varepsilon})\right]\end{aligned} \tag{2-24}$$

两边微分可得 $2\gamma\mathrm{d}\gamma = \frac{1}{3}\left[2\boldsymbol{\varepsilon}:\mathrm{d}\boldsymbol{\varepsilon} - \frac{2}{3}\mathrm{tr}(\boldsymbol{\varepsilon})\mathrm{d}\mathrm{tr}(\boldsymbol{\varepsilon})\right]$，即 $\gamma\mathrm{d}\gamma = \frac{1}{3}[\bar{\boldsymbol{\varepsilon}}:\mathrm{d}\boldsymbol{\varepsilon}]$，因此，$\frac{\partial\gamma}{\partial\boldsymbol{\varepsilon}} = \frac{1}{3}\frac{\bar{\boldsymbol{\varepsilon}}}{\gamma}$。

（2-25）

由式（2-18）可得

$$\begin{cases}\dfrac{\partial C}{\partial\theta} = \dfrac{k_2}{\theta}C \\ \dfrac{\partial C}{\partial\tau_{\mathrm{oct}}} = \dfrac{k_4k_3}{k_4\tau_{\mathrm{oct}} + P_{\mathrm{a}}}C\end{cases} \tag{2-26}$$

由式（2-19）可得

$$\begin{cases}\dfrac{\partial\tau_{\mathrm{oct}}}{\partial\gamma} = mC(\tau_{\mathrm{oct}} + P_{\mathrm{a}}/k_4)(1-k_2) \\ \dfrac{\partial\tau_{\mathrm{oct}}}{\partial\varsigma} = mk_2\tau_{\mathrm{oct}}\bar{\alpha}C\dfrac{\tau_{\mathrm{oct}} + P_{\mathrm{a}}/k_4}{\theta} \\ \dfrac{\partial\theta}{\partial\gamma} = mk_3\theta C \\ \dfrac{\partial\theta}{\partial\varsigma} = m\bar{\alpha}C(-k_3\tau_{\mathrm{oct}} + \tau_{\mathrm{oct}} + P_{\mathrm{a}}/k_4)\end{cases} \tag{2-27}$$

其中，$m=\dfrac{1}{-k_3\tau_{\mathrm{oct}}+\tau_{\mathrm{oct}}+P_{\mathrm{a}}/k_4-k_2\tau_{\mathrm{oct}}-k_2P_{\mathrm{a}}/k_4}$，将式（2-23）、式（2-25）～式（2-27）代入式（2-22）以及考虑体应变 $\mathrm{tr}(\boldsymbol{\varepsilon})$ 与体应力 $\mathrm{tr}(\boldsymbol{\sigma})$ 同号得

$$\begin{aligned}\nabla_{\varepsilon}C&=m\left[\frac{\bar{\alpha}k_2C^2}{\theta}(-k_3\tau_{\mathrm{oct}}+\tau_{\mathrm{oct}}+P_{\mathrm{a}}/k_4)\mathrm{sgn}(\mathrm{tr}(\boldsymbol{\varepsilon}))\mathbf{1}\right.\\&\left.+\frac{\bar{\alpha}k_2k_3\tau_{\mathrm{oct}}C^2}{\theta}\mathrm{sgn}(\mathrm{tr}(\boldsymbol{\varepsilon}))\mathbf{1}+\frac{k_2k_3C^2}{3}\frac{\bar{\boldsymbol{\varepsilon}}}{\gamma}+\frac{k_3C^2(1-k_2)}{3}\frac{\bar{\boldsymbol{\varepsilon}}}{\gamma}\right]\\&=m\left[\frac{\bar{\alpha}k_2C^2}{\mathrm{tr}(\boldsymbol{\sigma})}(\tau_{\mathrm{oct}}+P_{\mathrm{a}}/k_4)\mathbf{1}+\frac{k_3C^2}{3}\frac{\bar{\boldsymbol{\varepsilon}}}{\gamma}\right]\end{aligned}\tag{2-28}$$

结合式（2-16）将一致性切线模量写成偏应力的形式

$$\begin{aligned}\frac{\partial\boldsymbol{\sigma}}{\partial\boldsymbol{\varepsilon}}&=C(\boldsymbol{I}+\alpha\mathbf{1}\otimes\mathbf{1})+\left(\frac{1}{3}\bar{\alpha}\boldsymbol{\varepsilon}\mathbf{1}+\bar{\boldsymbol{\varepsilon}}\right)\otimes\nabla_{\varepsilon}C\\&=C(\boldsymbol{I}+\alpha\mathbf{1}\otimes\mathbf{1}+m\boldsymbol{L})\end{aligned}\tag{2-29}$$

式中，

$$\boldsymbol{L}=\frac{\bar{\alpha}k_2(\tau_{\mathrm{oct}}+P_{\mathrm{a}}/k_4)}{3}\mathbf{1}\otimes\mathbf{1}+\frac{\bar{\alpha}k_2(\tau_{\mathrm{oct}}+P_{\mathrm{a}}/k_4)}{\mathrm{tr}(\boldsymbol{\sigma})}\bar{\boldsymbol{\sigma}}\otimes\mathbf{1}+\frac{\mathrm{tr}(\boldsymbol{\sigma})k_3}{9\tau_{\mathrm{oct}}}\mathbf{1}\otimes\bar{\boldsymbol{\sigma}}+\frac{k_3}{3\tau_{\mathrm{oct}}}\bar{\boldsymbol{\sigma}}\otimes\bar{\boldsymbol{\sigma}}$$

为方便编程，将一致性切线模量写成如下形式：

$$\frac{\partial\boldsymbol{\sigma}}{\partial\boldsymbol{\varepsilon}}=C(\boldsymbol{I}+d_1\mathbf{1}\otimes\mathbf{1}+d_2\bar{\boldsymbol{\sigma}}\otimes\mathbf{1}+d_3\mathbf{1}\otimes\bar{\boldsymbol{\sigma}}+d_4\bar{\boldsymbol{\sigma}}\otimes\bar{\boldsymbol{\sigma}})\tag{2-30}$$

其中，$d_1=\alpha+m\dfrac{\bar{\alpha}k_2(\tau_{\mathrm{oct}}+P_{\mathrm{a}}/k_4)}{3}$，$d_2=m\dfrac{\bar{\alpha}k_2(\tau_{\mathrm{oct}}+P_{\mathrm{a}}/k_4)}{\mathrm{tr}(\boldsymbol{\sigma})}$，$d_3=m\dfrac{\mathrm{tr}(\boldsymbol{\sigma})k_3}{9\tau_{\mathrm{oct}}}$，$d_4=m\dfrac{k_3}{3\tau_{\mathrm{oct}}}$。

一致性切线模量 $\dfrac{\partial\boldsymbol{\sigma}}{\partial\boldsymbol{\varepsilon}}$ 转换成当前偏应力的形式，即一致性切线模量只与当前应力相关。在 UMAT 中以 ABAQUS 的当前应力计算出一致性切线模量，然后结合当前应变增量得到应力增量。最后根据当前应力和应力增量更新当前的应力。

2.4　材料参数确定

首先对式（2-6）两边取对数，结果为

$$\lg(M_{\mathrm{r}})=\lg(k_1P_{\mathrm{a}})+k_2\lg\left(\frac{\theta}{P_{\mathrm{a}}}\right)+k_3\lg\left(\frac{k_4\tau_{\mathrm{oct}}}{P_{\mathrm{a}}}+1\right)\tag{2-31}$$

令 $y=\lg(M_{\mathrm{r}})$，$a_0=\lg(k_1P_{\mathrm{a}})$，$a_1=k_2$，$a_2=k_3$，$x_1=\lg\left(\dfrac{\theta}{P_{\mathrm{a}}}\right)$，$x_2=\lg\left(\dfrac{k_4\tau_{\mathrm{oct}}}{P_{\mathrm{a}}}+1\right)$，则式（2-31）可转换成多元线性函数：

$$y=a_0+a_1x_1+a_2x_2\tag{2-32}$$

由上式可知，通过改变偏应力、侧应力和体应力，进行多组动三轴实验获得回弹模量-应力曲线，对不同曲线进行回归分析即可获得参数[5]。

2.5 单 元 验 证

2.5.1 有限元模型

为了验证所推导一致性切线刚度矩阵及 UMAT 编写的正确性，先采用单个单元进行验证，验证过程中 k_4 取不同值。采用的材料参数见表 2-1。

表 2-1 N37AR 模型的材料参数

ν	k_1	k_2	k_3	k_4	P_a/kPa
0.25	400	0.3	−0.2	1	100
0.25	400	0.3	−0.2	0.1	100
0.25	400	0.3	−0.2	10	100

这三组参数中，只改变 k_4 的值，其他不变。分别退化成 N37A 模型、K-θ 和 UZAN 模型。有限元模型采用单个单元 C3D8，分别约束相邻的三个面的法向位移，在三个自由面上施加法向载荷，如图 2-3 所示。

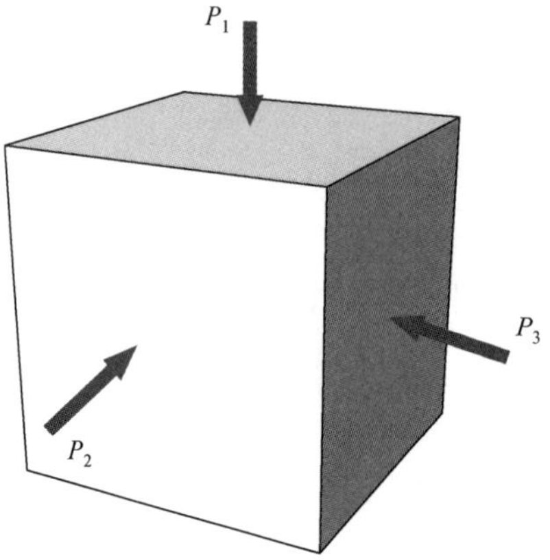

图 2-3　单元加载示意图

加载形式为：轴力和侧压力均为渐变形式加载。其中，轴力 $P_1 = 100$kPa，侧压力 $P_2 = P_3 = 10$kPa。

2.5.2 结果分析

提取回弹模量随轴力变化曲线以及轴向应力应变和侧向应力应变曲线，如图 2-4～图 2-6 所示。

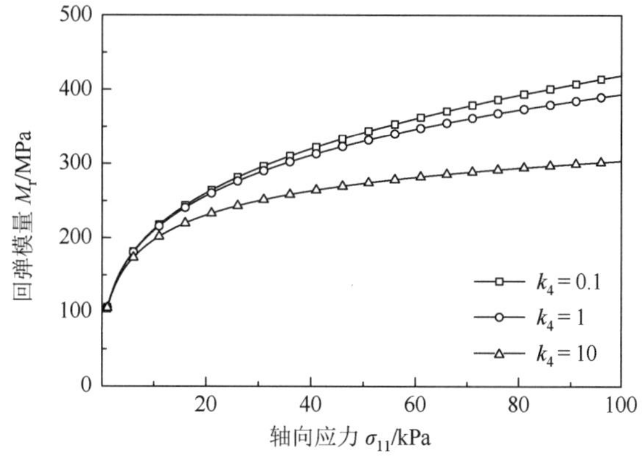

图 2-4　轴向应力与回弹模量曲线

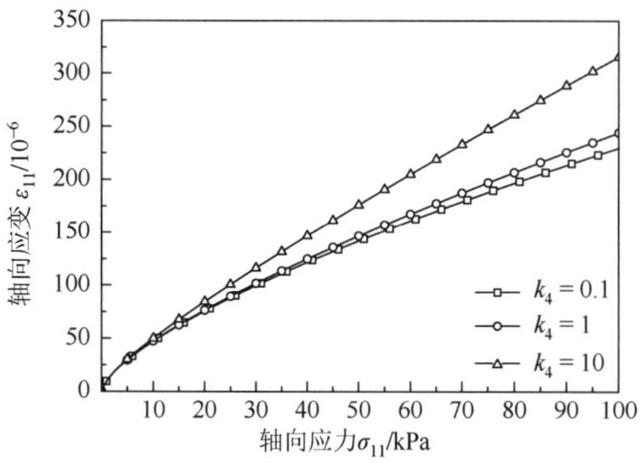

图 2-5　轴向应力与轴向应变曲线图

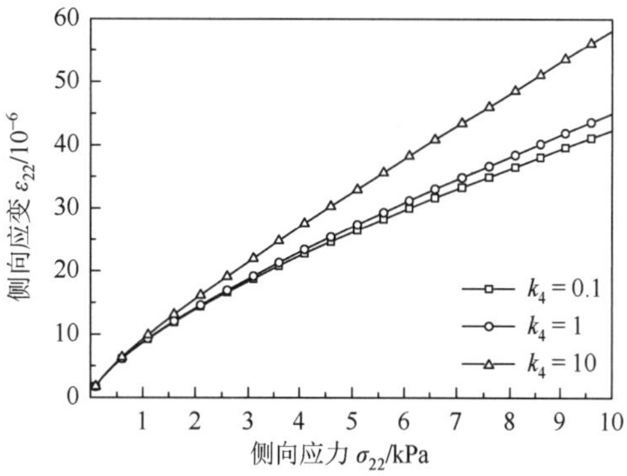

图 2-6　侧向应力与侧向应变曲线

可见在渐变加载工况下，三组参数所得的应力应变曲线都呈现出非线性，同时也可以看出 k_4 的改变能调整剪切应力在预估模型中的比重，使得模型有不同的表现形式。当 k_4 取大值时，模型类似于 UZAN 模型，这时剪切软化的作用明显，即相同应力下回弹模量值偏小，应变偏大；而当 k_4 取小值时，模型类似于 K-θ 模型，这时剪切力作用减弱，即在相同应力下回弹模量值偏大，应变偏小。

2.5.3　UMAT 代码和 INP 文件

2.5.4　材料参数和状态变量声明

表 2-2 为材料参数声明，表 2-3 为状态变量声明。

表 2-2　材料参数声明

参数编号	含义	参数名称	单位	可能取值范围
PROPS（1）	泊松比	ν	/	0.15～0.5
PROPS（2）	整体系数	k_1	/	大于 0
PROPS（3）	体积应力系数	k_2	/	小于 0
PROPS（4）	切应力系数	k_3	/	小于 0
PROPS（5）	大气压力	P_a	Pa	100000
PROPS（6）	模型统一系数	k_4	/	1, 0, 10

表 2-3　状态变量声明

材料参数编号	参数含义	变量名称
STATEV（1）	回弹模量	M_r

2.6　应 用 实 例

2.6.1　问题描述

图 2-7 为路面结构组成示意图，路面结构由三层组成，即面层、基层和底基层，路面结构的下方为土基层。有限元建模时，行车载荷尺寸及位置如图 2-8 所示。分析时，作如下假定：

（1）路面各结构层为连续、均匀、各向同性的线弹性材料。

（2）路面各结构层在垂直方向完全连续，沥青面层和基层、基层和底基层之间接触条件为完全连续。

（3）按三维问题分析。

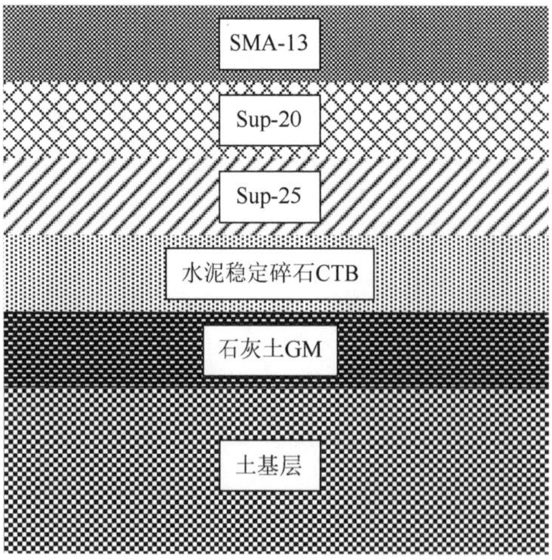

图 2-7　路面结构组成示意图

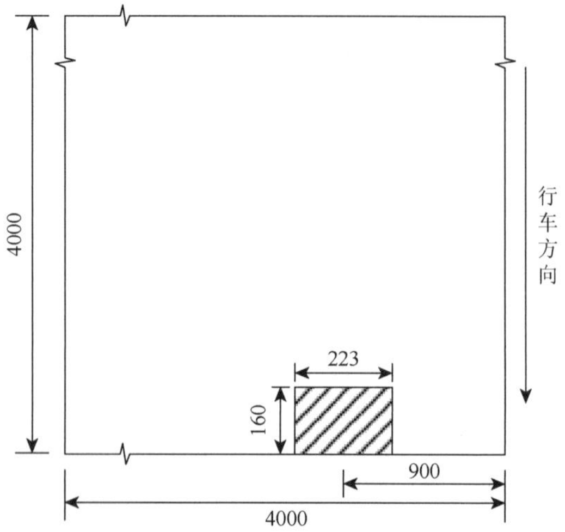

图 2-8　行车载荷尺寸及位置示意图（单位：mm）

图中比例未真实显示

路面结构厚度及材料参数见表 2-4。

表 2-4　路基采用典型的半刚性路基结构[2]

结构层	材料名称	厚度/cm	弹性模量/MPa	泊松比	密度/(kg/m^3)
面层	SMA-13	4	870	0.35	2300
	Sup-20	6	910	0.35	2300
	Sup-25	8	1031	0.35	2300
基层	水泥稳定碎石 CTB	36	1200	0.20	2200
底基层	石灰土 GM	20	300	0.20	2100
土基层		400	回弹模量见表 2-5	0.35	1800

计算采用 11R20 轮胎[6]，单个轮胎的接地宽度为 223mm，计算轴载取标准轴载 100kN，计算公式如下：

$$L = \frac{P_m}{W \times P_0} \tag{2-33}$$

其中，L 为轮胎接地长度；P_m 为单轴单轮轴型下的轴重，单轮轴重取 50kN；W 为轮胎接地宽度；P_0 为轮胎接地均布压应力，不考虑轮胎胎壁刚度的影响，可取为 0.7MPa。计算出的等效矩形加载示意图如图 2-8 中矩形阴影所示尺寸（1/4 对称模型尺寸）。

2.6.2　有限元模型

1. 单元类型

根据双轴对称性，取 1/4 部分作为有限元分析模型，模型长宽均取 4m，高为 4.74m，其顶面尺寸如图 2-8 所示，其中，面层、基层、底基层和土基层均采用三维八节点实体单元 C3D8；图 2-9 为划分网格后的有限元模型，对加载附近区域网格进行加密。

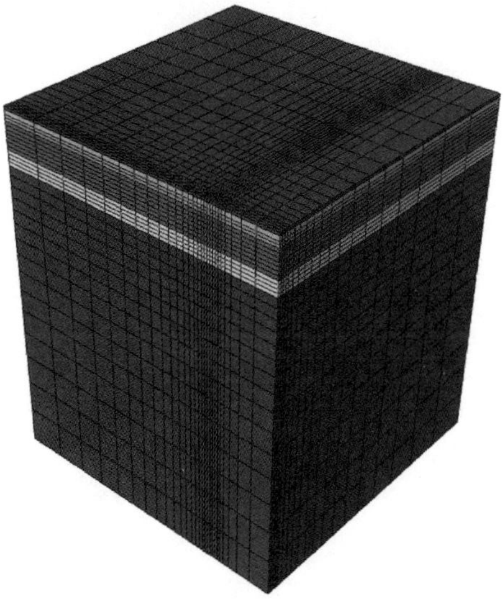

图 2-9　有限元网格模型

2. 材料参数及边界条件

有限元分析中，面层和基层材料参数见表 2-4，土基层采用动态回弹模量，参数见表 2-5。

表 2-5　N37AR 模型的材料参数

ν	k_1	k_2	k_3	k_4	P_a/kPa
0.3	961.2	0.146	–4.866	0.1	100

除顶面外各面施加法向约束。分 2 个载荷步进行计算，第一个载荷步对所有单元施加重力载荷；第二个载荷步在等效的加密区施加均布车载 0.7MPa，边界条件如图 2-10 所示。

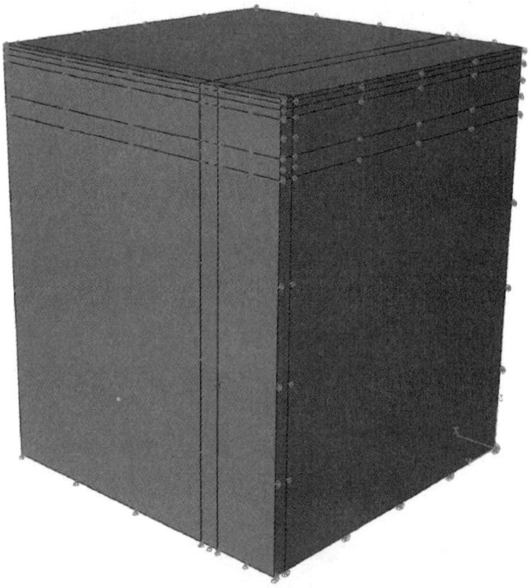

图 2-10　边界条件

2.6.3　结果分析

由于土基层采用了与应力相关的动态回弹模量，因此，土基层回弹模量在不同应力状态下和不同深度处大小各不相同。图 2-11（a）为深度方向应力应变曲线，可以看出曲线表现出两个阶段，分别为自重载荷阶段和交通载荷阶段。当施加交通载荷后，土基层的应力应变关系出现了明显的拐点，表现出回弹模量的应力状态相关性。除此之外，自重载荷阶段表现出明显的非线性应力应变响应，第二阶段曲线非线性不明显，这是由于车载集中作用于路面，传至土基层处对其回弹模量影响甚微。如图 2-11（b）所示，在自重载荷下土基层回弹模量随深度增加而有所增加，最终趋于稳定，回弹模量值为 80～92MPa，土基层回弹模量云图分布如图 2-12 所示。

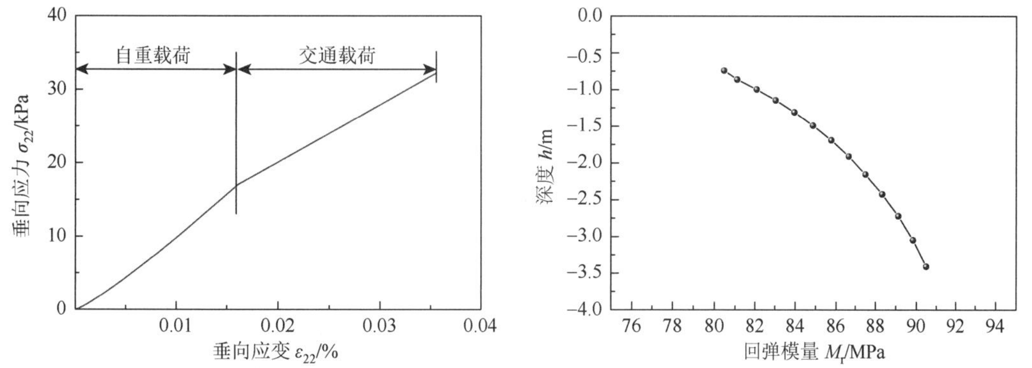

(a) 深度方向应力应变曲线　(b) 土基层回弹模量曲线

图 2-11　模拟结果

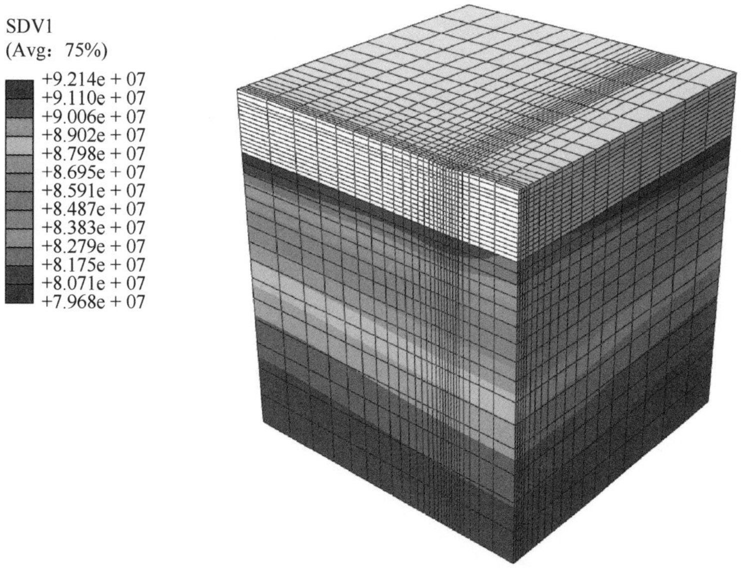

扫一扫　看彩图

图 2-12　土基层回弹模量云图分布

2.6.4　INP 文件

参 考 文 献

[1] Seed H B，Chan C K，Lee C E. Resilience characteristics of subgrade soils and their relation to fatigue failures in asphalt pavements. Michigan：International Conference on Structural Design of Asphalt Pavement，1962：611-636.

[2] 梅作舟. 基于混合 Lagrange-Euler 算法的高速公路沥青路面疲劳损害研究. 成都：西南交通大学，2015.

[3] Brown S F，Pell P S. An experimental investigation of the stresses，strains and deflection in a layered pavement structure subjected to dynamic loads. 2nd International Conference on the Structural Design of Asphalt Pavements，1967：487-504.

[4] Uzan J. Characterization of granular materials. Washington：Transportation Research Record 1022，TRB，National Research Council，1985：52-59.

[5] 董城，冷伍明，李志勇. 粉土动态回弹模量试验研究. 中南大学学报（自然科学版），2012，43（12）：4834-4839.

[6] 杨军. 长大纵坡沥青路面有限元分析. 交通运输工程学报，2010，10（6）：20-24.

第 3 章　黏弹性本构模型

3.1　流变学基础

第 2 章讲述了非线性弹性本构模型，在唯象本构模型中，采用一个弹簧可以表征弹性行为，该弹簧可以是线性弹簧，如胡克关系，也可以是非线性弹簧，如橡胶模型。这是理想的弹性关系，同时也存在理想的黏性关系。如同一个弹簧用于描述胡克关系一样，用一个活塞式的黏壶表征黏性行为，如理想牛顿流体，在外部载荷作用下，黏壶将一直流动下去，像黏稠的液体，可用如下本构关系表示：

$$\dot{\varepsilon} = \frac{\sigma}{\eta} \tag{3-1}$$

其中，σ 为施加的外部应力；η 为黏壶的黏度；$\dot{\varepsilon}$ 为应变的时间导数（$\dot{X}$ 为 X 的时间导数，X 可以为标量、矢量和张量，下文中相同）。

而实际的弹性材料不是理想的弹簧能够描述的，黏性材料也不是理想的黏壶能够描述的，大多数材料同时具有两种性质，称为黏弹性，尤其是目前应用广泛的高分子材料。为了更好地描述材料的特性，将弹簧和黏壶进行组合以获得更合理的描述材料性质的模型。麦克斯韦（Maxwell）将一个弹簧和一个黏壶串联，能够较好地描述材料的应力松弛行为，称为麦克斯韦模型，如图 3-1 所示，其本构关系如下所示：

$$\dot{\varepsilon} = \frac{\dot{\sigma}}{E} + \frac{\sigma}{\eta} \tag{3-2}$$

其中，E 为弹簧的刚度。

沃伊特（Voigt）和开尔文（Kelvin）将一个弹簧和一个黏壶并联，能够较好地描述材料的蠕变行为，称为沃伊特-开尔文模型，如图 3-2 所示，其本构关系如下所示：

$$\sigma = E\varepsilon + \eta\dot{\varepsilon} \tag{3-3}$$

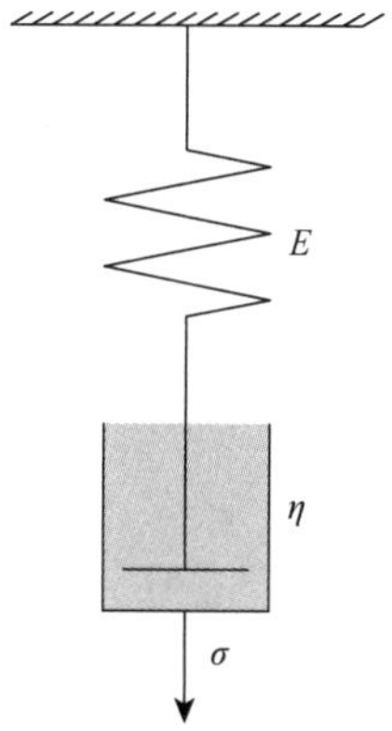

图 3-1　麦克斯韦模型

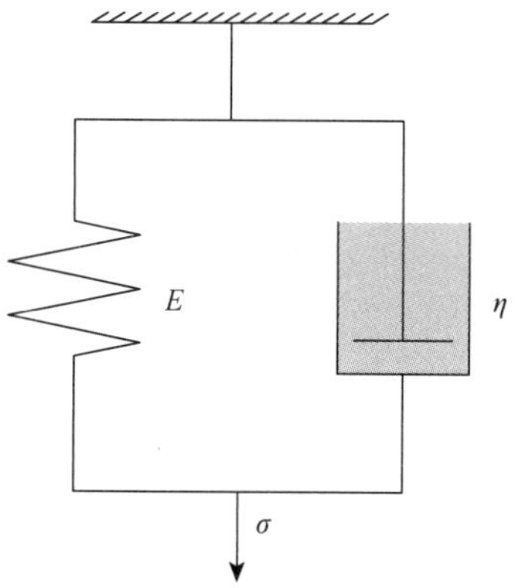

图 3-2　沃伊特-开尔文模型

麦克斯韦模型可以描述典型的应力松弛行为，但不能描述蠕变行为，而沃伊特-开尔文模型能够描述蠕变行为却不能描述应力松弛行为，基于此两种模型的优缺点，一类三单元模型被提出，即麦克斯韦模型并联一个弹簧或者沃伊特-开尔文模型串联一个弹簧形成一个由三个单元组成的黏弹性模型，其流变学模型如图 3-3 所示，两种形式的三单元模型具有等当性，下面只介绍沃伊特-开尔文模型串联一个弹簧的三单元模型（串联模型），另一种三单元模型（并联模型）的建立和有限元实现可由读者根据本章思路开展相关工作。

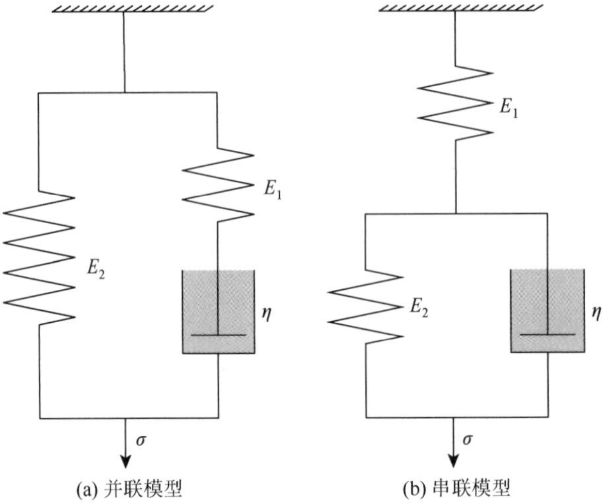

图 3-3　三单元流变学模型

3.2　本 构 方 程

本章将采用 ABAQUS 帮助文档提供的黏弹性本构理论[1]，该理论即采用上述沃伊特-开尔文模型串联一个弹簧的三单元模型［图 3-3（b)］描述材料的黏弹性。整个串联模型上的总应力为串联两部分的应力，而总应变为串联两部分的应变之和，因此可建立如下的一维应力应变关系。

各单元的应力关系如下：

$$\sigma = \sigma_e = \sigma_v \tag{3-4}$$

其中，σ 为总应力；σ_e 为弹簧 E_1 的应力，称为弹性应力；σ_v 为弹簧 E_2 和黏壶 η 两者的应力之和，称为黏性应力

$$\sigma_v = \sigma_{E_2} + \sigma_\eta \tag{3-5}$$

σ_{E_2} 为弹簧 E_2 的应力，σ_η 为黏壶 η 的应力。

各单元的应变关系如下：

$$\varepsilon = \varepsilon_{\mathrm{e}} + \varepsilon_{\mathrm{v}} \tag{3-6}$$

其中，ε 为总应变；ε_{e} 为弹簧 E_1 的应变，称为弹性应变；ε_{v} 为弹簧 E_2 和黏壶 η 的应变，称为黏性应变。

对于 E_1 弹簧单元，本构关系可以通过胡克定律获得

$$\sigma = E_1\varepsilon_{\mathrm{e}} \tag{3-7}$$

其中，E_1 为串联弹簧的弹性模量。

对于 E_2 弹簧单元，本构关系也可以通过胡克定律获得，如下：

$$\sigma_{E_2} = E_2\varepsilon_{\mathrm{v}} \tag{3-8}$$

其中，E_2 为并联弹簧的弹性模量。

对于黏壶单元，本构关系可以满足牛顿流体，如下：

$$\sigma_{\eta} = \eta\dot{\varepsilon}_{\mathrm{v}} \tag{3-9}$$

其中，η 为黏壶的黏度。

因此，结合式（3-4）～式（3-9），可推导出一维的应力应变关系如下：

$$\sigma + \frac{\eta}{E_1+E_2}\dot{\sigma} = \frac{1}{1/E_1+1/E_2}\varepsilon + \frac{\eta}{1+E_2/E_1}\dot{\varepsilon} \tag{3-10}$$

假设材料为各向同性的，将式（3-10）的一维形式拓展为三维形式，三维本构方程如下：

$$(1+\nu)\boldsymbol{\sigma} - \nu\mathrm{tr}(\boldsymbol{\sigma})\mathbf{1} + \frac{\eta}{E_1+E_2}\dot{\boldsymbol{\sigma}} = \frac{E_1E_2}{(E_1+E_2)}\boldsymbol{\varepsilon} + \frac{\eta}{(1+E_2/E_1)}\dot{\boldsymbol{\varepsilon}} \tag{3-11}$$

其中，ν 为泊松比。

将式（3-11）转换为

$$\boldsymbol{\sigma} + \tilde{\nu}\dot{\boldsymbol{\sigma}} = \lambda\mathrm{tr}(\boldsymbol{\varepsilon})\mathbf{1} + 2G\boldsymbol{\varepsilon} + \tilde{\lambda}\mathrm{tr}(\dot{\boldsymbol{\varepsilon}})\mathbf{1} + 2\tilde{G}\dot{\boldsymbol{\varepsilon}} \tag{3-12}$$

其中，

$$\tilde{\nu} = \frac{\eta}{E_1+E_2} \tag{3-13}$$

$$\lambda = \frac{\nu}{(1+\nu)(1-2\nu)}\frac{E_1E_2}{(E_1+E_2)} \tag{3-14}$$

$$\tilde{\lambda} = \frac{\nu}{(1+\nu)(1-2\nu)}\frac{\eta}{(1+E_2/E_1)} \tag{3-15}$$

$$G = \frac{1}{2(1+\nu)}\frac{E_1E_2}{(E_1+E_2)} \tag{3-16}$$

$$\tilde{G} = \frac{1}{2(1+\nu)}\frac{\eta}{(1+E_2/E_1)} \tag{3-17}$$

其中，λ 和 G 为拉梅常数。

3.3 有限元实现格式

3.3.1 增量形式的本构方程

采用中心差分法对本构方程进行离散，形式如下：

$$\dot{f}_{t+\frac{1}{2}\Delta t}=\frac{\Delta f}{\Delta t} \tag{3-18}$$

$$f_{t+\frac{1}{2}\Delta t}=f_t+\frac{\Delta f}{2} \tag{3-19}$$

其中，f 为函数；f_t 为增量步的开始值；Δf 为增量步函数的增量；Δt 为增量步的时间增量。

将此中心差分法运用到本构方程中，用 f_t 和 Δf 来求 $f_{t+\frac{1}{2}\Delta t}$，可得到离散的本构方程如下：

$$\left(\boldsymbol{\sigma}+\frac{\Delta\boldsymbol{\sigma}}{2}\right)+\tilde{\nu}\frac{\Delta\boldsymbol{\sigma}}{\Delta t}=\lambda\left[\operatorname{tr}(\boldsymbol{\varepsilon})+\frac{\operatorname{tr}(\Delta\boldsymbol{\varepsilon})}{2}\right]\mathbf{1}+2G\left(\boldsymbol{\varepsilon}+\frac{\Delta\boldsymbol{\varepsilon}}{2}\right)+\tilde{\lambda}\frac{\operatorname{tr}(\Delta\boldsymbol{\varepsilon})}{\Delta t}\mathbf{1}+2\tilde{G}\frac{\Delta\boldsymbol{\varepsilon}}{\Delta t} \tag{3-20}$$

整理如下：

$$\left(\frac{\Delta t}{2}+\tilde{\nu}\right)\Delta\boldsymbol{\sigma}=(G\Delta t+2\tilde{G})\Delta\boldsymbol{\varepsilon}+\left(\frac{\Delta t}{2}\lambda+\tilde{\lambda}\right)\operatorname{tr}(\Delta\boldsymbol{\varepsilon})\mathbf{1}+[\lambda\operatorname{tr}(\Delta\boldsymbol{\varepsilon})\mathbf{1}+2G\boldsymbol{\varepsilon}-\boldsymbol{\sigma}]\Delta t \tag{3-21}$$

其中，$\Delta\boldsymbol{\sigma}$ 为 $t+\frac{1}{2}\Delta t$ 时刻的应力增量，为未知待求解的值，其余均为已知值。

3.3.2 一致性切线模量推导

为了推导一致性切线模量的简便性，假设材料为各向同性材料，将式（3-21）转换为各个方向的分量形式如下：

$$D\Delta\boldsymbol{\sigma}(i,j)=A\Delta\boldsymbol{\varepsilon}(i,j)+B\operatorname{tr}[\Delta\boldsymbol{\varepsilon}(i,j)]\mathbf{1}+\boldsymbol{X}\Delta t \quad (i=j) \tag{3-22}$$

$$D\Delta\boldsymbol{\sigma}(i,j)=A\Delta\boldsymbol{\varepsilon}(i,j)+\boldsymbol{Y}\Delta t \quad (i\neq j) \tag{3-23}$$

其中，$A=G\Delta t+2\tilde{G}$；$B=\frac{\Delta t}{2}\lambda+\tilde{\lambda}$；$\boldsymbol{X}=\lambda\operatorname{tr}(\boldsymbol{\varepsilon})\mathbf{1}+2G\boldsymbol{\varepsilon}-\boldsymbol{\sigma}$；$D=\frac{\Delta t}{2}+\tilde{\nu}$；$\boldsymbol{Y}=2G\boldsymbol{\varepsilon}-\boldsymbol{\sigma}$。

据此计算一致性切线模量如下：

$$\text{TEMP1}=\frac{\Delta\boldsymbol{\sigma}(i,i)}{\Delta\boldsymbol{\varepsilon}(i,i)}=\frac{A+B}{D} \tag{3-24}$$

$$\text{TEMP2}=\frac{\Delta\boldsymbol{\sigma}(i,i)}{\Delta\boldsymbol{\varepsilon}(j,j)}=\frac{B}{D} \tag{3-25}$$

$$\text{TEMP3}=\frac{\Delta\sigma(i,j)}{\Delta\gamma(i,j)}=\frac{\Delta\sigma(i,j)}{2\Delta\varepsilon(i,j)}=\frac{A}{2D} \tag{3-26}$$

相应的一致性切线模量矩阵如下：

$$\boldsymbol{J}=\begin{bmatrix} \text{TEMP1} & \text{TEMP2} & \text{TEMP2} & & & \\ \text{TEMP2} & \text{TEMP1} & \text{TEMP2} & & 0 & \\ \text{TEMP2} & \text{TEMP2} & \text{TEMP1} & & & \\ & & & \text{TEMP3} & & \\ & 0 & & & \text{TEMP3} & \\ & & & & & \text{TEMP3} \end{bmatrix} \tag{3-27}$$

3.3.3　比能量

在 UMAT 计算中，每一增量步总的比能量的改变如下：

$$\Delta u=\left(\boldsymbol{\sigma}+\frac{1}{2}\Delta\boldsymbol{\sigma}\right):\Delta\boldsymbol{\varepsilon} \tag{3-28}$$

总比能量中比弹性能的改变为

$$\Delta u_{\mathrm{e}}=\left(\boldsymbol{\varepsilon}+\frac{1}{2}\Delta\boldsymbol{\varepsilon}\right):\boldsymbol{D}:\Delta\boldsymbol{\varepsilon} \tag{3-29}$$

其中， $\boldsymbol{D}$ 为四阶弹性矩阵，如 2.1 节式（2-3）。

3.4　材料参数确定

在有限元计算前，必须首先确定材料参数。根据三单元模型有三个元件，存在三个参数，再加上从一维拓展到三维时的泊松比，共四个参数，它们的确定方法如下：

弹性模量与弹簧 E_1 的关系：①在加载初期，主要变形由弹簧 E_1 提供，黏壶和弹簧并联的单元几乎不变形；②根据不同的加载速率结果，弹性部分是率无关的，因此也可作为弹簧 E_1 的模量，所以整体的弹性模量主要由 E_1 的弹性模量提供，但是 E_2 和 η 也会影响整体的刚度，但是对线性加载段的影响是固定的，故而首先拟合初始加载线性段的弹性模量。

在应力松弛过程中，黏弹性材料最终会松弛到均衡状态，此时黏壶已经全部被拉开，可看成是两个弹簧的串联，因此，

$$\frac{E_1E_2}{E_1+E_2}=E_{\mathrm{eq}}=\frac{\eta}{\tau} \tag{3-30}$$

其中， η 为黏壶的黏度； τ 为延迟时间。

因此可通过拟合松弛行为或者蠕变行为，来确定 E_2 和 η 的关系，再对非线性加载段进行拟合，通过调节 E_2 和 η 系统的刚度最终确定参数 E_2 和 η 的值。

ν 为泊松比，通过测试获得； λ 和 G 为拉梅常数， $\tilde{\nu}$， $\tilde{\lambda}$， $\tilde{G}$ 均可通过计算获得。

通过对图 3-4 所示聚氨酯的单调拉伸曲线进行拟合，可以获得相关参数如表 3-1 所示。

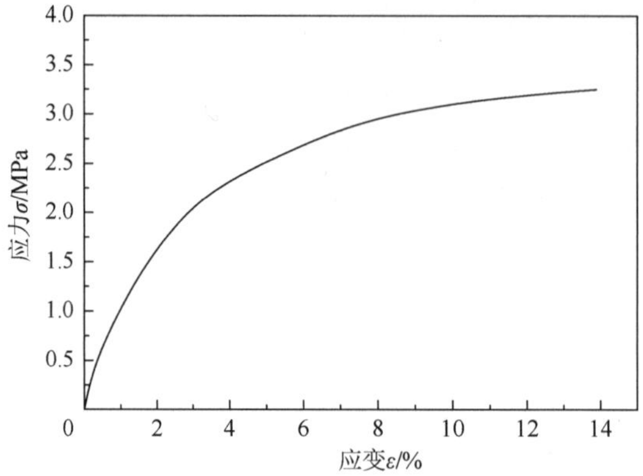

图 3-4　聚氨酯单调拉伸应力应变曲线

表 3-1　参数取值

E_1	E_2	η	ν
320MPa	10MPa	600MPa	0.45

3.5　单元验证

3.5.1　有限元模型

建立一个单元的有限元模型，采用 C3D8 单元划分网格，在三个相邻面分别施加垂向约束，再在一个自由面施加垂向的位移载荷，施加应变为 14%，应变加载速率为 1%/s，施加的约束和载荷情况如图 3-5 所示。

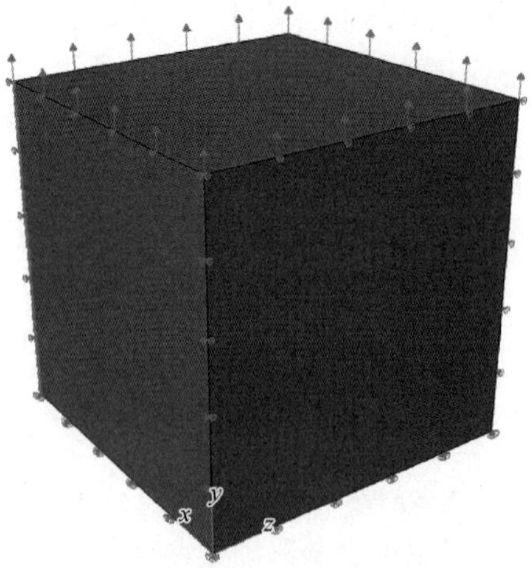

图 3-5　施加的约束和载荷情况

3.5.2　结果分析

从单元中提取载荷施加方向即 y 方向的应力和应变，与聚氨酯实验数结果对照如图 3-6 所示。由图可知，模拟结果和实验结果吻合度较高，表明表 3-1 确定的材料参数是合理的。

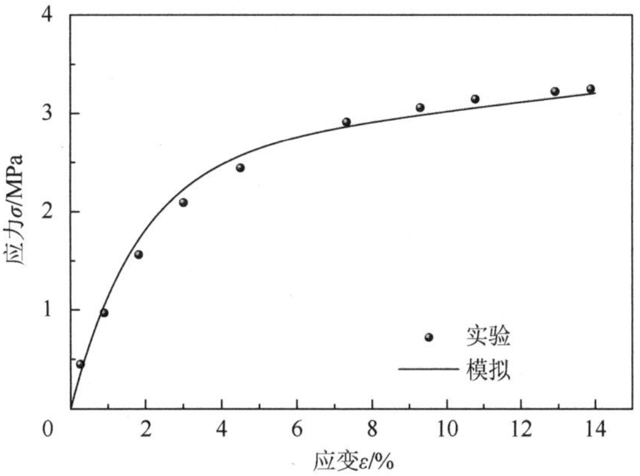

图 3-6　模拟和实验的单调拉伸应力应变曲线

3.5.3　INP 文件模板

3.5.4　材料参数和状态变量声明

表 3-2 为材料参数声明。需要说明的是，本节介绍的黏弹性本构模型为三单元串联模型，没有设置状态变量。

表 3-2　材料参数声明

参数编号	含义	参数名称	单位	可能取值范围
PROPS（1）	储存模量	E_1	MPa	100～800
PROPS（2）	损耗模量	E_2	MPa	0～100
PROPS（3）	泊松比	ν	/	0.3～0.5
PROPS（4）	黏度	η	MPa	0～1000

3.6　黏弹性材料的压痕分析

3.6.1　压痕有限元模型

采用刚性圆形压头和变形体的基底，建立轴对压痕有限元模型，其中，圆形压头半径为 10mm，采用 CAX4 单元进行网格划分，并对压痕接触位置进行网格加密。加载过程描述如下：首先在 2s 内加载至 3mm，2s 后卸载到原位置，再保持 200s，观察无外力情况下的回复情况。模型网格划分情况如图 3-7 所示[2]。

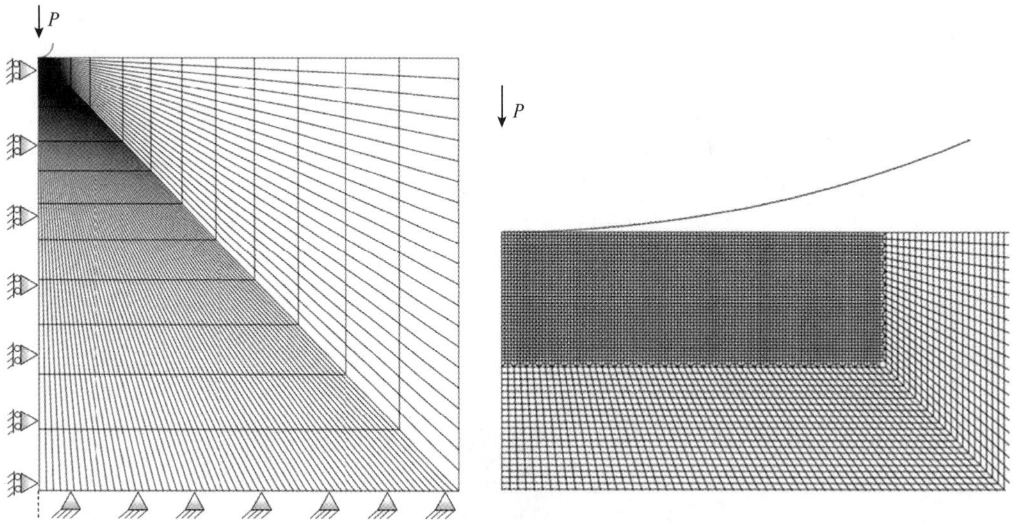

(a) 整体网格　　(b) 局部网格

图 3-7　模型网格划分情况

3.6.2　结果分析

根据计算，提取压痕过程的载荷-位移曲线和位移-时间曲线，如图 3-8 所示。为方便查看不同时刻基底在压痕过程中的变形情况，选取云图位置 *A*，*B*，*C*，*D*，*E*，*F*，*G*，*H*，如图 3-8 所示，不同阶段的位移云图如图 3-9 所示。

从图 3-8 中的压痕模拟结果可以看出，加载呈现出非线性特征。弹性或弹塑性材料在压痕压入过程中载荷位移曲线会呈现指数型特征，而该黏弹性材料随着压入深度的增加，先是加速增加，后出现增加速率减缓的情况。当压头离开基底材料后，黏弹性回复出现，回复从快到缓，最后几乎回复至初始情况。根据黏弹性材料的特性，若回复时间足够长，则变形是可以完全回复的。从图 3-9 可以看出，最后有 0.0536mm 的变形没有回复。

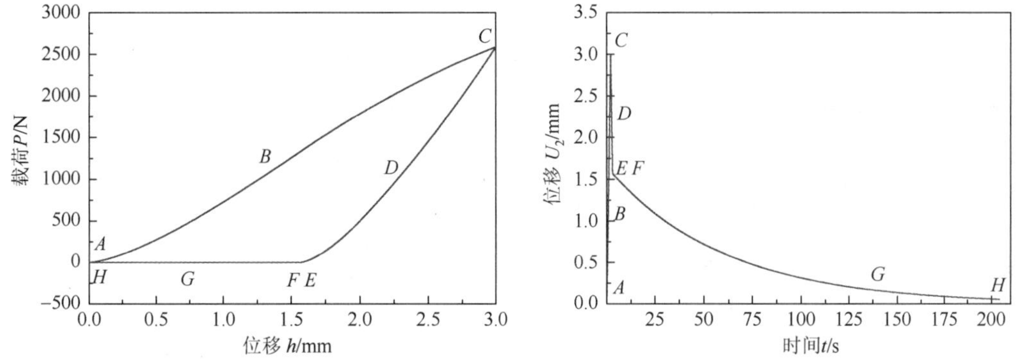

(a) 载荷-位移曲线　　(b) 位移-时间曲线

图 3-8　压痕模拟结果

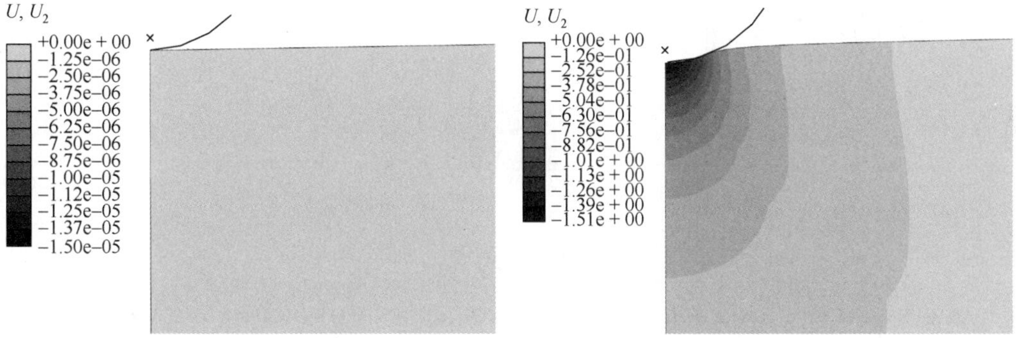

(a)　(b)

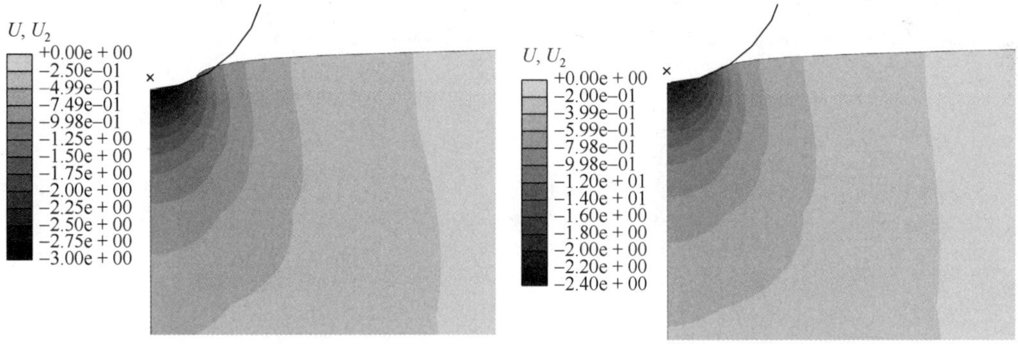

(c)　(d)

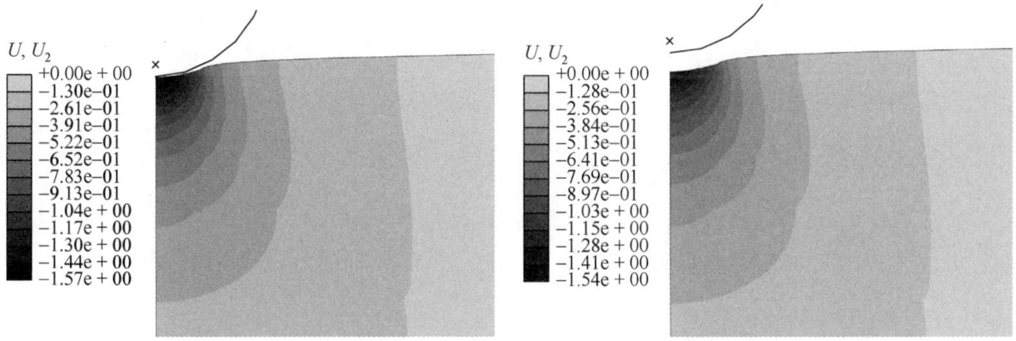

(e)　(f)

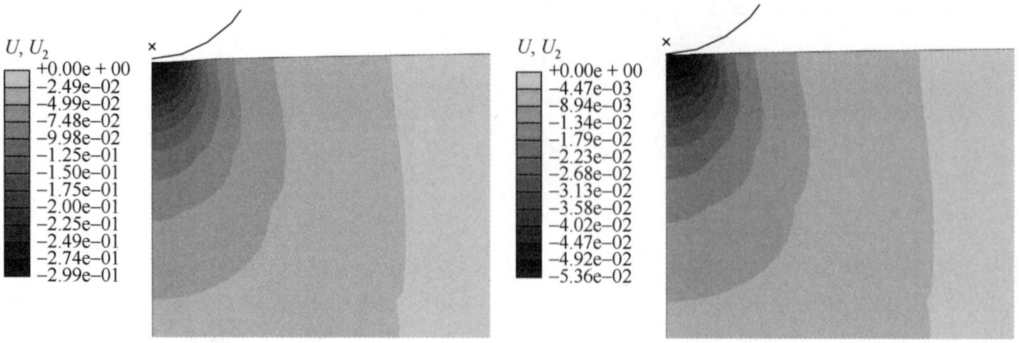

(g)　　(h)

图 3-9　不同阶段的位移云图

3.6.3　INP 输入文件

参 考 文 献

[1] ABAQUS version 6.14.1. Abaqus User Subroutines Reference Guide 1.1.41，Hibbitt，Karlsson and Sorensen，Providence，RI，2014.

[2] Kan Q，Yan W，Kang G，et al. Oliver-Pharr indentation method in determining elastic moduli of shape memory alloys—A phase transformable material. Journal of the Mechanics & Physics of Solids，2013，61（10）：2015-2033.

第 4 章　弹塑性本构关系

4.1　弹塑性本构关系简介

第 4 章和第 5 章将介绍经典弹塑性理论和黏塑性理论，主要参考 Fionn Dunne 和 Nik Petrinic[1]于 2005 年出版的 *Introduction to Computational Plasticity* 一书中的弹塑性本构关系部分内容，主要包括：多轴屈服准则、正则化假设、一致性条件、各向同性硬化和随动硬化。本章暂不考虑大的刚体旋转和大变形，大变形问题将在第 11 章和 12 章中进行讨论。

4.1.1　基本概念介绍

1. 应变分解

图 4-1 为弹塑性应力应变曲线示意图。当单轴应力超过 σ_y 时，材料出现应变硬化现象，即进入塑性阶段。之所以称之为硬化是因为与理想塑性相比，应力表现为增加的趋势。如果达到一个应变值 ε（超过弹性极限）后进行卸载，材料将会停止塑性变形（不考虑材料的时间相关性），应力应变表现为线性下降，下降段斜率和杨氏模量 E 相同。一旦应力卸载至零（假设在卸载的过程中材料一直保持为弹性），试样中的残余应变即塑性应变 ε^{p}，恢复的应变 ε^{e} 即弹性应变。因而总应变可由两部分组成：

$$\varepsilon = \varepsilon^{\mathrm{e}} + \varepsilon^{\mathrm{p}} \tag{4-1}$$

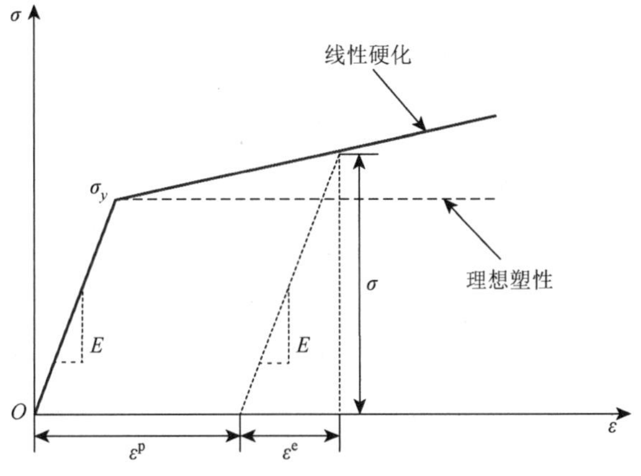

图 4-1　弹塑性应力应变曲线示意图

此式即经典的应变加分解。此外，通过图 4-1 还可以得出任意应变ε对应的应力σ为

$$\sigma = E\varepsilon^{e} = E(\varepsilon - \varepsilon^{p}) \tag{4-2}$$

在许多实际情况下，尤其在材料成型加工过程中（如锻造和超塑性成型等），实际产生的应变将会非常大，可达到 10～10^4量级。对比材料成型加工过程中产生的弹性应变只有10^{-3}量级，在这种情况下，可以假设弹性应变$\varepsilon^{e} \approx 0$，塑性应变$\varepsilon^{p} \approx \varepsilon$。

2. 塑性不可压条件

塑性变形满足不可压条件，即塑性变形不影响体积改变。通过此条件可以得出塑性应变各分量变化率之和为零：

$$\dot{\varepsilon}_x^{p} + \dot{\varepsilon}_y^{p} + \dot{\varepsilon}_z^{p} = 0 \tag{4-3}$$

此结论可通过图 4-2 所示的材料单元在 y 方向受压变形示意图来说明。考虑该单元体经历纯粹的均匀塑性变形（或简单地假设应变值很大，因而弹性部分小到可以被忽略）。

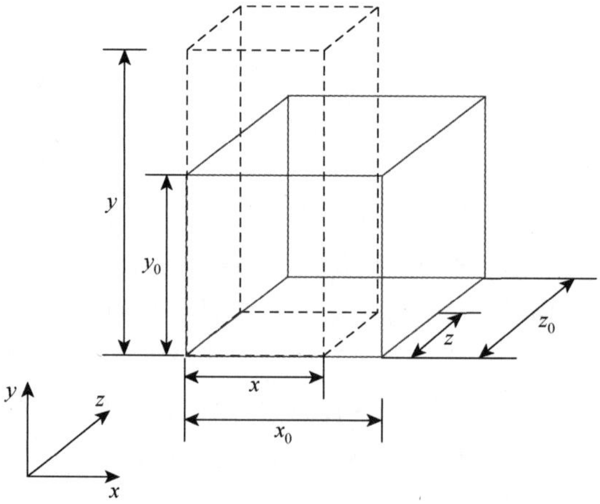

图 4-2　材料单元在 y 方向受压变形示意图

体积不变使得下式成立：

$$xyz = x_0 y_0 z_0 \tag{4-4}$$

等式两边对时间求导并同时除以 xyz 可得

$$\frac{\dot{x}}{x} + \frac{\dot{y}}{y} + \frac{\dot{z}}{z} = 0 \tag{4-5}$$

应变率的定义：

$$\varepsilon_x = \ln\left(\frac{x}{x_0}\right) \tag{4-6}$$

同样的定义适用于ε_y和ε_z。因而，y 方向应变率为

$$\varepsilon_y = \frac{1}{y}\dot{y} \tag{4-7}$$

因此，式（4-5）与体积不可压条件（4-3）等价。

3. 等效应力和等效塑性应变率

对于轴向单调加载工况，屈服条件易于确定：

如果$\sigma < \sigma_y$，材料处于弹性阶段；

如果$\sigma \geqslant \sigma_y$，材料处于塑性阶段。

而对于多轴应力状态（即存在不止一个方向应力），屈服条件则无法直接确定。针对不同材料，存在各种多轴屈服准则，目前在实际工程问题中最通用的准则便是 von Mises 屈服准则。该准则是基于等效应力或称为有效应力的概念建立起来的。等效应力的主应力表达式为

$$\sigma_\mathrm{e} = \frac{1}{\sqrt{2}}[(\sigma_1 - \sigma_2)^2 + (\sigma_2 - \sigma_3)^2 + (\sigma_3 - \sigma_1)^2]^{1/2} \tag{4-8}$$

或以正应力和切应力形式表示：

$$\sigma_\mathrm{e} = \left[\frac{3}{2}(\sigma_{11}^2 + \sigma_{22}^2 + \sigma_{33}^2 + 2\sigma_{12}^2 + 2\sigma_{23}^2 + 2\sigma_{31}^2)\right]^{1/2} \tag{4-9}$$

其中，下标 1, 2, 3 分别表示方向 x, y, z。σ_e 作为一个标量源于假定——当材料弹性剪切能达到临界值时发生屈服。

通过摩尔应力圆可以得出一个给定角度平面上最大剪切应力$\tau = (\sigma_1 - \sigma_2)/2$和剪应变$\gamma = \tau / G$，因而单位体积的弹性剪切能为$\tau\gamma / 2 = \tau^2 / (2G) = (\sigma_1 - \sigma_2)^2 / (8G)$，式（4-8）就源于此处。类似的，等效塑性应变率 $\dot{p}$ 有如下定义：

$$\dot{p} = \frac{\sqrt{2}}{3}[(\dot{\varepsilon}_1^\mathrm{p} - \dot{\varepsilon}_2^\mathrm{p})^2 + (\dot{\varepsilon}_2^\mathrm{p} - \dot{\varepsilon}_3^\mathrm{p})^2 + (\dot{\varepsilon}_3^\mathrm{p} - \dot{\varepsilon}_1^\mathrm{p})^2]^{1/2} \tag{4-10}$$

将应力张量和塑性应变率张量（舍去上标 p）写成如下形式：

$$\boldsymbol{\sigma} = \begin{pmatrix} \sigma_{11} & \sigma_{12} & \sigma_{13} \\ \sigma_{21} & \sigma_{22} & \sigma_{23} \\ \sigma_{31} & \sigma_{32} & \sigma_{33} \end{pmatrix}, \quad \dot{\boldsymbol{\varepsilon}} = \begin{pmatrix} \dot{\varepsilon}_{11} & \dot{\varepsilon}_{12} & \dot{\varepsilon}_{13} \\ \dot{\varepsilon}_{21} & \dot{\varepsilon}_{22} & \dot{\varepsilon}_{23} \\ \dot{\varepsilon}_{31} & \dot{\varepsilon}_{32} & \dot{\varepsilon}_{33} \end{pmatrix} \tag{4-11}$$

进而等效应力和等效塑性应变率有如下表达式：

$$\sigma_\mathrm{e} = \left(\frac{3}{2}\boldsymbol{\sigma}' : \boldsymbol{\sigma}'\right)^{1/2}, \quad \dot{p} = \left(\frac{2}{3}\dot{\boldsymbol{\varepsilon}}^\mathrm{p} : \dot{\boldsymbol{\varepsilon}}^\mathrm{p}\right)^{1/2} \approx \left(\frac{2}{3}\dot{\boldsymbol{\varepsilon}} : \dot{\boldsymbol{\varepsilon}}\right)^{1/2} \tag{4-12}$$

其中，$\boldsymbol{\sigma}'$为偏应力张量，其表达式如下：

$$\boldsymbol{\sigma}' = \boldsymbol{\sigma} - \frac{1}{3}\mathrm{tr}(\boldsymbol{\sigma})\mathbf{1} \tag{4-13}$$

偏应力可以看成是应力和平均应力［亦称为静水压力，$\sigma_m = (\sigma_{11} + \sigma_{22} + \sigma_{33})/3$］二者之差。式（4-12）是等效应力［式（4-9）］和等效塑性应变率［式（4-10）］的一种简洁的数学表达方式。其中，符号“：”被称为双内积或双点积。对于两个二阶张量 $\boldsymbol{A}$ 和 $\boldsymbol{B}$ 有如下定义：

$$\boldsymbol{A}:\boldsymbol{B}=\sum_{i=1}^{n}\sum_{j=1}^{n}A_{ij}B_{ij} \tag{4-14}$$

即双点积为对应各分量的乘积求和所得的标量。

式（4-9）和式（4-10）[等效表达式（4-12）] 中的系数是通过单轴加载工况下等效应力和等效塑性应变率分别等于加载方向的应力和塑性应变率获得的。

通过图 4-3 的单轴拉伸示意图来说明情况。图 4-3 所示为只承受单轴方向应力的圆柱形试样，假设加载至产生很大塑性变形（即 $\varepsilon^{\mathrm{e}}\ll\varepsilon^{\mathrm{p}}$，因而 $\varepsilon\approx\varepsilon^{\mathrm{p}}$）。我们将采用式（4-12）来确定等效应力和等效塑性应变率。

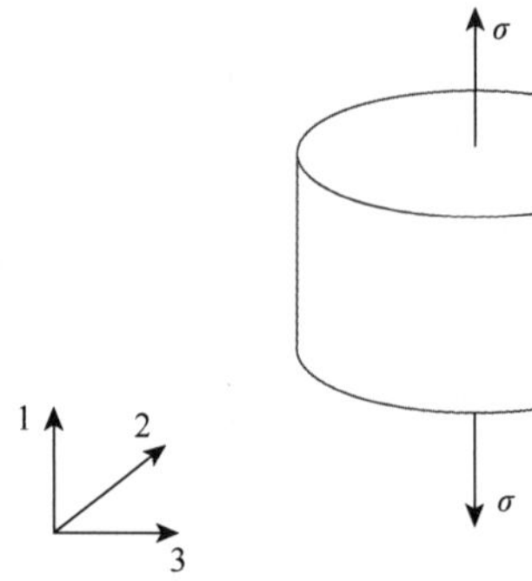

图 4-3　单轴拉伸示意图

在当前加载条件下可得，$\sigma_{11}=\sigma$，$\sigma_{22}=\sigma_{33}=0$，且所有的切应力分量为零。塑性不可压条件使得

$$\dot{\varepsilon}_{11}+\dot{\varepsilon}_{22}+\dot{\varepsilon}_{33}=0 \tag{4-15}$$

因为对称性 $\dot{\varepsilon}_{22}=\dot{\varepsilon}_{33}$，代入上式可得 $\dot{\varepsilon}_{22}=\dot{\varepsilon}_{33}=-\dfrac{1}{2}\dot{\varepsilon}_{11}=-\dfrac{1}{2}\dot{\varepsilon}$。偏应力分量可通过式(4-13)有 $\sigma'_{11}=\sigma_{11}-\dfrac{1}{3}(\sigma_{11}+\sigma_{22}+\sigma_{33})=\dfrac{2}{3}\sigma_{11}$，$\sigma'_{22}=\sigma_{22}-\dfrac{1}{3}(\sigma_{11}+\sigma_{22}+\sigma_{33})=-\dfrac{1}{3}\sigma_{11}$。

类似的，$\sigma'_{33}=-\dfrac{1}{3}\sigma_{11}$，且 $\sigma'_{12}=\sigma'_{23}=\sigma'_{13}=0$，因此，单轴受力状态下偏应力张量可表示为

$$\boldsymbol{\sigma}'=\begin{pmatrix}\dfrac{2}{3}\sigma_{11} & 0 & 0\\ 0 & -\dfrac{1}{3}\sigma_{11} & 0\\ 0 & 0 & -\dfrac{1}{3}\sigma_{33}\end{pmatrix} \tag{4-16}$$

进而，通过式（4-12）可以确定此单轴受力状态下的等效应力。首先求 $\boldsymbol{\sigma}':\boldsymbol{\sigma}'$，

$$\boldsymbol{\sigma}':\boldsymbol{\sigma}'=\frac{4}{9}\sigma_{11}^2+\frac{1}{9}\sigma_{11}^2+\frac{1}{9}\sigma_{11}^2=\frac{2}{3}\sigma_{11}^2$$

因而，$\sigma_{\mathrm{e}}=\left(\frac{3}{2}\boldsymbol{\sigma}':\boldsymbol{\sigma}'\right)^{1/2}=\left(\frac{3}{2}\frac{2}{3}\sigma^2\right)^{1/2}\equiv\sigma$，即对于单轴应力状态 $\sigma_{\mathrm{e}}\equiv\sigma$。对于等效塑性应变率可采用同样的方法。

考虑塑性不可压条件和对称性，塑性应变率张量为

$$\dot{\boldsymbol{\varepsilon}}=\begin{pmatrix}\dot{\varepsilon}_{11} & 0 & 0\\ 0 & -\frac{1}{2}\dot{\varepsilon}_{11} & 0\\ 0 & 0 & -\frac{1}{2}\dot{\varepsilon}_{11}\end{pmatrix}=\begin{pmatrix}\dot{\varepsilon} & 0 & 0\\ 0 & -\frac{1}{2}\dot{\varepsilon} & 0\\ 0 & 0 & -\frac{1}{2}\dot{\varepsilon}\end{pmatrix}$$

所以，$\dot{p}=\left(\frac{2}{3}\dot{\boldsymbol{\varepsilon}}:\dot{\boldsymbol{\varepsilon}}\right)^{1/2}=\left[\frac{2}{3}\left(\dot{\varepsilon}^2+\frac{1}{4}\dot{\varepsilon}^2+\frac{1}{4}\dot{\varepsilon}^2\right)\right]^{1/2}=\left[\frac{2}{3}\frac{3}{2}\dot{\varepsilon}^2\right]^{1/2}=\dot{\varepsilon}$，因此，对于单轴情况有 $\dot{p}=\dot{\varepsilon}$。

注意到式（4-12）中塑性应变率并未采用其偏量形式。这是因为塑性不可压条件塑性应变率本身为一偏量。例如，考虑某一方向偏塑性应变率分量 $\dot{\varepsilon}'_{11}$ 有如下表达式：$\dot{\varepsilon}'_{11}=\dot{\varepsilon}_{11}-\frac{1}{3}(\dot{\varepsilon}_{11}+\dot{\varepsilon}_{22}+\dot{\varepsilon}_{33})$，因为塑性不可压条件有 $\dot{\varepsilon}'_{11}\equiv\dot{\varepsilon}_{11}$。

4.1.2　屈服准则

除 von Mises 屈服准则之外，工程应用中还有很多种其他屈服准则，例如，Tresca 屈服准则和适用于多孔材料的 Gurson 模型等。本节只讨论 von Mises 屈服准则，并假设材料为各向同性屈服和无孔隙材料。如果 f 为屈服函数，那么 $f=0$ 为屈服准则，需要满足以下条件。

（1）静水压力对屈服无贡献。当 f 与平均应力 σ_m 无关时，f 的表达式中仅含偏应力 $\sigma'_i\,(i=1,\cdots,3)$。

（2）多晶金属材料屈服准则可被看成是各向同性的，因而屈服准则与方向无关。因此，f 必须是以 $\sigma'_i\,(i=1,\cdots,3)$ 为自变量的对称函数。

（3）屈服应力表现出拉压各向同性。因此，f 必须是以 $\sigma'_i\,(i=1,\cdots,3)$ 为自变量的偶函数。

对于 von Mises 屈服函数有如下定义：

$$f=\sigma_{\mathrm{e}}-\sigma_y=\left(\frac{3}{2}\boldsymbol{\sigma}':\boldsymbol{\sigma}'\right)^{1/2}-\sigma_y \tag{4-17}$$

参照式（4-8），可以看出式（4-17）满足上述三个条件，因而屈服准则为

$$\begin{aligned}&f<0\text{：弹性变形}\\&f=0\text{：塑性变形}\end{aligned} \tag{4-18}$$

应力张量的二阶不变量 J_2 的表达式为 $J_2=\left(\frac{1}{2}\boldsymbol{\sigma}':\boldsymbol{\sigma}'\right)^{1/2}$，与式（4-17）相比具有类似的表达形式，因而基于 von Mises 屈服准则的塑性流动也被称为 J_2 塑性流动。几何上，在三维主应力空间里，式（4-17）表示一个圆柱体，其旋转轴位于空间直线 $\sigma_1=\sigma_2=\sigma_3$ 上。易

知，在 von Mises 屈服准则中静水压力对屈服无贡献。即使主应力σ_1，σ_2和σ_3是无穷大的，只要各主应力相等，那么由式（4-8）可知σ_e等于零，且f<0，即不产生屈服。

现考虑在$\sigma_3=0$下的二维主应力空间中，即平面应力状态下的屈服函数。几何上，这涉及寻找 von Mises 圆柱与平面$\sigma_3=0$之间的相交面。

将式（4-8）代入屈服准则式（4-17），

$$f=\sigma_e-\sigma_y=\left(\frac{3}{2}\boldsymbol{\sigma}':\boldsymbol{\sigma}'\right)^{1/2}-\sigma_y$$

$$=\frac{1}{\sqrt{2}}[(\sigma_1-\sigma_2)^2+(\sigma_2-\sigma_3)^2+(\sigma_3-\sigma_1)^2]^{1/2}-\sigma_y$$

其中，对于平面应力状态有

$$f=\frac{1}{\sqrt{2}}[(\sigma_1-\sigma_2)^2+{\sigma_2}^2+{\sigma_1}^2]^{1/2}-\sigma_y=0 \tag{4-19}$$

所以式（4-19）可写为$\sigma_1^2-\sigma_1\sigma_2+\sigma_2^2=\sigma_y$，即椭圆方程。图 4-4 为平面应力状态下的 von Mises 屈服准则示意图。在屈服面上当$\sigma_1=0$时，$\sigma_2=\sigma_y$，其他交点处应力大小均为σ_y。

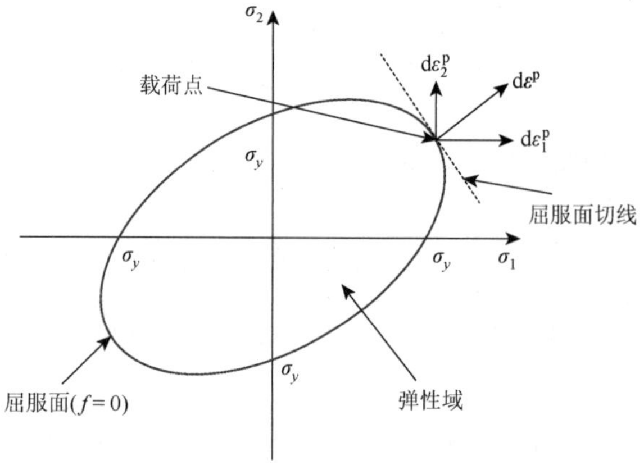

图 4-4　平面应力状态下的 von Mises 屈服准则示意图

1. 正则化假设

屈服准则作为发生屈服的必要条件，可用来判断屈服何时开始发生。但当材料点发生屈服以后，如果载荷继续增加将会发生什么？达到屈服面后继续加载将会出现塑性流动，而正则化假设可用来判断塑性流动方向。对于关联塑性流动，假设塑性应变率张量的方向（考虑在主应力空间中）垂直于屈服面上载荷点处的切线方向，如图 4-4 所示。采用屈服函数f可表示为

$$\mathrm{d}\boldsymbol{\varepsilon}^{\mathrm{p}}=\mathrm{d}\lambda\frac{\partial f}{\partial\boldsymbol{\sigma}} \quad 和 \quad \dot{\boldsymbol{\varepsilon}}^{\mathrm{p}}=\dot{\lambda}\frac{\partial f}{\partial\boldsymbol{\sigma}} \tag{4-20}$$

上式中，塑性应变增量（塑性应变率）的方向由$\frac{\partial f}{\partial\boldsymbol{\sigma}}$确定，大小由塑性乘子$\dot{\lambda}$确定。

为了便于进一步理解此假设，将塑性应变率张量和应力张量写成向量形式，并且仅考虑主应力分量。对于平面应力状态有

$$\boldsymbol{\sigma}=\begin{pmatrix}\sigma_1\\ \sigma_2\end{pmatrix} \tag{4-21}$$

屈服函数的主应力表达式为

$$f=\frac{1}{\sqrt{2}}[(\sigma_1-\sigma_2)^2+\sigma_2{}^2+\sigma_1{}^2]^{1/2}-\sigma_y=0$$

进而可通过式（4-20）确定塑性流动方向，

$$\frac{\partial f}{\partial\boldsymbol{\sigma}}=\mathrm{grad}(f)=\begin{pmatrix}\dfrac{\partial f}{\partial\sigma_1}\\ \dfrac{\partial f}{\partial\sigma_2}\end{pmatrix}=\begin{pmatrix}\dfrac{1}{2}(\sigma_1^2-\sigma_1\sigma_2+\sigma_2^2)^{-1/2}(2\sigma_1-\sigma_2)\\ \dfrac{1}{2}(\sigma_1^2-\sigma_1\sigma_2+\sigma_2^2)^{-1/2}(2\sigma_2-\sigma_1)\end{pmatrix} \tag{4-22}$$

即方向向量为$\begin{pmatrix}2\sigma_1-\sigma_2\\ 2\sigma_2-\sigma_1\end{pmatrix}$，此方向垂直于屈服面上任意一点（如取$\sigma_1=\sigma_2=\alpha$，则流动方向为$\sigma_1=\sigma_2$）。不失一般性，接下来推导三维情况下的塑性应变增量$\mathrm{d}\varepsilon_1^{\mathrm{p}}$的具体表达式。首先根据式（4-20）可以得出第一个分量的塑性流动方向，

$$\begin{aligned}\frac{\partial f}{\partial\sigma_1}&=\frac{1}{2}\frac{1}{\sqrt{2}}[(\sigma_1-\sigma_2)^2+\sigma_2{}^2+\sigma_1{}^2]^{-1/2}\left[2(\sigma_1-\sigma_2)-2(\sigma_3-\sigma_1)\right]\\&=\frac{(3/2)[\sigma_1-(1/3)(\sigma_1+\sigma_2+\sigma_3)]}{\sigma_{\mathrm{e}}}\end{aligned}$$

所以，$\dfrac{\partial f}{\partial\sigma_1}=\dfrac{3}{2}\dfrac{\sigma_1'}{\sigma_{\mathrm{e}}}$。考虑到式（4-13）所示的偏应力公式，其他分量也有类似的结果，因而对于 von Mises 屈服准则，式（4-20）有如下等价表达：

$$\mathrm{d}\boldsymbol{\varepsilon}^{\mathrm{p}}=\mathrm{d}\lambda\frac{\partial f}{\partial\boldsymbol{\sigma}}=\frac{3}{2}\mathrm{d}\lambda\frac{\boldsymbol{\sigma}'}{\sigma_{\mathrm{e}}} \tag{4-23}$$

接下来探讨塑性乘子的含义。参照等效塑性应变率的表达式（4-12）可以得到等效塑性应变增量

$$\mathrm{d}p=\left(\frac{2}{3}\mathrm{d}\boldsymbol{\varepsilon}^{\mathrm{p}}:\mathrm{d}\boldsymbol{\varepsilon}^{\mathrm{p}}\right)^{1/2} \tag{4-24}$$

将式（4-23）代入式（4-24）可得

$$\mathrm{d}p=\left(\frac{2}{3}\frac{3}{2}\mathrm{d}\lambda\frac{\boldsymbol{\sigma}'}{\sigma_{\mathrm{e}}}:\frac{3}{2}\mathrm{d}\lambda\frac{\boldsymbol{\sigma}'}{\sigma_{\mathrm{e}}}\right)^{1/2}=\mathrm{d}\lambda\frac{[(3/2)\boldsymbol{\sigma}':\boldsymbol{\sigma}']^{1/2}}{\sigma_{\mathrm{e}}} \tag{4-25}$$

所以根据等效应力公式（4-12）可以得出

$$\mathrm{d}p = \mathrm{d}\lambda \tag{4-26}$$

考虑率形式表达，

$$\dot{p} = \dot{\lambda} \tag{4-27}$$

所以，对于 von Mises 屈服准则，塑性乘子 $\mathrm{d}\lambda$ 即等效塑性应变增量。因而，可以将流动准则式（4-23）改写成

$$\mathrm{d}\boldsymbol{\varepsilon}^{\mathrm{p}} = \frac{3}{2}\mathrm{d}p\frac{\boldsymbol{\sigma}'}{\sigma_{\mathrm{e}}} \tag{4-28}$$

上式在实际计算中非常有用，只需计算等效塑性应变增量 dp，即塑性乘子，便可以求出各个方向的塑性应变增量。

2. 一致性条件

考虑单轴拉伸载荷工况，各向同性硬化屈服面与单轴应力应变曲线关系示意图如图 4-5 所示。应力 σ_2 从零开始逐渐增加，产生弹性变形，直到载荷点（即在应力空间中表示当前载荷大小的点）达到屈服面，即 $\sigma_2 = \sigma_y$。在此应力点位置，材料进入塑性会产生如图 4-5 所示的应力应变曲线。随着进一步塑性变形，载荷点位置保持不变始终等于 σ_y。发生塑性变形时，使得载荷点保持在屈服面上的条件称为一致性条件（暂不考虑时间相关塑性，在第 5 章中会具体阐述），且可通过此条件确定塑性乘子，即等效塑性应变增量。

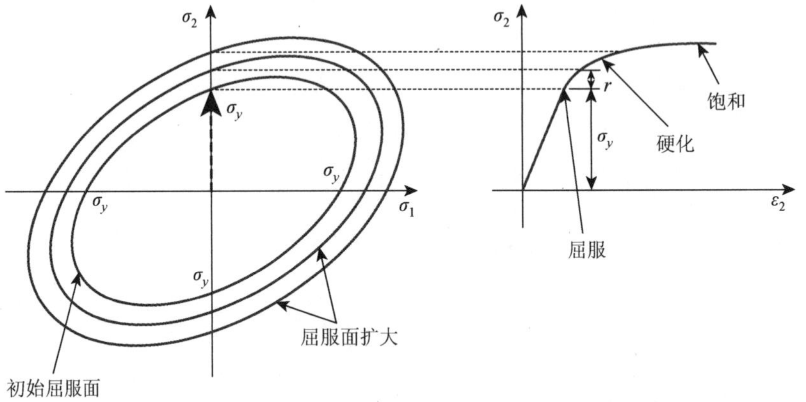

图 4-5　各向同性硬化屈服面与单轴应力应变曲线关系示意图

屈服函数式（4-17）与应力分量和屈服应力有关，若考虑硬化，屈服应力会随着等效塑性应变 p 的增加而发生硬化。因此屈服函数可以写成

$$f(\boldsymbol{\sigma}, p) = \sigma_{\mathrm{e}} - \sigma_y = \sigma_{\mathrm{e}}(\boldsymbol{\sigma}) - \sigma_y(p) = 0 \tag{4-29}$$

考虑应力和等效塑性应变增量下，屈服条件仍满足，即一致性条件

$$f(\boldsymbol{\sigma} + \mathrm{d}\boldsymbol{\sigma}, p + \mathrm{d}p) = 0 \tag{4-30}$$

展开可得

$$f(\boldsymbol{\sigma}+\mathrm{d}\boldsymbol{\sigma},p+\mathrm{d}p)=f(\boldsymbol{\sigma},p)+\frac{\partial f}{\partial \boldsymbol{\sigma}}:\mathrm{d}\boldsymbol{\sigma}+\frac{\partial f}{\partial p}\mathrm{d}p \tag{4-31}$$

注意到上式各项结果均为标量，仅考虑主应力空间，可将应力张量写成向量形式，则上式可简化为

$$\frac{\partial f}{\partial \boldsymbol{\sigma}}\cdot\mathrm{d}\boldsymbol{\sigma}+\frac{\partial f}{\partial p}\mathrm{d}p=0 \tag{4-32}$$

根据胡克定律可得弹性应变增量和应力增量之间的关系（向量形式）

$$\mathrm{d}\boldsymbol{\sigma}=\boldsymbol{C}\mathrm{d}\boldsymbol{\varepsilon}^{\mathrm{e}}=\boldsymbol{C}(\mathrm{d}\boldsymbol{\varepsilon}-\mathrm{d}\boldsymbol{\varepsilon}^{\mathrm{p}}) \tag{4-33}$$

其中，$\boldsymbol{C}$ 为弹性刚度矩阵，将式（4-20）代入式（4-33）可得出

$$\mathrm{d}\boldsymbol{\sigma}=\boldsymbol{C}\left(\mathrm{d}\boldsymbol{\varepsilon}-\mathrm{d}\lambda\frac{\partial f}{\partial \boldsymbol{\sigma}}\right) \tag{4-34}$$

将式（4-34）代入式（4-32）可得

$$\frac{\partial f}{\partial \boldsymbol{\sigma}}\cdot\boldsymbol{C}\left(\mathrm{d}\boldsymbol{\varepsilon}-\mathrm{d}\lambda\frac{\partial f}{\partial \boldsymbol{\sigma}}\right)+\frac{\partial f}{\partial p}\mathrm{d}p=0 \tag{4-35}$$

到目前为止，未假设 von Mises 材料，联立式（4-20）和式（4-24）可以获得 $\mathrm{d}p$ 的一般形式

$$\mathrm{d}p=\left(\frac{2}{3}\mathrm{d}\boldsymbol{\varepsilon}^{\mathrm{p}}:\mathrm{d}\boldsymbol{\varepsilon}^{\mathrm{p}}\right)^{1/2}=\left(\frac{2}{3}\mathrm{d}\lambda\frac{\partial f}{\partial \boldsymbol{\sigma}}:\mathrm{d}\lambda\frac{\partial f}{\partial \boldsymbol{\sigma}}\right)^{1/2}=\left(\frac{2}{3}\mathrm{d}\lambda\frac{\partial f}{\partial \boldsymbol{\sigma}}\cdot\mathrm{d}\lambda\frac{\partial f}{\partial \boldsymbol{\sigma}}\right)^{1/2} \tag{4-36}$$

在主应力空间中，张量内积被简化为标量积。将式（4-36）代入式（4-35）可求出塑性乘子 $\mathrm{d}\lambda$，

$$\mathrm{d}\lambda=\frac{(\partial f/\partial\boldsymbol{\sigma})\cdot\boldsymbol{C}\mathrm{d}\boldsymbol{\varepsilon}}{(\partial f/\partial\boldsymbol{\sigma})\cdot\boldsymbol{C}(\partial f/\partial\boldsymbol{\sigma})-(\partial f/\partial p)[(2/3)(\partial f/\partial\boldsymbol{\sigma})\cdot(\partial f/\partial\boldsymbol{\sigma})]^{1/2}} \tag{4-37}$$

将式（4-37）代入式（4-34）可以得出应力增量，

$$\begin{aligned}\mathrm{d}\boldsymbol{\sigma}&=\boldsymbol{C}\left\{\mathrm{d}\boldsymbol{\varepsilon}-\frac{\partial f}{\partial\boldsymbol{\sigma}}\frac{(\partial f/\partial\boldsymbol{\sigma})\cdot\boldsymbol{C}\mathrm{d}\boldsymbol{\varepsilon}}{(\partial f/\partial\boldsymbol{\sigma})\cdot\boldsymbol{C}(\partial f/\partial\boldsymbol{\sigma})-(\partial f/\partial p)[(2/3)(\partial f/\partial\boldsymbol{\sigma})\cdot(\partial f/\partial\boldsymbol{\sigma})]^{1/2}}\right\}\\&=\left\{\boldsymbol{C}-\boldsymbol{C}\frac{\partial f}{\partial\boldsymbol{\sigma}}\frac{(\partial f/\partial\boldsymbol{\sigma})\cdot\boldsymbol{C}\mathrm{d}\boldsymbol{\varepsilon}}{(\partial f/\partial\boldsymbol{\sigma})\cdot\boldsymbol{C}(\partial f/\partial\boldsymbol{\sigma})-(\partial f/\partial p)[(2/3)(\partial f/\partial\boldsymbol{\sigma})\cdot(\partial f/\partial\boldsymbol{\sigma})]^{1/2}}\right\}\mathrm{d}\boldsymbol{\varepsilon}\end{aligned} \tag{4-38}$$

即

$$\mathrm{d}\boldsymbol{\sigma}=\boldsymbol{C}_{\mathrm{ep}}\mathrm{d}\boldsymbol{\varepsilon} \tag{4-39}$$

其中，$\boldsymbol{C}_{\mathrm{ep}}$ 被称为切线刚度矩阵。若不考虑塑性变形，则 $\mathrm{d}\lambda=0$，那么切线刚度矩阵等于弹性刚度矩阵，即 $\boldsymbol{C}_{\mathrm{ep}}\equiv\boldsymbol{C}$。当存在塑性变形，并已知总的应变增量时，应力增量可通过式（4-39）获得。

4.2 本 构 方 程

4.2.1 各向同性硬化

许多金属材料进入塑性阶段便出现硬化现象，即随着塑性变形的增加，应力也逐渐增加，因而通常认为这个过程是累积塑性应变 p 的函数。累积塑性应变有如下表达：

$$p=\int \mathrm{d}p=\int \dot{p}\mathrm{d}t \tag{4-40}$$

其中，$\dot{p}$ 和 $\mathrm{d}p$ 分别由式（4-12）和式（4-24）可得。图 4-5 为各向同性硬化屈服面与单轴应力应变曲线关系示意图，可以看出硬化阶段的屈服面比初始进入塑性时的屈服面明显扩大了，并且扩大的过程在应力空间中各方向都是均匀的，因此称之为各向同性硬化。接下来仅讨论材料从弹性进入塑性进而发生硬化的变形行为。

在 2 方向进行加载，主应力 σ_2 沿着 2 方向从零开始逐渐增加，当应力点到达屈服面时，材料开始进入塑性，此时 $\sigma_2=\sigma_y$。考虑到硬化过程中载荷点必须始终位于屈服面上（一致性条件所决定），所以屈服面随着 σ_2 的增加而扩大，如图 4-5 所示。所扩大的幅值可以认为是累积塑性应变的函数，因而屈服函数可以写成

$$f(\boldsymbol{\sigma},p)=\sigma_{\mathrm{e}}-\sigma_y(p)=0 \tag{4-41}$$

其中，$\sigma_y(p)$ 可采取下式所示形式：

$$\sigma_y(p)=\sigma_{y0}+r(p) \tag{4-42}$$

σ_{y0} 为初始屈服应力，$r(p)$ 为各向同性硬化函数。$r(p)$ 有很多种形式，对于非线性各向同性硬化一般采用

$$\dot{r}(p)=b(Q-r(p))\dot{p} \quad 或 \quad \mathrm{d}r(p)=b(Q-r(p))\mathrm{d}p \tag{4-43}$$

其中，b 和 Q 为材料参数，此式给出了指数形式的硬化关系，塑性应变逐步增加并趋于饱和，如积分式（4-43）考虑初始塑性应变为零可得

$$r(p)=Q(1-\mathrm{e}^{-bp}) \tag{4-44}$$

可以看出 Q 为 r 的饱和值，通过式（4-42）可以看出峰值应力为 $\sigma_{y0}+Q$，参数 b 为控制饱和速率。

接下来，为了方便计算和说明，以线性各向同性硬化为例来求解式（4-37）所示塑性乘子和式（4-38）所示应力增量。

首先给出线性各向同性硬化函数

$$\mathrm{d}r(p)=h\mathrm{d}p \tag{4-45}$$

其中，h 为一常数。此式所描述的硬化效应如图 4-6 所示。对于单轴加载，$\mathrm{d}p=\mathrm{d}\varepsilon^{\mathrm{p}}$，且通过图 4-5 和图 4-6 可以看出应力增量仅取决于 $\mathrm{d}r(p)$，所以式（4-45）可以写成

$$\mathrm{d}\varepsilon^{\mathrm{p}}=\frac{\mathrm{d}\sigma}{h} \tag{4-46}$$

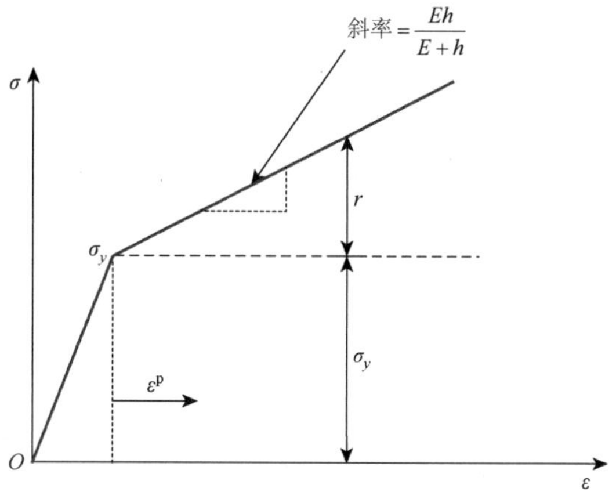

图 4-6　线性各向同性硬化应力应变曲线

弹性应变增量可直接求出

$$\mathrm{d}\varepsilon^{\mathrm{e}}=\frac{\mathrm{d}\sigma}{E} \tag{4-47}$$

所以总的应变为

$$\mathrm{d}\varepsilon=\frac{\mathrm{d}\sigma}{E}+\frac{\mathrm{d}\sigma}{h}=\mathrm{d}\sigma\left(\frac{E+h}{Eh}\right) \tag{4-48}$$

上式的等价表达式为

$$\mathrm{d}\sigma=\left(1-\frac{Eh}{E+h}\right)\mathrm{d}\varepsilon \tag{4-49}$$

塑性乘子的应变表达式（4-37）是应用于数值计算中最合适的形式，在有限元方法中，通常给定总的应变增量，通过迭代计算应力增量。为了更好地理解塑性硬化的物理含义，将在本节中推导塑性乘子的应力增量表达形式，并采用单轴问题进行验证。

结合式（4-32）和式（4-36）可得

$$\frac{\partial f}{\partial \boldsymbol{\sigma}}\cdot\mathrm{d}\boldsymbol{\sigma}+\frac{\partial f}{\partial p}\cdot\mathrm{d}p=\frac{\partial f}{\partial \boldsymbol{\sigma}}\cdot\mathrm{d}\boldsymbol{\sigma}+\frac{\partial f}{\partial p}\cdot\mathrm{d}\lambda\left(\frac{2}{3}\frac{\partial f}{\partial \boldsymbol{\sigma}}\cdot\frac{\partial f}{\partial \boldsymbol{\sigma}}\right)=0 \tag{4-50}$$

化简上式可以直接得出塑性乘子的应力增量表现形式

$$\mathrm{d}\lambda=\frac{-(\partial f/\partial \boldsymbol{\sigma})\cdot\mathrm{d}\boldsymbol{\sigma}}{(\partial f/\partial p)[(2/3)(\partial f/\partial \boldsymbol{\sigma})\cdot(\partial f/\partial \boldsymbol{\sigma})]} \tag{4-51}$$

考虑满足 von Mises 屈服准则的材料仅在 1 方向受单轴载荷作用，即在 1 方向施加应力 σ_1，其他方向应力为零。为了简洁起见，将在主应力空间中进行计算并将应力张量写成向量形式

$$\boldsymbol{\sigma}=\begin{pmatrix}\sigma_1\\ \sigma_2\\ \sigma_3\end{pmatrix} \tag{4-52}$$

采用式（4-51）确定塑性乘子，考虑到式（4-45）给出的硬化函数，屈服函数可以展开为

$$f(\boldsymbol{\sigma},p)=\sigma_{\mathrm{e}}(\boldsymbol{\sigma})-\sigma_y(p)=\sigma_{\mathrm{e}}(\boldsymbol{\sigma})-\sigma_{y0}-r(p)=0 \tag{4-53}$$

将上式对 p 求导，

$$\frac{\partial f}{\partial p}=-\frac{\partial r}{\partial p}=-h \tag{4-54}$$

对于满足 von Mises 屈服准则的材料，$\partial f/\partial\boldsymbol{\sigma}$ 可通过式（4-23）进行计算，其中，偏应力可以通过式（4-16）获得，因此，

$$\frac{\partial f}{\partial\boldsymbol{\sigma}}=\frac{3}{2}\frac{\boldsymbol{\sigma}'}{\sigma_{\mathrm{e}}}=\frac{3}{2}\frac{1}{\sigma_1}\begin{bmatrix}\frac{2}{3}\sigma_1\\-\frac{1}{3}\sigma_1\\-\frac{1}{3}\sigma_1\end{bmatrix}=\begin{bmatrix}1\\-\frac{1}{2}\\-\frac{1}{2}\end{bmatrix} \tag{4-55}$$

进而，

$$\frac{\partial f}{\partial p}\left(\frac{2}{3}\frac{\partial f}{\partial\boldsymbol{\sigma}}\cdot\frac{\partial f}{\partial\boldsymbol{\sigma}}\right)=-h\left(\frac{2}{3}\begin{bmatrix}1\\-\frac{1}{2}\\-\frac{1}{2}\end{bmatrix}\cdot\begin{bmatrix}1\\-\frac{1}{2}\\-\frac{1}{2}\end{bmatrix}\right)^{1/2}=-h \tag{4-56}$$

同理，

$$-\frac{\partial f}{\partial\boldsymbol{\sigma}}\cdot\mathrm{d}\boldsymbol{\sigma}=-\begin{bmatrix}1\\-\frac{1}{2}\\-\frac{1}{2}\end{bmatrix}\cdot\begin{bmatrix}\mathrm{d}\sigma_1\\\mathrm{d}\sigma_2\\\mathrm{d}\sigma_3\end{bmatrix}=-\begin{bmatrix}1\\-\frac{1}{2}\\-\frac{1}{2}\end{bmatrix}\cdot\begin{bmatrix}\mathrm{d}\sigma_1\\0\\0\end{bmatrix}=-\mathrm{d}\sigma_1 \tag{4-57}$$

将式（4-56）和式（4-57）代入式（4-51）可求出塑性乘子，

$$\mathrm{d}\lambda=\frac{\mathrm{d}\sigma_1}{h} \tag{4-58}$$

因此，对于满足 von Mises 屈服准则的材料，单轴载荷下塑性乘子为

$$\mathrm{d}\lambda=\mathrm{d}p=\mathrm{d}\varepsilon_1^{\mathrm{p}}=\frac{\mathrm{d}\sigma_1}{h} \tag{4-59}$$

上式说明单位应力增量产生 h 的塑性应变，这是因为线性硬化段的斜率为 h。根据不可压条件可求出其他方向塑性应变增量，

$$\mathrm{d}\varepsilon_2^{\mathrm{p}}=\mathrm{d}\varepsilon_3^{\mathrm{p}}=-\frac{1}{2}\mathrm{d}\varepsilon_1^{\mathrm{p}}=-\frac{1}{2}\frac{\mathrm{d}\sigma_1}{h} \tag{4-60}$$

也可根据式（4-23）获得其他方向等效塑性应变增量，

$$\mathrm{d}\boldsymbol{\varepsilon}^{\mathrm{p}}=\mathrm{d}\lambda\frac{\partial f}{\partial\boldsymbol{\sigma}}=\frac{\mathrm{d}\sigma_1}{h}\begin{bmatrix}1\\-\frac{1}{2}\\-\frac{1}{2}\end{bmatrix} \tag{4-61}$$

与式（4-60）计算结果一致。

总的应变增量为

$$d\varepsilon_1 = d\varepsilon_1^{e} + d\varepsilon_1^{p} = \frac{d\sigma_1}{E} + \frac{d\sigma_1}{h} \tag{4-62}$$

整理上式并略去下标 1 可得

$$d\sigma = E\left(1 - \frac{E}{E+h}\right)d\varepsilon \tag{4-63}$$

此式与图 4-6 中所示线性各向同性硬化结果一致。若对于理想弹塑性，则 $h=0$，通过上式可知应力增量为零。

最后通过式（4-63）和式（4-58）可得出塑性乘子的应变增量表达：

$$d\lambda = \frac{E}{E+h}d\varepsilon_1 \tag{4-64}$$

4.2.2　随动硬化

在单轴加载过程中假设材料为各向同性硬化通常是比较合理的，但是在反向加载过程中，此假设无法很好地描述材料变形行为。如图 4-7 所示，考虑材料为各向同性硬化，载荷点（1）所对应的应变为 ε_i，进行反向加载，直到载荷点（2）之前应力应变关系为线性。图 4-7（b）表明，反向加载中各向同性硬化将会导致材料表现出非常大的弹性阶段（弹性域），这与实验观察不符。实际上，反向加载中材料弹性域比较小，此现象被称为 Bauschinger（包辛格）效应或随动硬化。在随动硬化模式下，屈服面在应力空间中进行平移而不是扩大，如图 4-8 所示。

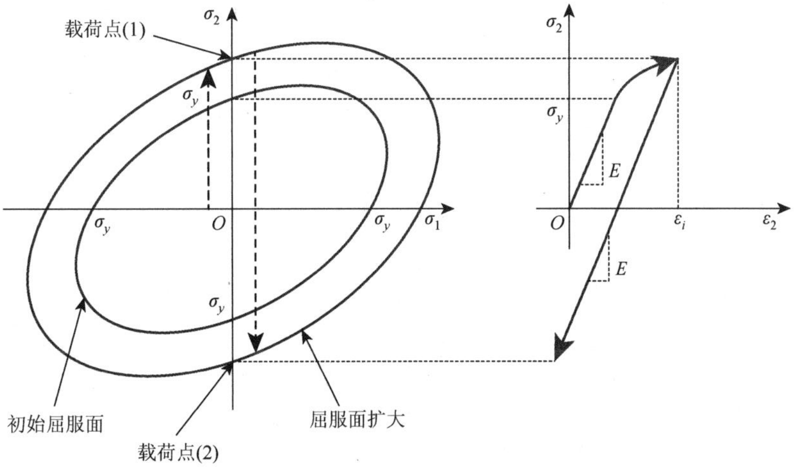

(a) 屈服面　　(b) 相对应的应力应变曲线

图 4-7　各向同性硬化加卸载过程

如图 4-8（a）所示，应力首先线性增加到屈服应力 σ_y，随着应力的继续增加，材料发生塑性变形，屈服面进行平移。当应力达到载荷点（1）时进行卸载，反向加载至载荷点（2），载荷点再次达到屈服面。与图 4-7（b）相比，图 4-8（b）所示的弹性域明显小了很多。实际上，随动硬化弹性域的大小为 $2\sigma_y$，而各向同性硬化弹性域的大小为 $2(\sigma_y+r)$。需要说明的是，随动硬化塑性流动准则仍须满足一致性条件和正则化假设，即载荷点须始终在屈服面上且塑性应变增量的方向须垂直于屈服面上载荷点处切线方向。

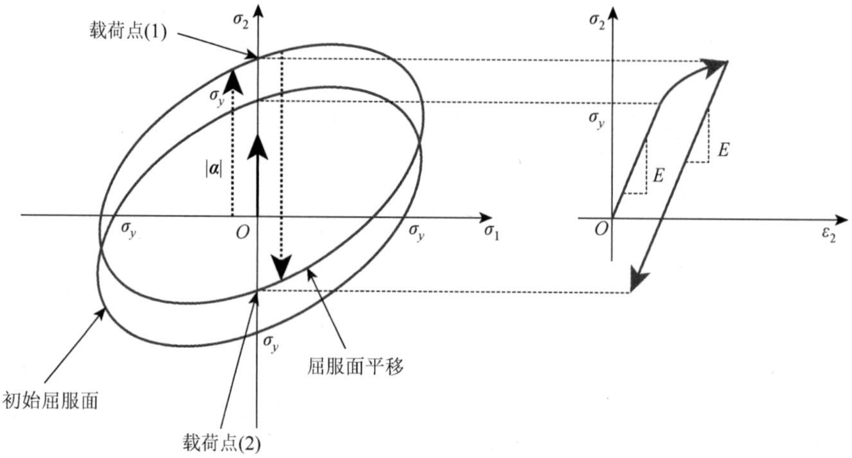

(a) 屈服面平移|α|　　(b) 相对应的应力应变曲线

图 4-8　随动硬化加卸载过程

随动硬化塑性流动条件使得屈服函数必须和屈服面的位置有关。由图 4-8 可知，在发生塑性变形后，屈服面中心点从初始位置平移了 $|\boldsymbol{\alpha}|$，这需要对平移至新屈服面位置的应力进行修正。首先给出不考虑随动硬化屈服函数的应力张量表达形式，

$$f=\sigma_{\mathrm{e}}-\sigma_y=\left(\frac{3}{2}\boldsymbol{\sigma}':\boldsymbol{\sigma}'\right)^{1/2}-\sigma_y \tag{4-65}$$

将随动硬化加入其中，

$$f=\left[\frac{3}{2}(\boldsymbol{\sigma}'-\boldsymbol{\alpha}'):(\boldsymbol{\sigma}'-\boldsymbol{\alpha}')\right]^{1/2}-\sigma_y \tag{4-66}$$

其中，$\boldsymbol{\alpha}'$ 为随动硬化相关变量，通常称为背应力。此变量定义在应力空间中，因而和应力具有相同的分量数，可以写成张量形式或类似前文的主应力向量形式。为了进一步理解式（4-66），接下来以单轴线性随动硬化为例来说明。

假设在随动硬化过程中，背应力增量与塑性应变增量成正比，因此，

$$\mathrm{d}\boldsymbol{\alpha}=\frac{2}{3}c\mathrm{d}\boldsymbol{\varepsilon}^{\mathrm{p}} \quad 或 \quad \dot{\boldsymbol{\alpha}}=\frac{2}{3}c\dot{\boldsymbol{\varepsilon}}^{\mathrm{p}} \tag{4-67}$$

其中，c 为材料常数，系数 $\frac{2}{3}$ 将在后文中讨论，上式也被称为 Prager 线性硬化律。式（4-67）与线性各向同性硬化有着类似的表达形式，硬化变量均与塑性应变呈线性关系。二者最主

要的区别在于各向同性硬化的硬化变量是标量 r，而随动硬化的变量是背应力张量。由塑性不可压条件可知塑性应变率为一偏张量，即

$$\mathrm{d}\boldsymbol{\varepsilon}^{\mathrm{p}'}=\mathrm{d}\boldsymbol{\varepsilon}^{\mathrm{p}}-\frac{1}{3}\mathrm{tr}(\mathrm{d}\boldsymbol{\varepsilon}^{\mathrm{p}})\equiv\mathrm{d}\boldsymbol{\varepsilon}^{\mathrm{p}} \tag{4-68}$$

从式（4-67）可知，$\mathrm{d}\boldsymbol{\alpha}$ 也为偏张量，因而对于 1 方向进行轴向加载时可得

$$\boldsymbol{\alpha}=\boldsymbol{\alpha}'=\begin{pmatrix}\alpha_{11} & 0 & 0\\ 0 & \alpha_{22} & 0\\ 0 & 0 & \alpha_{33}\end{pmatrix}=\begin{pmatrix}\alpha_{11} & 0 & 0\\ 0 & -\frac{1}{2}\alpha_{11} & 0\\ 0 & 0 & -\frac{1}{2}\alpha_{11}\end{pmatrix} \tag{4-69}$$

$\boldsymbol{\alpha}$ 的大小，即模，有如下定义：

$$\alpha=|\boldsymbol{\alpha}|=(\boldsymbol{\alpha}:\boldsymbol{\alpha})^{1/2} \tag{4-70}$$

$$=\left[\begin{pmatrix}\alpha_{11} & 0 & 0\\ 0 & -\frac{1}{2}\alpha_{11} & 0\\ 0 & 0 & -\frac{1}{2}\alpha_{11}\end{pmatrix}:\begin{pmatrix}\alpha_{11} & 0 & 0\\ 0 & -\frac{1}{2}\alpha_{11} & 0\\ 0 & 0 & -\frac{1}{2}\alpha_{11}\end{pmatrix}\right]^{1/2}$$

$$=\left[\left(\alpha_{11}^{2}+\frac{1}{4}\alpha_{11}^{2}+\frac{1}{4}\alpha_{11}^{2}\right)\right]^{1/2}=\left|\frac{3}{2}\alpha_{11}\right| \tag{4-71}$$

对于单轴载荷，等效应力等于轴向施加的应力，等效塑性应变增量等于轴向塑性应变增量。类似塑性应变，轴向载荷作用下不仅产生背应力 $\boldsymbol{\alpha}$ 的轴向方向分量，也产生其他方向分量。这是因为正如式（4-67）所示，$\boldsymbol{\alpha}$ 的演化与塑性应变一致。考虑 $\mathrm{d}\boldsymbol{\alpha}$ 的分量可表示为

$$\mathrm{d}\boldsymbol{\alpha}=\begin{pmatrix}\mathrm{d}\alpha_{11} & 0 & 0\\ 0 & -\frac{1}{2}\mathrm{d}\alpha_{11} & 0\\ 0 & 0 & -\frac{1}{2}\mathrm{d}\alpha_{11}\end{pmatrix}=\frac{2}{3}c\begin{pmatrix}\mathrm{d}\varepsilon_{11}^{\mathrm{p}} & 0 & 0\\ 0 & -\frac{1}{2}\mathrm{d}\varepsilon_{11}^{\mathrm{p}} & 0\\ 0 & 0 & -\frac{1}{2}\mathrm{d}\varepsilon_{11}^{\mathrm{p}}\end{pmatrix} \tag{4-72}$$

所以，

$$\mathrm{d}\alpha_{11}=\frac{2}{3}c\mathrm{d}\varepsilon_{11}^{\mathrm{p}}\equiv\frac{2}{3}c\mathrm{d}p \tag{4-73}$$

将式（4-71）代入式（4-72）可得

$$\mathrm{d}\alpha=c\mathrm{d}\varepsilon_{11}^{\mathrm{p}}\equiv c\mathrm{d}p \tag{4-74}$$

就是式（4-67）中系数取 $\frac{2}{3}$。

接下来确定式（4-66）屈服函数的表达式，

$$\boldsymbol{\sigma}'-\boldsymbol{\alpha}'=\begin{pmatrix}\frac{2}{3}\sigma_{11}-\alpha_{11} & 0 & 0\\ 0 & -\frac{1}{2}\left(\frac{2}{3}\sigma_{11}-\alpha_{11}\right) & 0\\ 0 & 0 & -\frac{1}{2}\left(\frac{2}{3}\sigma_{11}-\alpha_{11}\right)\end{pmatrix} \tag{4-75}$$

将上式写成背应力模 α 的表现形式并代入屈服函数，

$$f=\left[\frac{2}{3}(\boldsymbol{\sigma}'-\boldsymbol{\alpha}'):(\boldsymbol{\sigma}'-\boldsymbol{\alpha}')\right]^{1/2}-\sigma_y=\left|\sigma_{11}-\alpha\right|-\sigma_y=0 \tag{4-76}$$

因为考虑到加载情况为单轴，所以 σ_{11} 即轴向应力 σ，代入上式可得

$$f=\left|\sigma-\alpha\right|-\sigma_y=0 \tag{4-77}$$

上式的物理含义如图 4-8 所示，塑性变形将导致屈服面移动，当 $\left|\sigma-\alpha\right|=\sigma_y$ 时进入屈服。

描述随动硬化的方程有很多，它们的主要区别在于屈服面平移方向和塑性应变演化速率不同，经典的 Armstrong-Frederick 非线性随动硬化律的背应力增量可表示为

$$\mathrm{d}\boldsymbol{\alpha}=\frac{2}{3}c\mathrm{d}\boldsymbol{\varepsilon}^{\mathrm{p}}-\gamma\boldsymbol{\alpha}\mathrm{d}p \tag{4-78}$$

其中，γ 为材料参数，其具体的应用将在第 7 章给出。

接下来，我们将采用式（4-20）和式（4-66）来确定随动硬化的塑性流动准则。首先，写出屈服函数 f，

$$\begin{aligned}f&=\left[\frac{3}{2}(\boldsymbol{\sigma}'-\boldsymbol{\alpha}'):(\boldsymbol{\sigma}'-\boldsymbol{\alpha}')\right]^{1/2}-\sigma_y\\&=\boldsymbol{J}(\boldsymbol{\sigma}'-\boldsymbol{\alpha}')-\sigma_y\end{aligned} \tag{4-79}$$

正则化假设可以得出

$$\mathrm{d}\varepsilon^{\mathrm{p}}=\mathrm{d}\lambda\frac{\partial f}{\partial\boldsymbol{\sigma}}=\mathrm{d}\lambda\frac{3}{2}\frac{\boldsymbol{\sigma}'-\boldsymbol{\alpha}'}{\boldsymbol{J}(\boldsymbol{\sigma}'-\boldsymbol{\alpha}')} \tag{4-80}$$

进而通过一致性条件来确定塑性乘子，将式（4-80）代入等效塑性应变表达式中，

$$\mathrm{d}p=\left(\frac{2}{3}\mathrm{d}\boldsymbol{\varepsilon}^{\mathrm{p}}:\mathrm{d}\boldsymbol{\varepsilon}^{\mathrm{p}}\right)^{1/2}=\mathrm{d}\lambda\frac{[(3/2)(\boldsymbol{\sigma}'-\boldsymbol{\alpha}'):(\boldsymbol{\sigma}'-\boldsymbol{\alpha}')]^{1/2}}{\boldsymbol{J}(\boldsymbol{\sigma}'-\boldsymbol{\alpha}')}=\mathrm{d}\lambda \tag{4-81}$$

对于 von Mises 屈服准则，屈服函数中应力 $\boldsymbol{\sigma}'$ 和背应力 $\boldsymbol{\alpha}'$ 均为张量。为了简便，考虑主应力空间中的单轴受力情况，可将张量简化为向量，那么一致性条件可写成

$$\frac{\partial f}{\partial\boldsymbol{\sigma}}\cdot\mathrm{d}\boldsymbol{\sigma}+\frac{\partial f}{\partial\boldsymbol{\alpha}}\cdot\mathrm{d}\boldsymbol{\alpha}=0 \tag{4-82}$$

考虑胡克定律和正则化条件，上式可以写成

$$\begin{aligned}&\frac{\partial f}{\partial \boldsymbol{\sigma}}\cdot C\left(\mathrm{d}\boldsymbol{\varepsilon}-\mathrm{d}\lambda\frac{\partial f}{\partial \boldsymbol{\sigma}}\right)+\frac{\partial f}{\partial \boldsymbol{\alpha}}\cdot\left(\frac{2}{3}c\mathrm{d}\boldsymbol{\varepsilon}^{\mathrm{p}}-\gamma\boldsymbol{\alpha}\mathrm{d}\lambda\right)\\&=\frac{\partial f}{\partial \boldsymbol{\sigma}}\cdot C\left(\mathrm{d}\boldsymbol{\varepsilon}-\mathrm{d}\lambda\frac{\partial f}{\partial \boldsymbol{\sigma}}\right)+\frac{\partial f}{\partial \boldsymbol{\alpha}}\cdot\left(\frac{2}{3}c\mathrm{d}\lambda\frac{\partial f}{\partial \boldsymbol{\sigma}}-\gamma\boldsymbol{\alpha}\mathrm{d}\lambda\right)=0\end{aligned}\tag{4-83}$$

所以，

$$\mathrm{d}\lambda=\frac{(\partial f/\partial\boldsymbol{\sigma})\cdot\boldsymbol{C}\mathrm{d}\boldsymbol{\varepsilon}}{(\partial f/\partial\boldsymbol{\sigma})\cdot\boldsymbol{C}(\partial f/\partial\boldsymbol{\sigma})+\gamma(\partial f/\partial\boldsymbol{\alpha})\cdot\boldsymbol{\alpha}-(2/3)c(\partial f/\partial\boldsymbol{\alpha})\cdot(\partial f/\partial\boldsymbol{\sigma})}\tag{4-84}$$

则塑性应变增量为

$$\mathrm{d}\boldsymbol{\varepsilon}^{\mathrm{p}}=\frac{(\partial f/\partial\boldsymbol{\sigma})\cdot\boldsymbol{C}\mathrm{d}\boldsymbol{\varepsilon}}{(\partial f/\partial\boldsymbol{\sigma})\cdot\boldsymbol{C}(\partial f/\partial\boldsymbol{\sigma})+\gamma(\partial f/\partial\boldsymbol{\alpha})\cdot\boldsymbol{\alpha}-(2/3)c(\partial f/\partial\boldsymbol{\alpha})\cdot(\partial f/\partial\boldsymbol{\sigma})}\frac{\partial f}{\partial\boldsymbol{\sigma}}\tag{4-85}$$

进而可获得应力增量。为了方便单轴受力情况下各增量计算，将塑性乘子写成应力表达形式，依旧从一致性条件出发，

$$\frac{\partial f}{\partial \boldsymbol{\sigma}}\cdot\mathrm{d}\boldsymbol{\sigma}+\frac{\partial f}{\partial \boldsymbol{\alpha}}\cdot\mathrm{d}\boldsymbol{\alpha}=\frac{\partial f}{\partial \boldsymbol{\sigma}}\cdot\mathrm{d}\boldsymbol{\sigma}+\frac{\partial f}{\partial \boldsymbol{\alpha}}\cdot\left(\frac{2}{3}c\mathrm{d}\boldsymbol{\varepsilon}^{\mathrm{p}}-\gamma\boldsymbol{\alpha}\mathrm{d}p\right)=0\tag{4-86}$$

考虑屈服条件，$\partial f/\partial\boldsymbol{\alpha}=-(\partial f/\partial\boldsymbol{\sigma})$ 和 $\mathrm{d}p=\mathrm{d}\lambda$ 以及式（4-79）代入上式，有

$$\frac{\partial f}{\partial \boldsymbol{\sigma}}\cdot\mathrm{d}\boldsymbol{\sigma}-\frac{\partial f}{\partial \boldsymbol{\sigma}}\cdot\left(\frac{2}{3}c\mathrm{d}\lambda\frac{\partial f}{\partial \boldsymbol{\sigma}}-\gamma\boldsymbol{\alpha}\mathrm{d}\lambda\right)=0\tag{4-87}$$

因此，

$$\mathrm{d}\lambda=\frac{-(\partial f/\partial\boldsymbol{\sigma})\cdot\mathrm{d}\boldsymbol{\sigma}}{\gamma(\partial f/\partial\boldsymbol{\sigma})\cdot\boldsymbol{\alpha}-(2/3)c(\partial f/\partial\boldsymbol{\sigma})\cdot(\partial f/\partial\boldsymbol{\sigma})}\tag{4-88}$$

对于单轴加载条件，将上式分母展开可得

$$\gamma\frac{\partial f}{\partial \boldsymbol{\sigma}}\cdot\boldsymbol{\alpha}-\frac{2}{3}c\frac{\partial f}{\partial \boldsymbol{\sigma}}\cdot\frac{\partial f}{\partial \boldsymbol{\sigma}}=\gamma\begin{bmatrix}1\\-\dfrac{1}{2}\\-\dfrac{1}{2}\end{bmatrix}\cdot\begin{bmatrix}\alpha_1\\\alpha_2\\\alpha_3\end{bmatrix}-\frac{2}{3}c\begin{bmatrix}1\\-\dfrac{1}{2}\\-\dfrac{1}{2}\end{bmatrix}\cdot\begin{bmatrix}1\\-\dfrac{1}{2}\\-\dfrac{1}{2}\end{bmatrix}\tag{4-89}$$

因为 $\boldsymbol{\alpha}$ 为偏量，所以对于其他分量的背应力可用加载方向的分量来表示

$$\alpha_2=\alpha_3=-\frac{1}{2}\alpha_1\tag{4-90}$$

所以式（4-89）可进一步化简为 $\dfrac{3}{2}\gamma\alpha_1-c$ 。取 $\alpha_1=\dfrac{2}{3}\alpha$ 可得 $\gamma\alpha-c$ 。式（4-88）中的分子易求得为 $-\mathrm{d}\sigma_1$ ，因而塑性乘子为

$$\mathrm{d}\lambda=\frac{\mathrm{d}\sigma_1}{c-\gamma\alpha}\tag{4-91}$$

与各向同性硬化相同，单轴应力增量为

$$\mathrm{d}\sigma=E\left(1-\frac{E}{E+c-\gamma\alpha}\right)\mathrm{d}\varepsilon\tag{4-92}$$

由上式可以看出，对于弹性材料塑性乘子为零，应力应变增量关系为

$$\mathrm{d}\sigma=E\mathrm{d}\varepsilon\tag{4-93}$$

对于理想弹塑性材料，未出现硬化效应，即$c=\gamma=0$，由式（4-92）可知应力增量为零。若材料为线性随动硬化，即$\gamma=0$，塑性阶段应力应变增量关系为

$$\mathrm{d}\sigma = E\left(1-\frac{E}{E+c}\right)\mathrm{d}\varepsilon \tag{4-94}$$

可以看出，式（4-94）与线性各向同性硬化律（4-63）表达形式一致，说明在单轴拉伸阶段采用线性各向同性硬化和线性随动硬化模型描述的结果是一致的（假设$c=h$），仅在卸载阶段表现有所不同。

如果仅考虑材料的弹性阶段，即式（4-93），积分此增量式可以求出任意弹性应变所对应的应力，而对于塑性阶段则只能得到塑性应变增量所对应的应力增量。由式（4-92）可知，α本身与应变有关，所以每一个应变增量步下的应力增量都不同。应力增量的变化，本质上是塑性应变增量表现出的加载历史相关性，即此增量步结果受到上一增量步的影响。因此，塑性阶段的求解必须通过增量形式进行。

4.2.3　混合硬化

接下来将讨论材料同时表现出各向同性和随动硬化，即混合硬化，如图 4-9 所示。此种硬化模式一般应用于循环塑性的描述，对于单个循环应力应变曲线，考虑包辛格效应，随动硬化是主要的硬化模式。对于经过很多个循环周次后，材料依旧会表现出各向同性硬化特征，即拉伸和压缩的峰值应力均随着循环周次的增加而增加，应变加载波形图如图 4-10 所示。载荷从零开始增加，增加至 A 点达到屈服，进而材料发生随动硬化，屈服面进行平移。在 B 点达到峰值应变，开始进行弹性卸载。直到反向屈服点 C，材料一直处于弹性

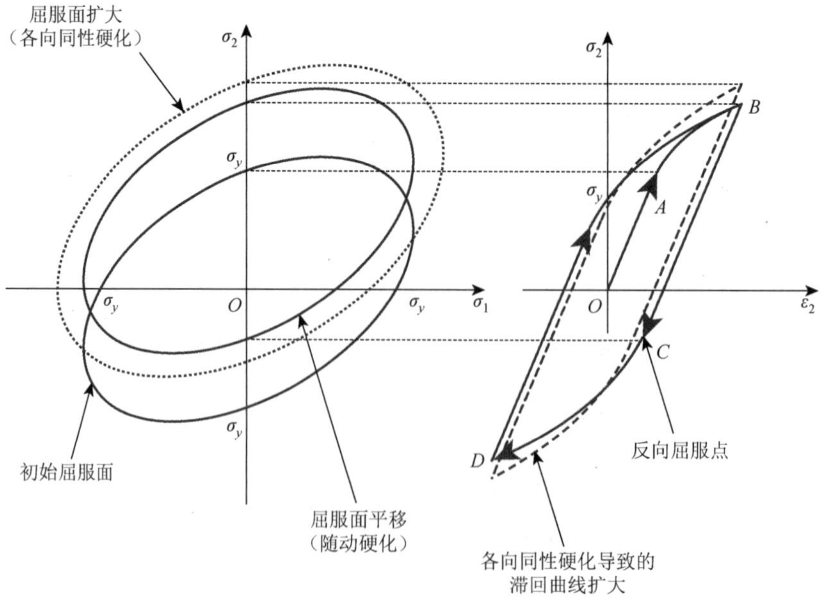

图 4-9　混合硬化示意图

变形，继续加载材料再次进入塑性阶段，直到谷值应变对应 D 点处。由于随动硬化作用，屈服面再次发生平移。应力应变曲线 $BCDB$ 又被称为滞回曲线。如果除随动硬化以外，再考虑各向同性硬化，屈服面在塑性变形中还要扩大，如图 4-9 所示。这种由于各向同性硬化所表现出的峰值应力随着循环周次的变化而增加的过程通常称为材料的循环硬化特性。此现象一般在很多循环周次以后表现明显，而随动硬化则在每一个循环周次中均有明显的表现。

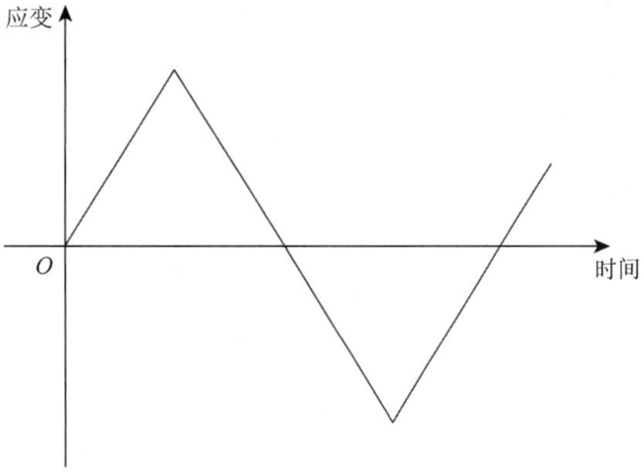

图 4-10　应变控制加载波形图

接下来以各向同性硬化和线性随动硬化混合为例来确定塑性乘子，混合硬化的屈服函数将同时包含应力、背应力和累积塑性应变，

$$f = \boldsymbol{J}(\boldsymbol{\sigma}' - \boldsymbol{\alpha}') - r(p) - \sigma_y \tag{4-95}$$

那么，一致性条件可表示为

$$\frac{\partial f}{\partial \boldsymbol{\sigma}} \cdot \mathrm{d}\boldsymbol{\sigma} + \frac{\partial f}{\partial \boldsymbol{\alpha}} \cdot \mathrm{d}\boldsymbol{\alpha} + \frac{\partial f}{\partial p} \cdot \mathrm{d}p = 0 \tag{4-96}$$

将式（4-33）和式（4-67）代入上式，并且 $\partial f / \partial p = -(\partial r / \partial p)$，联立式（4-43）可得

$$\frac{\partial f}{\partial \boldsymbol{\sigma}} \cdot \boldsymbol{C}(\mathrm{d}\boldsymbol{\varepsilon} - \mathrm{d}\boldsymbol{\varepsilon}^{\mathrm{p}}) + \frac{\partial f}{\partial \boldsymbol{\alpha}} \cdot \frac{2}{3} c\mathrm{d}\boldsymbol{\varepsilon}^{\mathrm{p}} - b[Q - r(p)]\mathrm{d}p = 0 \tag{4-97}$$

对于 von Mises 屈服准则 $\mathrm{d}p = \mathrm{d}\lambda$，考虑正则化假设，将式（4-20）代入上式可得

$$\mathrm{d}\lambda = \frac{(\partial f / \partial \boldsymbol{\sigma}) \cdot \boldsymbol{C}\mathrm{d}\boldsymbol{\varepsilon}}{(\partial f / \partial \boldsymbol{\sigma}) \cdot \boldsymbol{C}(\partial f / \partial \boldsymbol{\sigma}) - (2/3)c(\partial f / \partial \boldsymbol{\alpha}) \cdot (\partial f / \partial \boldsymbol{\sigma}) + b[Q - r(p)]} \tag{4-98}$$

采用和前文一样的方法，可将塑性乘子写成应力增量的表示形式

$$\mathrm{d}\lambda = \frac{(\partial f / \partial \boldsymbol{\sigma}) \cdot \mathrm{d}\boldsymbol{\sigma}}{(2/3)c(\partial f / \partial \boldsymbol{\sigma}) \cdot (\partial f / \partial \boldsymbol{\sigma}) + b[Q - r(p)]} \tag{4-99}$$

若也简化为单轴加载情况，可得应力应变增量关系

$$\mathrm{d}\sigma = E\left\{1 - \frac{E}{E + c + b[Q - r(p)]}\right\}\mathrm{d}\varepsilon \tag{4-100}$$

4.3　有限元实现格式

通过上文叙述的弹塑性本构方程，本节将给出有限元计算过程中、本构方程的增量形

式以及一致性切线模量的推导。其中，本章只介绍工程中常用的隐式积分求解方法，相较于显式积分求解，此方法虽然需要迭代求解 dp，但它的解是无条件稳定的，且计算结果与增量步的大小无关。

4.3.1　增量形式的本构方程

图 4-11 给出了隐式积分过程示意图。在一个时间增量步内引入试应力的概念，当试应力超出屈服面时，通过塑性校正将其拉回屈服面得到最终的真实应力。在偏应力空间内，von Mises 屈服面呈现为圆形，塑性校正项的方向沿着圆的径向（满足正则化假设），因而此方法又被称为径向回退映射法。

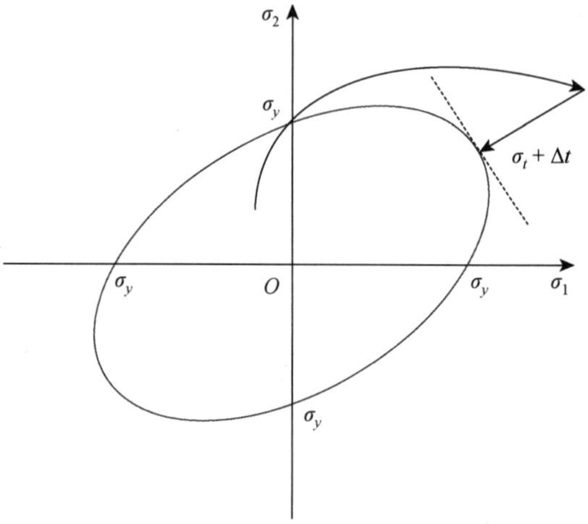

图 4-11　隐式积分过程示意图

接下来，如未特殊说明，所有变量均为时间增量步结束时刻（$t+\Delta t$）所对应的值。所以（$t+\Delta t$）时刻对应的应力张量为$\boldsymbol{\sigma}$，t 时刻的为$\boldsymbol{\sigma}_t$。

首先由弹性力学可知胡克定律的三维应力形式，

$$\boldsymbol{\sigma}=2G\boldsymbol{\varepsilon}^{\mathrm{e}}+\lambda\mathrm{tr}(\boldsymbol{\varepsilon}^{\mathrm{e}})\mathbf{1} \tag{4-101}$$

将弹性应变分解为

$$\boldsymbol{\varepsilon}^{\mathrm{e}}=\boldsymbol{\varepsilon}_t^{\mathrm{e}}+\Delta\boldsymbol{\varepsilon}^{\mathrm{e}}=\boldsymbol{\varepsilon}_t^{\mathrm{e}}+\Delta\boldsymbol{\varepsilon}-\Delta\boldsymbol{\varepsilon}^{\mathrm{p}} \tag{4-102}$$

所以

$$\boldsymbol{\sigma}=2G(\boldsymbol{\varepsilon}_t^{\mathrm{e}}+\Delta\boldsymbol{\varepsilon}-\Delta\boldsymbol{\varepsilon}^{\mathrm{p}})+\lambda\mathrm{tr}(\boldsymbol{\varepsilon}_t^{\mathrm{e}}+\Delta\boldsymbol{\varepsilon}-\Delta\boldsymbol{\varepsilon}^{\mathrm{p}})\mathbf{1} \tag{4-103}$$

因此，

$$\boldsymbol{\sigma}=\underbrace{2G(\boldsymbol{\varepsilon}_t^{\mathrm{e}}+\Delta\boldsymbol{\varepsilon})+\lambda\mathrm{tr}(\boldsymbol{\varepsilon}_t^{\mathrm{e}}+\Delta\boldsymbol{\varepsilon})\mathbf{1}}_{\text{弹性预测}}-\underbrace{2G\Delta\boldsymbol{\varepsilon}^{\mathrm{p}}}_{\text{塑性校正}} \tag{4-104}$$

其中，$\mathrm{tr}(\Delta\boldsymbol{\varepsilon}^{\mathrm{p}})=0$。

弹性预测即试应力，有如下定义表达：

$$\boldsymbol{\sigma}^{\mathrm{tr}} = 2G(\boldsymbol{\varepsilon}_t^{\mathrm{e}} + \Delta\boldsymbol{\varepsilon}) + \lambda \mathrm{tr}(\boldsymbol{\varepsilon}_t^{\mathrm{e}} + \Delta\boldsymbol{\varepsilon})\mathbf{1} \tag{4-105}$$

那么式（4-104）可以写成

$$\boldsymbol{\sigma} = \boldsymbol{\sigma}^{\mathrm{tr}} - 2G\Delta\boldsymbol{\varepsilon}^{\mathrm{p}} = \boldsymbol{\sigma}^{\mathrm{tr}} - 2G\Delta p\boldsymbol{n} \tag{4-106}$$

进一步展开，

$$\boldsymbol{\sigma} = \boldsymbol{\sigma}^{\mathrm{tr}} - 2G\Delta\boldsymbol{\varepsilon}^{\mathrm{p}} = \boldsymbol{\sigma}^{\mathrm{tr}} - 2G\Delta p\frac{3}{2}\frac{\boldsymbol{\sigma}'}{\sigma_{\mathrm{e}}} \tag{4-107}$$

应力张量可以分为偏应力和平均应力，

$$\boldsymbol{\sigma} = \boldsymbol{\sigma}' + \frac{1}{3}(\boldsymbol{\sigma}:\mathbf{1})\mathbf{1} \tag{4-108}$$

代入式（4-107），

$$\boldsymbol{\sigma}' + \frac{1}{3}(\boldsymbol{\sigma}:\mathbf{1})\mathbf{1} = \boldsymbol{\sigma}^{\mathrm{tr}} - 3G\Delta p\frac{\boldsymbol{\sigma}'}{\sigma_{\mathrm{e}}} \tag{4-109}$$

整理可得

$$\left(1 + 3G\frac{\Delta p}{\sigma_{\mathrm{e}}}\right)\boldsymbol{\sigma}' = \boldsymbol{\sigma}^{\mathrm{tr}} - \frac{1}{3}(\boldsymbol{\sigma}:\mathbf{1})\mathbf{1} \tag{4-110}$$

接下来证明 $\boldsymbol{\sigma}^{\mathrm{tr}} - \frac{1}{3}(\boldsymbol{\sigma}:\mathbf{1})\mathbf{1} = \boldsymbol{\sigma}^{\mathrm{tr}\prime}$：

$$\begin{aligned}
\boldsymbol{\sigma}^{\mathrm{tr}} - \frac{1}{3}(\boldsymbol{\sigma}:\mathbf{1})\mathbf{1} &= 2G(\boldsymbol{\varepsilon}_t^{\mathrm{e}} + \Delta\boldsymbol{\varepsilon}) + \lambda\mathbf{1}(\boldsymbol{\varepsilon}_t^{\mathrm{e}} + \Delta\boldsymbol{\varepsilon}):\mathbf{1} - K\boldsymbol{\varepsilon}^{\mathrm{e}}:\mathbf{11} \\
&= 2G(\boldsymbol{\varepsilon}_t^{\mathrm{e}} + \Delta\boldsymbol{\varepsilon}) + \lambda\mathbf{1}(\boldsymbol{\varepsilon}_t^{\mathrm{e}} + \Delta\boldsymbol{\varepsilon}):\mathbf{1} - K(\boldsymbol{\varepsilon}_t^{\mathrm{e}} + \Delta\boldsymbol{\varepsilon} - \Delta\boldsymbol{\varepsilon}^{\mathrm{p}}):\mathbf{11} \\
&= 2G(\boldsymbol{\varepsilon}_t^{\mathrm{e}} + \Delta\boldsymbol{\varepsilon}) + \lambda\mathbf{1}(\boldsymbol{\varepsilon}_t^{\mathrm{e}} + \Delta\boldsymbol{\varepsilon}):\mathbf{1} - K\mathbf{1}(\boldsymbol{\varepsilon}_t^{\mathrm{e}} + \Delta\boldsymbol{\varepsilon}):\mathbf{1} \\
&= 2G(\boldsymbol{\varepsilon}_t^{\mathrm{e}} + \Delta\boldsymbol{\varepsilon}) + (\lambda - K)\mathbf{1}(\boldsymbol{\varepsilon}_t^{\mathrm{e}} + \Delta\boldsymbol{\varepsilon}):\mathbf{1} \equiv \boldsymbol{\sigma}^{\mathrm{tr}\prime}
\end{aligned}$$

因此，可得

$$\left(1 + 3G\frac{\Delta p}{\sigma_{\mathrm{e}}}\right)\boldsymbol{\sigma}' = \boldsymbol{\sigma}^{\mathrm{tr}\prime} \tag{4-111}$$

若等式两边同时取自身内积，

$$\left(1 + 3G\frac{\Delta p}{\sigma_{\mathrm{e}}}\right)^2\boldsymbol{\sigma}':\boldsymbol{\sigma}' = \boldsymbol{\sigma}^{\mathrm{tr}\prime}:\boldsymbol{\sigma}^{\mathrm{tr}\prime} \tag{4-112}$$

或

$$\left(1 + 3G\frac{\Delta p}{\sigma_{\mathrm{e}}}\right)\sigma_{\mathrm{e}} = \sigma_{\mathrm{e}}^{\mathrm{tr}} \tag{4-113}$$

最终为

$$\sigma_{\mathrm{e}} + 3G\Delta p = \sigma_{\mathrm{e}}^{\mathrm{tr}} \tag{4-114}$$

多轴屈服条件为

$$f = \sigma_{\mathrm{e}} - r - \sigma_y = \sigma_{\mathrm{e}}^{\mathrm{tr}} - 3G\Delta p - r - \sigma_y = 0 \tag{4-115}$$

上式为关于 Δp 的非线性方程，可通过牛顿迭代方法求解：

$$f+\frac{\partial f}{\partial \Delta p}\mathrm{d}\Delta p+\cdots=0 \tag{4-116}$$

对于线性随动硬化，$r(p)=hp$，所以，

$$\frac{\partial r(p)}{\partial \Delta p}=\frac{\partial r(p)}{\partial p}=h \tag{4-117}$$

通过式（4-115）～式（4-117）可得

$$\sigma_{\mathrm{e}}^{\mathrm{tr}}-3G\Delta p-r-\sigma_y-(3G+h)\mathrm{d}\Delta p=0 \tag{4-118}$$

整理可得

$$\mathrm{d}\Delta p=\frac{\sigma_{\mathrm{e}}^{\mathrm{tr}}-3G\Delta p-r-\sigma_y}{3G+h} \tag{4-119}$$

写成增量形式，

$$\begin{gathered}r^{(k)}=r_t-h\Delta p^{(k)}\\ \mathrm{d}\Delta p=\frac{\sigma_{\mathrm{e}}^{\mathrm{tr}}-3G\Delta p^{(k)}-r^{(k)}-\sigma_y}{3G+h}\\ \Delta p=\Delta p^{(k)}+\mathrm{d}\Delta p\end{gathered} \tag{4-120}$$

通过式（4-114）可得等效应力，通过式（4-111）可得偏应力张量，因此塑性应变增量张量为

$$\Delta\boldsymbol{\varepsilon}^{\mathrm{p}}=\frac{3}{2}\Delta p\frac{\boldsymbol{\sigma}'}{\sigma_{\mathrm{e}}}\equiv\frac{3}{2}\Delta p\frac{\boldsymbol{\sigma}^{\mathrm{tr}\prime}}{\sigma_{\mathrm{e}}^{\mathrm{tr}}} \tag{4-121}$$

进而可得弹性应变增量为$\boldsymbol{\varepsilon}^{\mathrm{e}}=\Delta\boldsymbol{\varepsilon}-\Delta\boldsymbol{\varepsilon}^{\mathrm{p}}$，应力增量为$\Delta\boldsymbol{\sigma}=2G\Delta\boldsymbol{\varepsilon}^{\mathrm{e}}+\lambda\mathrm{tr}(\Delta\boldsymbol{\varepsilon}^{\mathrm{e}})\mathbf{1}$。

至此，弹塑性本构方程的隐式积分法已介绍完毕。可以看出，所有量均为时间增量步结束时刻的变量，保证了应力应变状态始终满足一致性条件。但是，显式积分则会出现偏移出屈服面的情况。因此，隐式积分方法允许出现较大的积分增量步从而有更快的求解速度。不同硬化模式的隐式积分方法基本相同，下面直接给出不同硬化模式下增量形式的本构方程，不再给出详细的隐式积分方法。

1. 线性各向同性硬化

（1）计算试弹性应力：

$$\boldsymbol{\sigma}^{\mathrm{tr}}=\boldsymbol{\sigma}_t+2G\Delta\boldsymbol{\varepsilon}+\lambda\mathbf{1}\Delta\boldsymbol{\varepsilon}:\mathbf{1} \tag{4-122}$$

（2）计算试应力状态下的屈服函数：

$$f=\boldsymbol{\sigma}_{\mathrm{e}}^{\mathrm{tr}}-r-\sigma_y=\left(\frac{3}{2}\boldsymbol{\sigma}^{\mathrm{tr}\prime}:\boldsymbol{\sigma}^{\mathrm{tr}\prime}\right)^{1/2}-r-\sigma_y \tag{4-123}$$

（3）判断是否发生屈服：

$$f>0?$$

（4）采用牛顿迭代法求等效塑性应变增量，即式（4-120）：

$$\begin{gathered}r^{(k)}=r_t-h\Delta p^{(k)}\\ \mathrm{d}\Delta p=\frac{\sigma_{\mathrm{e}}^{\mathrm{tr}}-3G\Delta p^{(k)}-r^{(k)}-\sigma_y}{3G+h}\end{gathered}$$

$$\Delta p = \Delta p^{(k)} + \mathrm{d}\Delta p$$

若未达到屈服面，则 $\Delta p = 0$。

（5）计算塑性应变增量、弹性应变增量和应力增量：

$$\begin{aligned}&\Delta\boldsymbol{\varepsilon}^{\mathrm{p}} = \frac{3}{2}\Delta p \frac{\boldsymbol{\sigma}^{\mathrm{tr}\prime}}{\sigma_{\mathrm{e}}^{\mathrm{tr}}}\\&\Delta\boldsymbol{\varepsilon}^{\mathrm{e}} = \Delta\boldsymbol{\varepsilon} - \Delta\boldsymbol{\varepsilon}^{\mathrm{p}}\\&\Delta\boldsymbol{\sigma} = 2G\Delta\boldsymbol{\varepsilon}^{\mathrm{e}} + \lambda \mathrm{tr}(\Delta\boldsymbol{\varepsilon}^{\mathrm{e}})\mathbf{1}\end{aligned} \tag{4-124}$$

（6）更新各变量：

$$\begin{aligned}&\boldsymbol{\sigma} = \boldsymbol{\sigma}_t + \Delta\boldsymbol{\sigma}\\&p = p_t + \Delta p\end{aligned} \tag{4-125}$$

2. 线性随动硬化

（1）计算试弹性应力：

$$\boldsymbol{\sigma}^{\mathrm{tr}} = \boldsymbol{\sigma}_t + 2G\Delta\boldsymbol{\varepsilon} + \lambda\mathbf{1}\Delta\boldsymbol{\varepsilon}:\mathbf{1} \tag{4-126}$$

（2）计算试应力状态下的屈服函数：

$$f = \left(\frac{3}{2}\boldsymbol{\sigma}^{\mathrm{tr}\prime} - \boldsymbol{\alpha}_t : \boldsymbol{\sigma}^{\mathrm{tr}\prime} - \boldsymbol{\alpha}_t\right)^{1/2} - \sigma_y = \sigma_{\mathrm{e}}^{\mathrm{tr}} - \sigma_y \tag{4-127}$$

（3）判断是否发生屈服：

$$f > 0?$$

（4）求解等效塑性应变增量：

对于线性随动硬化，等效塑性应变增量具有如下封闭表达：

$$\Delta p = \frac{\sigma_{\mathrm{e}}^{\mathrm{tr}} - \sigma_y}{3G + c} \tag{4-128}$$

若未达到屈服面则 $\Delta p = 0$。

（5）计算塑性流动方向、塑性应变增量、弹性应变增量、应力增量和背应力增量：

$$\begin{aligned}&\boldsymbol{n} = \frac{3}{2}\left(\frac{\boldsymbol{\sigma}^{\mathrm{tr}\prime} - \boldsymbol{\alpha}_t}{\sigma_{\mathrm{e}}^{\mathrm{tr}}}\right)\\&\Delta\boldsymbol{\varepsilon}^{\mathrm{p}} = \Delta p\boldsymbol{n}\\&\Delta\boldsymbol{\varepsilon}^{\mathrm{e}} = \Delta\boldsymbol{\varepsilon} - \Delta\boldsymbol{\varepsilon}^{\mathrm{p}}\\&\Delta\boldsymbol{\sigma} = 2G\Delta\boldsymbol{\varepsilon}^{\mathrm{e}} + \lambda \mathrm{tr}(\Delta\boldsymbol{\varepsilon}^{\mathrm{e}})\mathbf{1}\\&\Delta\boldsymbol{\alpha} = \frac{2}{3}c\Delta\boldsymbol{\varepsilon}^{\mathrm{p}}\end{aligned} \tag{4-129}$$

（6）更新各变量：

$$\begin{aligned}&\boldsymbol{\sigma} = \boldsymbol{\sigma}_t + \Delta\boldsymbol{\sigma}\\&\boldsymbol{\alpha} = \boldsymbol{\alpha}_t + \Delta\boldsymbol{\alpha}\end{aligned} \tag{4-130}$$

需要说明的是，对于 $(\boldsymbol{\sigma} - \boldsymbol{\alpha}_t)$ 在有些专著中也称为有效应力，则相应的 $(\boldsymbol{\sigma}^{\mathrm{tr}} - \boldsymbol{\alpha}_t)$ 被称为有效试应力。

3. 线性混合硬化

（1）计算试弹性应力：

$$\boldsymbol{\sigma}^{\text{tr}}=\boldsymbol{\sigma}_t+2G\Delta\boldsymbol{\varepsilon}+\lambda\mathbf{1}\Delta\boldsymbol{\varepsilon}:\mathbf{1} \tag{4-131}$$

（2）计算试应力状态下的屈服函数：

$$f=\left(\frac{3}{2}\boldsymbol{\sigma}^{\text{tr}\prime}-\boldsymbol{\alpha}_t:\boldsymbol{\sigma}^{\text{tr}\prime}-\boldsymbol{\alpha}_t\right)^{1/2}-r-\sigma_y \tag{4-132}$$

（3）判断是否发生屈服：

$$f>0?$$

（4）求解等效塑性应变增量：

$$\begin{aligned}
&r^{(k)}=r_t-h\Delta p^{(k)}\\
&\mathrm{d}\Delta p=\frac{\sigma_{\mathrm{e}}^{\text{tr}}-(3G+c)\Delta p^{(k)}-r^{(k)}-\sigma_y}{3G+c+h}\\
&\Delta p=\Delta p^{(k)}+\mathrm{d}\Delta p
\end{aligned} \tag{4-133}$$

若未达到屈服面则$\Delta p=0$。

（5）计算塑性流动方向、塑性应变增量、弹性应变增量、应力增量和背应力增量：

$$\begin{aligned}
&\boldsymbol{n}=\frac{3}{2}\left(\frac{\boldsymbol{\sigma}^{\text{tr}\prime}-\boldsymbol{\alpha}_t}{\sigma_{\mathrm{e}}^{\text{tr}}}\right)\\
&\Delta\boldsymbol{\varepsilon}^{\mathrm{p}}=\Delta p\boldsymbol{n}\\
&\Delta\boldsymbol{\varepsilon}^{\mathrm{e}}=\Delta\boldsymbol{\varepsilon}-\Delta\boldsymbol{\varepsilon}^{\mathrm{p}}\\
&\Delta\boldsymbol{\sigma}=2G\Delta\boldsymbol{\varepsilon}^{\mathrm{e}}+\lambda\operatorname{tr}(\Delta\boldsymbol{\varepsilon}^{\mathrm{e}})\mathbf{1}\\
&\Delta\boldsymbol{\alpha}=\frac{2}{3}c\Delta\boldsymbol{\varepsilon}^{\mathrm{p}}
\end{aligned} \tag{4-134}$$

（6）更新各变量：

$$\begin{aligned}
&\boldsymbol{\sigma}=\boldsymbol{\sigma}_t+\Delta\boldsymbol{\sigma}\\
&\boldsymbol{\alpha}=\boldsymbol{\alpha}_t+\Delta\boldsymbol{\alpha}\\
&p=p_t+\Delta p
\end{aligned} \tag{4-135}$$

4.3.2　一致性切线模量推导

对于隐式有限元求解，在建立力平衡方程的时候需要提供雅可比矩阵，此矩阵由材料属性所决定的切线刚度矩阵和载荷刚度矩阵共同组成。材料所决定的切线刚度矩阵与材料本构方程密切相关，此刚度矩阵也称为一致性切线模量。需要说明的是，对于显式有限元求解则不需要雅可比矩阵，因而不需要与材料本构方程相关的一致性切线模量。对于隐式有限元求解，根据力平衡方程，雅可比矩阵用来确定增量步大小。如果计算过程是收敛的，雅可比矩阵不影响计算结果仅影响收敛速度。因此，对于复杂本构模型，其一致性切线模量难以获得精确表达，往往通过近似表达式进行计算。

对式（4-111）进行一阶变分可得

$$\left(1+3G\frac{\Delta p}{\sigma_{\mathrm{e}}}\right)\delta\boldsymbol{\sigma}'+\frac{3G}{\sigma_{\mathrm{e}}}\delta\Delta p\boldsymbol{\sigma}'-\frac{3G\Delta p}{\sigma_{\mathrm{e}}^{2}}\delta\sigma_{\mathrm{e}}\boldsymbol{\sigma}'=\delta\boldsymbol{\sigma}^{\mathrm{tr}\prime} \tag{4-136}$$

其中，$\boldsymbol{\sigma}$ 表示对某个变量的一阶变分。进而对式（4-114）进行一阶变分可得

$$\delta\sigma_{\mathrm{e}}+3G\delta\Delta p=\delta\sigma_{\mathrm{e}}^{\mathrm{tr}} \tag{4-137}$$

屈服条件为

$$\delta f=\delta\sigma_{\mathrm{e}}-\delta r=0 \tag{4-138}$$

对于线性各向同性硬化，

$$\delta\sigma_{\mathrm{e}}=\delta r=h\delta\Delta p \tag{4-139}$$

联立式（4-137）可得

$$h\delta\Delta p+3G\delta\Delta p=\delta\sigma_{\mathrm{e}}^{\mathrm{tr}} \tag{4-140}$$

所以，

$$\delta\Delta p=\frac{\delta\sigma_{\mathrm{e}}^{\mathrm{tr}}}{h+3G} \tag{4-141}$$

联立式（4-137）可得

$$\delta\sigma_{\mathrm{e}}=\delta\sigma_{\mathrm{e}}^{\mathrm{tr}}\left(1-\frac{3G}{h+3G}\right) \tag{4-142}$$

将式（4-141），式（4-142）和式（4-114）代入式（4-136）中消掉 $\delta\sigma_{\mathrm{e}}$，$\delta\Delta p$ 和 Δp 得

$$\frac{\sigma_{\mathrm{e}}^{\mathrm{tr}}}{\sigma_{\mathrm{e}}}\delta\boldsymbol{\sigma}'+\frac{\delta\sigma_{\mathrm{e}}^{\mathrm{tr}}}{\sigma_{\mathrm{e}}\sigma_{\mathrm{e}}}\left(\sigma_{\mathrm{e}}-\frac{\sigma_{\mathrm{e}}^{\mathrm{tr}}}{1+(3G/h)}\right)\boldsymbol{\sigma}'=\delta\boldsymbol{\sigma}^{\mathrm{tr}\prime} \tag{4-143}$$

考虑到，

$$\begin{aligned}\delta\sigma_{\mathrm{e}}^{\mathrm{tr}}&=\delta\left(\frac{3}{2}\boldsymbol{\sigma}^{\mathrm{tr}\prime}:\boldsymbol{\sigma}^{\mathrm{tr}\prime}\right)^{1/2}=\frac{1}{2}\left(\frac{3}{2}\boldsymbol{\sigma}^{\mathrm{tr}\prime}:\boldsymbol{\sigma}^{\mathrm{tr}\prime}\right)^{-1/2}\left(\frac{3}{2}\delta\boldsymbol{\sigma}^{\mathrm{tr}\prime}:\boldsymbol{\sigma}^{\mathrm{tr}\prime}+\frac{3}{2}\boldsymbol{\sigma}^{\mathrm{tr}\prime}:\delta\boldsymbol{\sigma}^{\mathrm{tr}\prime}\right)\\&=\frac{3}{2}\frac{1}{\sigma_{\mathrm{e}}^{\mathrm{tr}}}\boldsymbol{\sigma}^{\mathrm{tr}\prime}:\delta\boldsymbol{\sigma}^{\mathrm{tr}\prime}\end{aligned}$$

将此式连同式（4-111）代入式（4-143）可得

$$\delta\boldsymbol{\sigma}'=\frac{3}{2}\left[\frac{1}{1+(3G/h)}-\frac{\sigma_{\mathrm{e}}}{\sigma_{\mathrm{e}}^{\mathrm{tr}}}\right]\frac{\boldsymbol{\sigma}^{\mathrm{tr}\prime}}{\sigma_{\mathrm{e}}^{\mathrm{tr}}}\frac{\boldsymbol{\sigma}^{\mathrm{tr}\prime}}{\sigma_{\mathrm{e}}^{\mathrm{tr}}}:\delta\boldsymbol{\sigma}^{\mathrm{tr}\prime}+\frac{\sigma_{\mathrm{e}}}{\sigma_{\mathrm{e}}^{\mathrm{tr}}}\delta\boldsymbol{\sigma}^{\mathrm{tr}\prime} \tag{4-144}$$

令

$$Q=\frac{3}{2}\left[\frac{1}{1+(3G/h)}-\frac{\sigma_{\mathrm{e}}}{\sigma_{\mathrm{e}}^{\mathrm{tr}}}\right]\quad 且\quad R=\frac{\sigma_{\mathrm{e}}}{\sigma_{\mathrm{e}}^{\mathrm{tr}}} \tag{4-145}$$

则

$$\delta\boldsymbol{\sigma}'=\left(Q\frac{\boldsymbol{\sigma}^{\mathrm{tr}\prime}}{\sigma_{\mathrm{e}}^{\mathrm{tr}}}\frac{\boldsymbol{\sigma}^{\mathrm{tr}\prime}}{\sigma_{\mathrm{e}}^{\mathrm{tr}}}+R\mathbf{1}\right):\delta\boldsymbol{\sigma}^{\mathrm{tr}\prime} \tag{4-146}$$

将试应力偏张量通过胡克定律展开可得

$$\delta\boldsymbol{\sigma}^{\mathrm{tr}\prime}=2G\left(\delta\boldsymbol{\varepsilon}-\frac{1}{3}\mathbf{1}\mathbf{1}:\delta\boldsymbol{\varepsilon}\right) \tag{4-147}$$

代入式（4-146），

$$\delta\boldsymbol{\sigma}'=\left(Q\frac{\boldsymbol{\sigma}^{\mathrm{tr}\prime}}{\sigma_{\mathrm{e}}^{\mathrm{tr}}}\frac{\boldsymbol{\sigma}^{\mathrm{tr}\prime}}{\sigma_{\mathrm{e}}^{\mathrm{tr}}}+R\mathbf{1}\right):2G\left(\delta\boldsymbol{\varepsilon}-\frac{1}{3}\mathbf{11}:\delta\boldsymbol{\varepsilon}\right)$$

$$=2GQ\frac{\boldsymbol{\sigma}^{\mathrm{tr}\prime}}{\sigma_{\mathrm{e}}^{\mathrm{tr}}}\frac{\boldsymbol{\sigma}^{\mathrm{tr}\prime}}{\sigma_{\mathrm{e}}^{\mathrm{tr}}}:\delta\boldsymbol{\varepsilon}-\frac{1}{3}Q\frac{\boldsymbol{\sigma}^{\mathrm{tr}\prime}}{\sigma_{\mathrm{e}}^{\mathrm{tr}}}\frac{\boldsymbol{\sigma}^{\mathrm{tr}\prime}}{\sigma_{\mathrm{e}}^{\mathrm{tr}}}:(\mathbf{11}:\delta\boldsymbol{\varepsilon})+2GR\delta\boldsymbol{\varepsilon}-\frac{2}{3}GR\boldsymbol{I}:(\mathbf{11}:\delta\boldsymbol{\varepsilon})$$

上式第二项等于零，因为$\boldsymbol{\sigma}^{\mathrm{tr}\prime}$是偏量，且$\boldsymbol{I}:\mathbf{1}=\mathbf{1}$，则上式简化为

$$\delta\boldsymbol{\sigma}'=2GQ\frac{\boldsymbol{\sigma}^{\mathrm{tr}\prime}}{\sigma_{\mathrm{e}}^{\mathrm{tr}}}\frac{\boldsymbol{\sigma}^{\mathrm{tr}\prime}}{\sigma_{\mathrm{e}}^{\mathrm{tr}}}:\delta\boldsymbol{\varepsilon}+2GR\delta\boldsymbol{\varepsilon}-\frac{2}{3}GR\mathbf{11}:\delta\boldsymbol{\varepsilon} \tag{4-148}$$

将应力增量表示为偏量及平均应力

$$\delta\boldsymbol{\sigma}=2GQ\frac{\boldsymbol{\sigma}^{\mathrm{tr}\prime}}{\sigma_{\mathrm{e}}^{\mathrm{tr}}}\frac{\boldsymbol{\sigma}^{\mathrm{tr}\prime}}{\sigma_{\mathrm{e}}^{\mathrm{tr}}}:\delta\boldsymbol{\varepsilon}+2GR\delta\boldsymbol{\varepsilon}-\left(K-\frac{2}{3}GR\right)\mathbf{11}:\delta\boldsymbol{\varepsilon} \tag{4-149}$$

即

$$\delta\boldsymbol{\sigma}=\left[2GQ\frac{\boldsymbol{\sigma}^{\mathrm{tr}\prime}}{\sigma_{\mathrm{e}}^{\mathrm{tr}}}\frac{\boldsymbol{\sigma}^{\mathrm{tr}\prime}}{\sigma_{\mathrm{e}}^{\mathrm{tr}}}+2GR\boldsymbol{I}-\left(K-\frac{2}{3}GR\right)\mathbf{11}\right]:\delta\boldsymbol{\varepsilon} \tag{4-150}$$

线性随动硬化和混合硬化的推导过程与之类似，现直接给出结果。

对于线性随动硬化有

$$\delta\boldsymbol{\sigma}=\left[2GR\frac{(\boldsymbol{\sigma}^{\mathrm{tr}\prime}-x_t)}{\sigma_{\mathrm{e}}^{\mathrm{tr}}}\frac{(\boldsymbol{\sigma}^{\mathrm{tr}\prime}-x_t)}{\sigma_{\mathrm{e}}^{\mathrm{tr}}}+2GQ\boldsymbol{I}-\left(K-\frac{2}{3}GR\right)\mathbf{11}\right]:\delta\boldsymbol{\varepsilon} \tag{4-151}$$

其中，

$$Q=\frac{\sigma_{\mathrm{e}}/\sigma_{\mathrm{e}}^{\mathrm{tr}}+c/3G}{1+c/3G}\quad 且\quad R=-\frac{3}{2}\frac{\sigma_{\mathrm{e}}}{\sigma_{\mathrm{e}}^{\mathrm{tr}}}\frac{1}{1+c/3G} \tag{4-152}$$

对于线性混合随动硬化有

$$\delta\boldsymbol{\sigma}=\left[2GQ\frac{(\boldsymbol{\sigma}^{\mathrm{tr}\prime}-x_t)}{\sigma_{\mathrm{e}}^{\mathrm{tr}}}\frac{(\boldsymbol{\sigma}^{\mathrm{tr}\prime}-x_t)}{\sigma_{\mathrm{e}}^{\mathrm{tr}}}+2GR\boldsymbol{I}-\left(K-\frac{2}{3}GR\right)\mathbf{11}\right]:\delta\boldsymbol{\varepsilon} \tag{4-153}$$

其中，

$$Q=\frac{1}{[1+(c+h)](3G)}-1+R\quad 且\quad R=\frac{\sigma_{\mathrm{e}}}{\sigma_{\mathrm{e}}^{\mathrm{tr}}}$$

4.4 材料参数确定

如果仅考虑随动硬化或各向同性硬化模型，易于通过单拉实验曲线获得。如图 4-7 所示，对于线性各向同性硬化律可知硬化段斜率为$\dfrac{Eh}{E+h}$，对于线性随动硬化律硬化段斜率为$\dfrac{Ec}{E+c}$，对于线性混合硬化律硬化段斜率为$\dfrac{E(c+h)}{E+c+h}$，已知弹性模量 E 后易知剩余参数。

4.5 单 元 验 证

4.5.1 有限元模型

为了验证所推导一致性切线模量及 UMAT 编写的正确性，采用单个单元进行验证，并探讨不同硬化模式下的材料应力应变响应。采用的单元类型为 C3D8 单元，在相交于原点的三个相邻面上施加法向约束，在沿着 y 向的自由面施加载荷，如图 4-12 所示。材料参数见表 4-1。

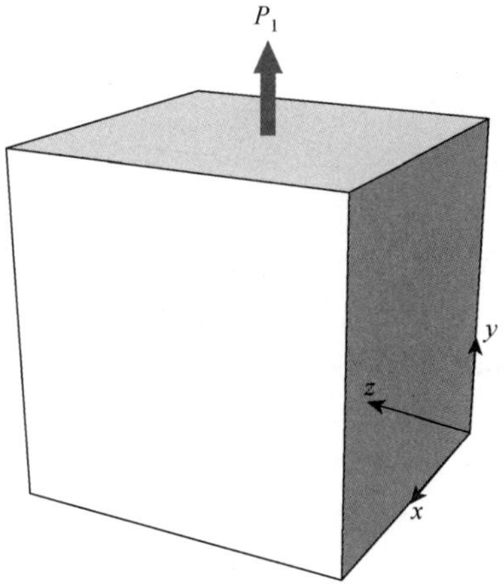

图 4-12　单元验证有限元模型

表 4-1　材料参数及工况

硬化模式	h/MPa	c/MPa	E/MPa	ν	σ_y/MPa
各向同性硬化	1000	\	21000	0.3	240
随动硬化	\	1000	21000	0.3	240
混合硬化	500	500	21000	0.3	240

4.5.2 结果分析

由图 4-13 所示的不同硬化律模拟的滞回曲线可知，初始拉伸阶段三种硬化律所模拟的结果一致，在反向加载时的弹性阶段依旧重合；反向屈服时，三种硬化律模拟的结果出现了偏离，反向屈服应力表现为各向同性硬化律时最大，随动硬化律最小，混合硬化律恰好为二者平均值且三种硬化律的塑性阶段曲线保持平行。各向同性硬化律的反向屈服应力（绝对值）明显大于初始屈服应力，这是由于屈服面随着塑性应变累积而外扩；随动硬化律的反向屈服应力（绝对值）低于初始屈服应力，这是由于引入背应力后屈服面发生了沿着拉伸方向的平移，因而屈服应力降低。加载至反向谷值应变处，屈服面则反向平移，由于采用了对称应变加载，滞回曲线中心点未发生平移；混合硬化模型则处于各向同性硬化和随动硬化律中间。

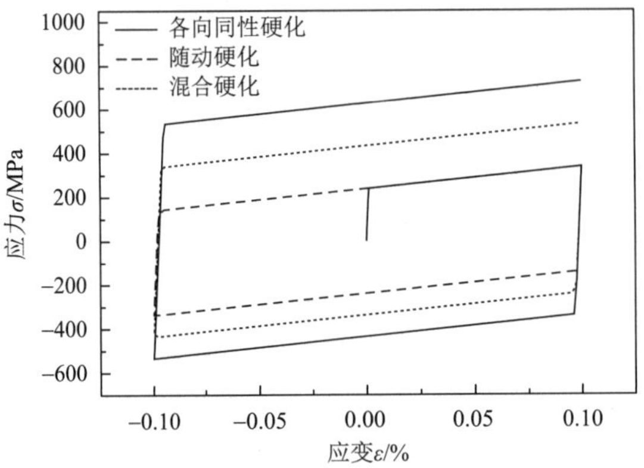

图 4-13　不同硬化律模拟的滞回曲线

4.5.3　INP 文件模板

4.5.4　材料参数和状态变量声明

表 4-2 为材料参数声明，表 4-3 为状态变量声明。

表 4-2　材料参数声明

参数编号	含义	参数名称	单位	可能取值范围
PROPS（1）	弹性模量	E	MPa	195000～210000
PROPS（2）	泊松比	ν	/	0.1～0.4
PROPS（3）	屈服强度	σ_y	MPa	0～σ_b
PROPS（4）	各向同性硬化模量	h	MPa	0～E
PROPS（5）	随动硬化模量	c	MPa	0～E

表 4-3　状态变量声明

材料参数编号	参数含义	变量名称
STATEV（1）	累积塑性应变	p
STATEV（2）	硬化函数值	r

4.6　应 用 实 例

4.6.1　问题描述

进行带孔薄板拉伸实验的有限元模拟。材料为 SA508-3 钢，板试样厚 2mm，工作段长度 10mm，孔径 2mm，其余尺寸如图 4-14 所示。进行应变控制加载，加载速率 0.2%/s，加载应变幅 0.6%。采用非接触数字成像应变测量系统（DIC）对试样拉伸过程中的全场应变分布进行测量。

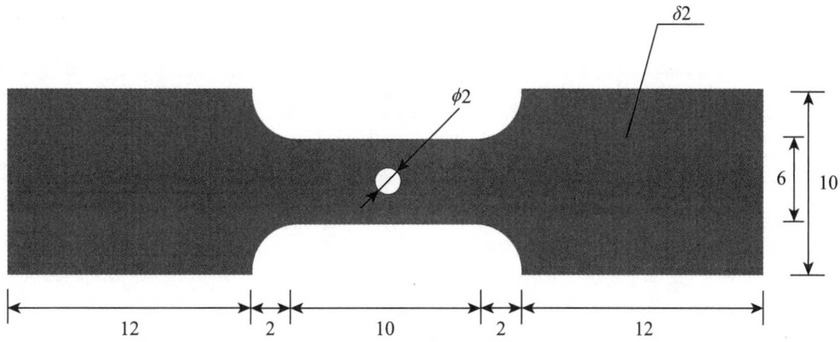

图 4-14　带孔薄板试样尺寸示意图（单位：mm）

4.6.2　有限元模型

1. 单元类型

根据图 4-14 所示尺寸建立带孔薄板试样三维有限元模型。采用三维八节点实体单元 C23D8，圆孔处单元最小尺寸为 0.1mm，图 4-15 为带孔薄板三维有限元模型。

2. 材料参数及边界条件

材料参数通过 SA508-3 钢圆棒单轴拉伸实验结果确定，确定方法如图 4-16 所示。由 4.5 节分析可知，三种线性硬化律模拟的单轴拉伸应力应变曲线是一致的，为了简便，本节采用线性各向同性硬化律，最终确定的材料参数见表 4-4。

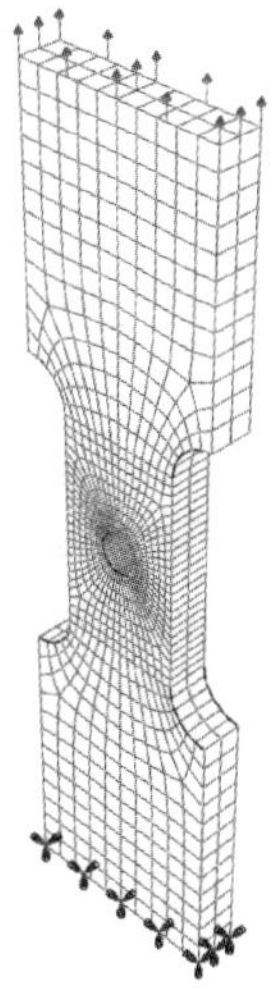

图 4-15　带孔薄板三维有限元模型

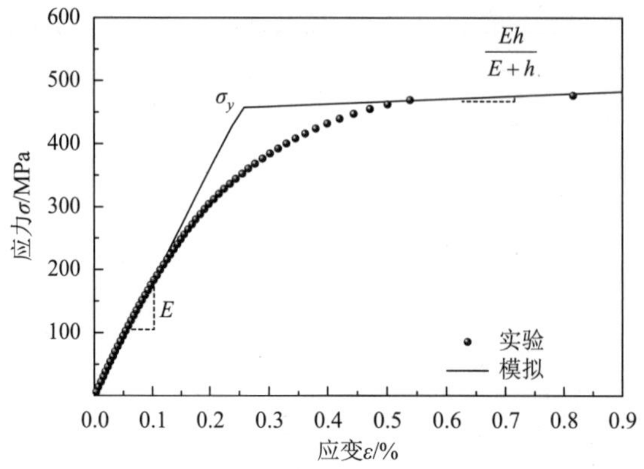

图 4-16　SA508-3 钢单轴拉伸实验和模拟应力应变曲线

表 4-4　SA508-3 钢参数及工况

硬化模式	h/MPa	E/MPa	ν	σ_y /MPa
各向同性硬化	4050.45	179779.701	0.33	457

在薄板一端施加全约束，另一端则施加沿轴向的位移载荷，其峰值为 0.228mm，如图 4-15 所示。

4.6.3　结果分析

由图 4-16 可以看出，采用线性各向同性硬化律可以大致描述出材料的硬化特征，然而，在进入屈服初期，应力应变曲线表现出显著的非线性特征，线性随动硬化律模拟的结果与实验结果偏差较大。进而，基于非接触式应变测量技术 DIC，对开孔薄板的应变场进行测量。DIC 测量的应变场与模拟的应变云图结果对比如图 4-17 所示。可以看出，采用线性各向同性硬化律可以描述开孔薄板应力集中现象，开孔处应力呈十字分布，与 DIC 测量的应变场基本一致，不同之处在于，DIC 测量的应变场较计算结果分布更广，这是由于采用线性各向同性硬化律时，材料屈服应力取值高于实际值，因而较大应变区较少。材料所表现出的这种光滑过渡到塑性阶段的非线性硬化过程，一般是由材料的黏性所导致的，在第 5 章我们将介绍黏塑性本构方程，并对材料的率相关特性做进一步说明。

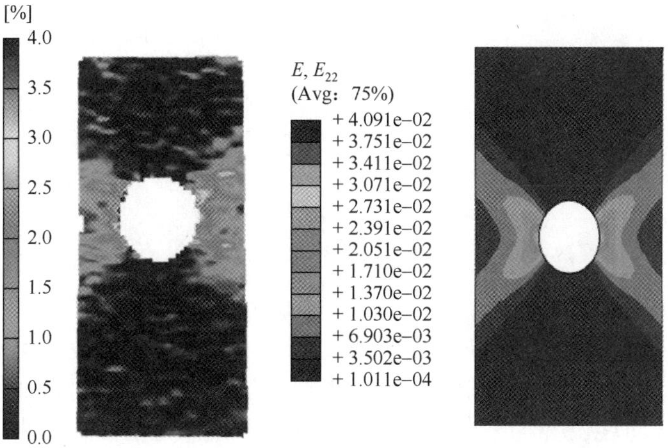

扫一扫　看彩图

图 4-17　DIC 测量的应变场与模拟的应变云图结果对比

4.6.4　INP 文件

参 考 文 献

[1]　Dunne F，Petrinic N. Introduction to Computational Plasticity. Oxford：Oxford University Press on Demand，2005.

第 5 章　黏塑性本构关系

5.1　黏塑性本构关系简介

在第 4 章中假设材料的应力应变响应与加载速率无关，即率无关塑性。黏塑性是指材料的塑性行为表现出率效应。黏塑性描述了率相关塑性，对于金属材料而言晶体滑移是其主要的变形机制，但热激活过程（如扩散激活位错跃迁）可增强黏塑性流动过程。

对于黏塑性材料，总的应变依旧可以分解为弹性应变和塑性应变，并同样采用屈服函数来判断是否进入屈服。此外，和弹塑性一样，塑性流动满足正则化条件，材料硬化阶段会表现出各向同性硬化、随动硬化或混合硬化模式。与弹塑性最大的不同在于，一致性条件不再满足，对于黏塑性材料，载荷点会位于屈服面外侧，因而黏塑性模型又被称为过应力模型。接下来采用和第 4 章相同的说明方式，从单轴加载问题开始[1]。

5.2　本 构 方 程

图 5-1 为材料的黏塑性屈服面及相应的应力应变曲线示意图。屈服面上的载荷点（1）如图 5-1（a）所示，所对应的单轴应力应变曲线上的应力为 σ ，如图 5-1（b）所示。若采用率无关各向同性硬化弹塑性模型，对应的应力应变曲线为图 5-2（b）中虚线所示，屈服应力为 σ_y ，硬化部分用 $r(p)$ 表示，则有

$$\sigma = \sigma_y + r(p) \tag{5-1}$$

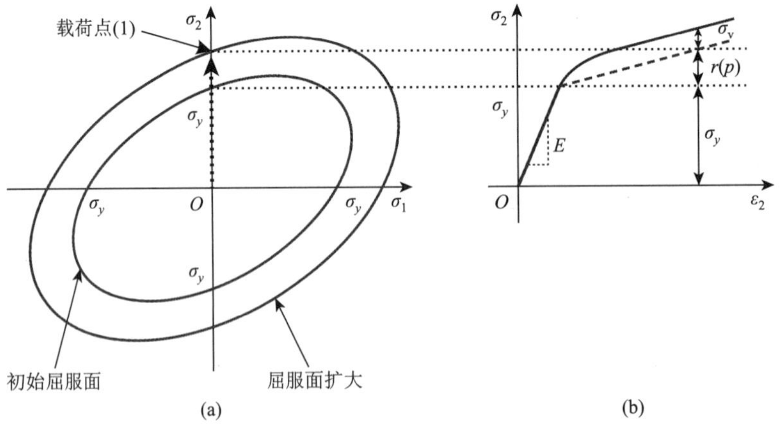

图 5-1　黏塑性屈服面及相应的应力应变曲线示意图

对于黏塑性，黏性引起的应力记作 σ_v ，如图 5-1（b）中实线所示。对于黏性应力有

很多种表达式，但大多与等效塑性应变率 $\dot{p}$ 相关（单轴情况下即与单轴塑性应变呈比例关系）。如通常采用幂律形式，

$$\sigma_{\mathrm{v}} = K\dot{p}^{m} \tag{5-2}$$

其中，K 和 m 为材料常数，m 被称为材料应变率敏感系数。因此率相关应力可以表示为

$$\sigma = \sigma_y + r(p) + \sigma_{\mathrm{v}} = \sigma_y + r(p) + K\dot{p}^{m} \tag{5-3}$$

通过上式可以看出，在黏塑性中，单轴应力与屈服应力、硬化应力和塑性应变率三者相关。为了简化，考虑材料为理想塑性且不考虑各向同性硬化，即 $r(p)=0$，则式（5-3）退化为

$$\sigma = \sigma_y + K\dot{p}^{m} \tag{5-4}$$

如图 5-2（a）所示，施加不同的应变率，相应的应力响应为应变率的函数，如图 5-2（b）所示。应力所表现出的率相关性显而易见，根据式（5-4）可得，一旦进入屈服，对于理想塑性，$\mathrm{d}\sigma=0$，$\mathrm{d}p=\mathrm{d}\varepsilon$，即 $\dot{p}=\dot{\varepsilon}$，所以

$$\begin{aligned} \sigma_1 &= \sigma_y + K\dot{\varepsilon}_1^{\,m} \\ \sigma_2 &= \sigma_y + K\dot{\varepsilon}_2^{\,m} \\ \sigma_3 &= \sigma_y + K\dot{\varepsilon}_3^{\,m} \end{aligned} \tag{5-5}$$

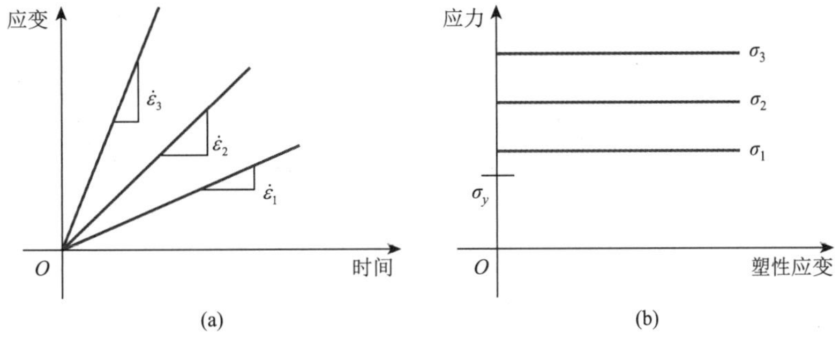

图 5-2　不同应变率下的应变和应力响应

许多材料都表现出率相关塑性，但与图 5-2 中所示理想弹塑性不同，通常也表现出各向同性硬化或随动硬化。根据式（5-3）整理可得

$$\dot{p} = \left(\frac{\sigma - r - \sigma_y}{K}\right)^{1/m} \tag{5-6}$$

考虑各向同性硬化和随动硬化，上式可改写为

$$\dot{p} = \left(\frac{\sigma - \alpha - r - \sigma_y}{K}\right)^{1/m} \tag{5-7}$$

式（5-6）和式（5-7）为单轴应力与等效塑性应变率的关系式，通过内变量 r 考虑各向同性硬化，α 考虑随动硬化。对于服从 von Mises 屈服准则的材料，轴向应力与等效应力呈比例关系，则式（5-7）变为

$$\dot{p}=\left[\frac{\boldsymbol{J}(\boldsymbol{\sigma}'-\boldsymbol{\alpha}')-r-\sigma_y}{K}\right]^{1/m} \tag{5-8}$$

在黏塑性中，采用等效塑性应变率和应力及相关硬化内变量组成的关系式[如式(5-8)]，来代替弹塑性本构方程中的一致性条件。在黏塑性框架中，黏性导致载荷点可以位于屈服面之外，进而采用正则化假设和弹性应力应变关系来完善黏塑性本构框架。

对于黏塑性，正则化假设有如下表达：

$$\dot{\boldsymbol{\varepsilon}}^{\mathrm{p}}=\dot{\lambda}\frac{\partial f}{\partial \boldsymbol{\sigma}} \tag{5-9}$$

由第 4 章式（4-95）屈服函数可知，

$$f=\boldsymbol{J}(\boldsymbol{\sigma}'-\boldsymbol{\alpha}')-r(p)-\sigma_y \tag{5-10}$$

由于 $\dfrac{\partial f}{\partial \boldsymbol{\sigma}}=\dfrac{3}{2}\dfrac{\boldsymbol{\sigma}'-\boldsymbol{\alpha}'}{\boldsymbol{J}(\boldsymbol{\sigma}'-\boldsymbol{\alpha}')}$，则有

$$\dot{\boldsymbol{\varepsilon}}^{\mathrm{p}}=\frac{3}{2}\dot{\lambda}\frac{\boldsymbol{\sigma}'-\boldsymbol{\alpha}'}{\boldsymbol{J}(\boldsymbol{\sigma}'-\boldsymbol{\alpha}')} \tag{5-11}$$

根据第 4 章的结论，对于 von Mises 屈服准则，$\mathrm{d}p=\mathrm{d}\lambda$ 或 $\dot{p}=\dot{\lambda}$，因此，式（5-11）可写为

$$\dot{\boldsymbol{\varepsilon}}^{\mathrm{p}}=\frac{3}{2}\dot{p}\frac{\boldsymbol{\sigma}'-\boldsymbol{\alpha}'}{\boldsymbol{J}(\boldsymbol{\sigma}'-\boldsymbol{\alpha}')} \tag{5-12}$$

结合式（5-8）和式（5-12），可得出考虑混合硬化黏塑性的塑性流动方程

$$\dot{\boldsymbol{\varepsilon}}^{\mathrm{p}}=\frac{3}{2}\left[\frac{\boldsymbol{J}(\boldsymbol{\sigma}'-\boldsymbol{\alpha}')-r-\sigma_y}{K}\right]^{1/m}\frac{\boldsymbol{\sigma}'-\boldsymbol{\alpha}'}{\boldsymbol{J}(\boldsymbol{\sigma}'-\boldsymbol{\alpha}')} \tag{5-13}$$

为了模型的完整性，同时给出各向同性硬化变量 r，随动硬化变量 $\boldsymbol{\alpha}$ 的演化方程及胡克定律的率形式（硬化模式均考虑为非线性），

$$\dot{r}(p)=b(Q-r(p))\dot{p} \tag{5-14}$$

$$\dot{\boldsymbol{\alpha}}=\frac{2}{3}c\dot{\boldsymbol{\varepsilon}}^{\mathrm{p}}-\gamma\boldsymbol{\alpha}\dot{p} \tag{5-15}$$

且将胡克定律写成张量的率形式，

$$\dot{\boldsymbol{\sigma}}=2G\dot{\boldsymbol{\varepsilon}}^{\mathrm{e}}+\lambda\mathrm{tr}(\dot{\boldsymbol{\varepsilon}}^{\mathrm{e}})\mathbf{1} \tag{5-16}$$

其中，

$$\dot{\boldsymbol{\varepsilon}}^{\mathrm{e}}=\dot{\boldsymbol{\varepsilon}}-\dot{\boldsymbol{\varepsilon}}^{\mathrm{p}} \tag{5-17}$$

G 为剪切模量，λ 为拉梅常数，与塑性乘子不同。

式（5-13）～式（5-17）即完整的黏塑性本构模型。对于给定的时间 t，已知当前总的应变率 $\dot{\boldsymbol{\varepsilon}}$ 和硬化变量 r 和 α。通过这些方程，可以得出时间增量步结束时的应力值。

5.3　有限元实现格式

根据上文叙述，$\dot{p}$ 是应力、各向同性硬化内变量 r 和随动硬化内变量 $\boldsymbol{\alpha}$ 相关的函数，即

$$\dot{p}=\phi(\boldsymbol{\sigma},\boldsymbol{\alpha},r) \tag{5-18}$$

写成增量形式

$$\Delta p = \phi(\boldsymbol{\sigma}, \boldsymbol{\alpha}, r)\Delta t = \phi\Delta t \tag{5-19}$$

对于混合硬化，屈服函数可表示为

$$f = \boldsymbol{J}(\boldsymbol{\sigma}' - \boldsymbol{\alpha}') - r - \sigma_y \tag{5-20}$$

5.3.1　增量形式的本构方程

1. 单轴情况

为了方便说明，先介绍单轴形式下的隐式积分过程。和第 4 章相同，所有变量若没有特殊说明，均表示（$t+\Delta t$）时刻所对应的量。考虑各向同性硬化，则式（5-19）可以重写为

$$\Delta p = \phi(\sigma_{\mathrm{e}}, r)\Delta t \tag{5-21}$$

将式（5-21）写成适宜牛顿迭代求解的形式

$$\psi = \Delta p - \phi(\sigma_{\mathrm{e}}, r)\Delta t = 0 \tag{5-22}$$

考虑到等效应力在第 4 章中有如下表达式：

$$\sigma_{\mathrm{e}} + 3G\Delta p = \sigma_{\mathrm{e}}^{\mathrm{tr}} \tag{5-23}$$

因而式（5-22）可以表示为

$$\psi(\Delta p, r) = \Delta p - \phi(\Delta p, r)\Delta t = 0 \tag{5-24}$$

根据牛顿迭代法可知

$$\psi + \frac{\partial\psi}{\partial\Delta p}\mathrm{d}\Delta p + \frac{\partial\psi}{\partial r}\mathrm{d}r = 0 \tag{5-25}$$

将式（5-24）代入式（5-25）并展开

$$\Delta p - \phi\Delta t + \left(1 - \frac{\partial\phi}{\partial\Delta p}\Delta t\right)\mathrm{d}\Delta p - \frac{\partial\phi}{\partial r}\Delta t\mathrm{d}r = 0 \tag{5-26}$$

为了简化表达给出如下定义：

$$\phi_{\Delta p} = \frac{\partial\phi}{\partial\Delta p} \quad 和 \quad \phi_r = \frac{\partial\phi}{\partial r} \tag{5-27}$$

其他偏导表示与之类似。若只考虑线性各向同性硬化，则有

$$\mathrm{d}r = h\mathrm{d}p = h\mathrm{d}\Delta p \tag{5-28}$$

代入式（5-26）可得

$$\mathrm{d}\Delta p = \frac{\phi(\Delta p, r) - \Delta p / \Delta t}{1/\Delta t - \phi_{\Delta p} - h\phi_r} \tag{5-29}$$

其中，

$$r = r_t + h\Delta p \tag{5-30}$$

类似率无关塑性，采用牛顿迭代可以求出 Δp

$$\Delta p = \Delta p^{(k)} + \mathrm{d}\Delta p \tag{5-31}$$

2. 多轴情况

接下来考虑多轴情况下线性各向同性硬化和随动硬化的黏塑性本构方程，

$$\dot{p} = \phi(\Delta p, \boldsymbol{\alpha}, r) \tag{5-32}$$

类似之前的表示方法

$$\psi(\Delta p, \boldsymbol{\alpha}, r) = \Delta p - \phi(\Delta p, \boldsymbol{\alpha}, r)\Delta t = 0$$

且

$$\psi + \frac{\partial \psi}{\partial \Delta p}\mathrm{d}\Delta p + \frac{\partial \psi}{\partial \boldsymbol{\alpha}} : \mathrm{d}\boldsymbol{\alpha} + \frac{\partial \psi}{\partial r}\mathrm{d}r = 0 \tag{5-33}$$

其中，$\dfrac{\partial \psi}{\partial \Delta p} = 1 - \phi_{\Delta p}\Delta t$，$\dfrac{\partial \psi}{\partial \boldsymbol{\alpha}} = -\boldsymbol{\phi}_x \Delta t$，$\dfrac{\partial \psi}{\partial r} = -\phi_r \Delta t$，则式（5-33）可表示为

$$\Delta p - \phi\Delta t + (1 - \phi_{\Delta p}\Delta t)\mathrm{d}\Delta p - \boldsymbol{\phi}_x : \mathrm{d}\boldsymbol{\alpha}\Delta t - \phi_r \mathrm{d}r\Delta t = 0 \tag{5-34}$$

对于线性各向同性硬化和随动硬化，其内变量微分形式为

$$\begin{aligned} \mathrm{d}r &= h\mathrm{d}p = h\mathrm{d}\Delta p \\ \mathrm{d}\boldsymbol{\alpha} &= \frac{2}{3}c\mathrm{d}\boldsymbol{\varepsilon}^{\mathrm{p}} \end{aligned} \tag{5-35}$$

代入式（5-34）整理可得

$$\mathrm{d}\Delta p = \frac{\phi\Delta t - \Delta p}{1 - \phi_{\Delta p}\Delta t - h\phi_r\Delta t - (2/3)c\boldsymbol{\phi}_x : \boldsymbol{n}\Delta t} \tag{5-36}$$

若考虑黏塑性流动采用双曲正弦形式，则有

$$\dot{p} = \phi(\Delta p, \boldsymbol{\alpha}, r) = a\sinh\beta(\boldsymbol{J}(\boldsymbol{\sigma}' - \boldsymbol{\alpha}') - r - \sigma_y) = a\sinh\beta(\sigma_{\mathrm{e}} - r - \sigma_y) \tag{5-37}$$

其中，a 和 β 为材料参数。那么，$\boldsymbol{\phi}_x = -\dfrac{\partial \phi}{\partial \sigma_{\mathrm{e}}}\dfrac{\partial \sigma_{\mathrm{e}}}{\partial \boldsymbol{\alpha}} = -\phi_{\sigma_{\mathrm{e}}}\dfrac{3}{2}\dfrac{\boldsymbol{\sigma}' - \boldsymbol{\alpha}'}{\boldsymbol{J}(\boldsymbol{\sigma}' - \boldsymbol{\alpha}')} = -\phi_{\sigma_{\mathrm{e}}}\boldsymbol{n}$，进而，$\boldsymbol{\phi}_x : \boldsymbol{n}$ 可化简为

$$\boldsymbol{\phi}_x : \boldsymbol{n} = -\phi_{\sigma_{\mathrm{e}}}\boldsymbol{n} : \boldsymbol{n} = -\frac{3}{2}\phi_{\sigma_{\mathrm{e}}} \tag{5-38}$$

将上式代入式（5-36），得

$$\mathrm{d}\Delta p = \frac{\phi - \Delta p / \Delta t}{1/\Delta t - \phi_{\Delta p} - h\phi_r - c\phi_{\sigma_{\mathrm{e}}}} \tag{5-39}$$

进而可以得到塑性应变增量

$$\Delta\boldsymbol{\varepsilon}^{\mathrm{p}} = \frac{3}{2}\Delta p\frac{\boldsymbol{\sigma}' - \boldsymbol{\alpha}'}{\boldsymbol{J}(\boldsymbol{\sigma}' - \boldsymbol{\alpha}')} \equiv \frac{3}{2}\Delta p\frac{\boldsymbol{\sigma}^{\mathrm{tr}\prime} - \boldsymbol{\alpha}'}{\sigma_{\mathrm{e}}^{\mathrm{tr}}} \tag{5-40}$$

为了便于参数确定和本章重点突出，现给出只考虑线性各向同性硬化的黏塑性本构方程的离散形式。取塑性应变率函数为双曲正弦函数

$$\dot{p} = \phi(\sigma_{\mathrm{e}}, r) = a\sinh\beta(\sigma_{\mathrm{e}} - r - \sigma_y) \tag{5-41}$$

塑性应变增量为

$$\Delta\boldsymbol{\varepsilon}^{\mathrm{p}} = \Delta p\boldsymbol{n} = \frac{3}{2}\Delta p\frac{\boldsymbol{\sigma}'}{\sigma_{\mathrm{e}}'} \tag{5-42}$$

（1）计算试弹性应力：

$$\boldsymbol{\sigma}^{\mathrm{tr}} = \boldsymbol{\sigma}_t + 2G\Delta\boldsymbol{\varepsilon} + \lambda\mathbf{1}\Delta\boldsymbol{\varepsilon}:\mathbf{1} \tag{5-43}$$

（2）计算试应力状态下的屈服函数：

$$f = \sigma_{\mathrm{e}}^{\mathrm{tr}} - r - \sigma_y = \left(\frac{3}{2}\boldsymbol{\sigma}^{\mathrm{tr}\prime}:\boldsymbol{\sigma}^{\mathrm{tr}\prime}\right)^{1/2} - r - \sigma_y \tag{5-44}$$

（3）判断是否发生屈服：

$$f > 0?$$

（4）求解等效塑性应变增量：

$$\begin{aligned}
\phi(\sigma_{\mathrm{e}}, r) &= a\sinh\beta(\sigma_{\mathrm{e}}^{\mathrm{tr}} - 3G\Delta p - r - \sigma_y)\\
\phi_{\Delta p} &= -3Ga\beta\cosh\beta(\sigma_{\mathrm{e}}^{\mathrm{tr}} - 3G\Delta p - r - \sigma_y)\\
\phi_r &= -a\beta\cosh\beta(\sigma_{\mathrm{e}}^{\mathrm{tr}} - 3G\Delta p - r - \sigma_y)\\
r^{(k)} &= r_t + h\Delta p^{(k)}\\
\mathrm{d}\Delta p &= \frac{\phi(\Delta p, r) - \Delta p/\Delta t}{(1/\Delta t) - \phi_{\Delta p} - h\phi_r}\\
\Delta p &= \Delta p^{(k)} + \mathrm{d}\Delta p
\end{aligned} \tag{5-45}$$

若未达到屈服面，则有 $\Delta p = 0$。

（5）计算塑性应变，弹性应变增量和应力增量：

$$\begin{aligned}
\Delta\boldsymbol{\varepsilon}^{\mathrm{p}} &= \frac{3}{2}\Delta p\frac{\boldsymbol{\sigma}^{\mathrm{tr}\prime}}{\sigma_{\mathrm{e}}^{\mathrm{tr}}}\\
\Delta\boldsymbol{\varepsilon}^{\mathrm{e}} &= \Delta\boldsymbol{\varepsilon} - \Delta\boldsymbol{\varepsilon}^{\mathrm{p}}\\
\Delta\boldsymbol{\sigma} &= 2G\Delta\boldsymbol{\varepsilon}^{\mathrm{e}} + \lambda\mathrm{tr}(\Delta\boldsymbol{\varepsilon}^{\mathrm{e}})\mathbf{1}
\end{aligned} \tag{5-46}$$

（6）更新各变量：

$$\begin{aligned}
\boldsymbol{\sigma} &= \boldsymbol{\sigma}_t + \Delta\boldsymbol{\sigma}\\
p &= p_t + \Delta p
\end{aligned} \tag{5-47}$$

5.3.2　一致性切线模量推导

将应力写成弹性预测-塑性校正形式

$$\boldsymbol{\sigma}' = \boldsymbol{\sigma}^{\mathrm{tr}\prime} - 2G\Delta p\boldsymbol{n} \quad 或 \quad \boldsymbol{\sigma} = \boldsymbol{\sigma}^{\mathrm{tr}} - 2G\Delta p\boldsymbol{n} \tag{5-48}$$

其中，

$$\boldsymbol{n} = \frac{3}{2}\frac{\boldsymbol{\sigma}^{\mathrm{tr}\prime}}{\sigma_{\mathrm{e}}^{\mathrm{tr}}} = \frac{3}{2}\frac{\boldsymbol{\sigma}'}{\sigma_{\mathrm{e}}} \tag{5-49}$$

且

$$\sigma_{\mathrm{e}} = \sigma_{\mathrm{e}}^{\mathrm{tr}} - 3G\Delta p \tag{5-50}$$

式（5-49）可以写成

$$\boldsymbol{\sigma}' = \frac{\sigma_{\mathrm{e}}}{\sigma_{\mathrm{e}}^{\mathrm{tr}}}\boldsymbol{\sigma}^{\mathrm{tr}\prime} \tag{5-51}$$

对上式进行一阶变分

$$\delta\boldsymbol{\sigma}' = \frac{\sigma_{\mathrm{e}}}{\sigma_{\mathrm{e}}^{\mathrm{tr}}}\delta\boldsymbol{\sigma}^{\mathrm{tr}\prime} + \left(\frac{\delta\sigma_{\mathrm{e}}}{\sigma_{\mathrm{e}}^{\mathrm{tr}}} - \frac{\sigma_{\mathrm{e}}}{\sigma_{\mathrm{e}}^{\mathrm{tr}}}\frac{\delta\sigma_{\mathrm{e}}^{\mathrm{tr}}}{\sigma_{\mathrm{e}}^{\mathrm{tr}}}\right)\boldsymbol{\sigma}^{\mathrm{tr}\prime} \tag{5-52}$$

其中，

$$\delta\sigma_{\mathrm{e}}^{\mathrm{tr}} = \frac{1}{\sigma_{\mathrm{e}}^{\mathrm{tr}}}\frac{3}{2}\boldsymbol{\sigma}^{\mathrm{tr}\prime} : \delta\boldsymbol{\sigma}^{\mathrm{tr}\prime} \tag{5-53}$$

且

$$\delta\sigma_{\mathrm{e}} = \frac{1}{\sigma_{\mathrm{e}}}\frac{3}{2}\boldsymbol{\sigma}^{\mathrm{tr}\prime} : \delta\boldsymbol{\sigma}^{\mathrm{tr}\prime} \tag{5-54}$$

将式（5-53）和式（5-54）代入式（5-52）并通过式（5-49）消去$\boldsymbol{\sigma}'$，

$$\delta\boldsymbol{\sigma}' = \frac{3}{2}\frac{\boldsymbol{\sigma}^{\mathrm{tr}\prime}}{\sigma_{\mathrm{e}}^{\mathrm{tr}}}\frac{\boldsymbol{\sigma}^{\mathrm{tr}\prime}}{\sigma_{\mathrm{e}}^{\mathrm{tr}}} : \delta\boldsymbol{\sigma}' + \frac{\sigma_{\mathrm{e}}}{\sigma_{\mathrm{e}}^{\mathrm{tr}}}\delta\boldsymbol{\sigma}^{\mathrm{tr}\prime} - \frac{\sigma_{\mathrm{e}}}{\sigma_{\mathrm{e}}^{\mathrm{tr}}}\frac{3}{2}\frac{\boldsymbol{\sigma}^{\mathrm{tr}\prime}}{\sigma_{\mathrm{e}}^{\mathrm{tr}}}\frac{\boldsymbol{\sigma}^{\mathrm{tr}\prime}}{\sigma_{\mathrm{e}}^{\mathrm{tr}}} : \delta\boldsymbol{\sigma}^{\mathrm{tr}\prime} \tag{5-55}$$

将式（5-48）左式取微分

$$\delta\boldsymbol{\sigma}' = \delta\boldsymbol{\sigma}^{\mathrm{tr}\prime} - 2G\delta\Delta p\boldsymbol{n} \tag{5-56}$$

代入式（5-55），得

$$\delta\boldsymbol{\sigma}' = -\frac{\boldsymbol{\sigma}^{\mathrm{tr}\prime}}{\sigma_{\mathrm{e}}^{\mathrm{tr}}} : 3G\delta\Delta p\boldsymbol{n} + \frac{\sigma_{\mathrm{e}}}{\sigma_{\mathrm{e}}^{\mathrm{tr}}}\delta\boldsymbol{\sigma}^{\mathrm{tr}\prime} - \left(1 - \frac{\sigma_{\mathrm{e}}}{\sigma_{\mathrm{e}}^{\mathrm{tr}}}\right)\frac{3}{2}\frac{\boldsymbol{\sigma}^{\mathrm{tr}\prime}}{\sigma_{\mathrm{e}}^{\mathrm{tr}}}\frac{\boldsymbol{\sigma}^{\mathrm{tr}\prime}}{\sigma_{\mathrm{e}}^{\mathrm{tr}}} : \delta\boldsymbol{\sigma}^{\mathrm{tr}\prime} \tag{5-57}$$

黏塑性本构方程可以写成

$$\Delta p = \phi(\boldsymbol{\sigma}, r)\Delta t \tag{5-58}$$

所以

$$\delta\Delta p = (\phi_{\sigma} : \delta\boldsymbol{\sigma} + \phi_{r} : \delta r)\Delta t \tag{5-59}$$

假设为各向同性硬化

$$\delta r = q(r)\delta p = q(r)\delta\Delta p \tag{5-60}$$

将式（5-60）和式（5-48）的微分形式代入式（5-59），

$$\delta\Delta p = [\phi_{\sigma} : (\delta\boldsymbol{\sigma}^{\mathrm{tr}} - 2G\delta\Delta p\boldsymbol{n}) + \phi_{r}q(r)\delta\Delta p]\Delta t \tag{5-61}$$

整理得

$$\delta\Delta p = \frac{\phi_{\sigma} : \delta\boldsymbol{\sigma}^{\mathrm{tr}}}{(1/\Delta t) + 2G\phi_{\sigma} : \boldsymbol{n} + \phi_{r}q(r)} \tag{5-62}$$

代入式（5-57），得

$$\delta\boldsymbol{\sigma}' = -\frac{\boldsymbol{\sigma}^{\mathrm{tr}\prime}}{\sigma_{\mathrm{e}}^{\mathrm{tr}}} : 3G\frac{\phi_{\sigma} : \delta\boldsymbol{\sigma}^{\mathrm{tr}}}{(1/\Delta t) + 2G\phi_{\sigma} : \boldsymbol{n} + \phi_{r}q(r)}\boldsymbol{n} + \frac{\sigma_{\mathrm{e}}}{\sigma_{\mathrm{e}}^{\mathrm{tr}}}\delta\boldsymbol{\sigma}^{\mathrm{tr}\prime} - \left(1 - \frac{\sigma_{\mathrm{e}}}{\sigma_{\mathrm{e}}^{\mathrm{tr}}}\right)\frac{3}{2}\frac{\boldsymbol{\sigma}^{\mathrm{tr}\prime}}{\sigma_{\mathrm{e}}^{\mathrm{tr}}}\frac{\boldsymbol{\sigma}^{\mathrm{tr}\prime}}{\sigma_{\mathrm{e}}^{\mathrm{tr}}} : \delta\boldsymbol{\sigma}^{\mathrm{tr}\prime}$$

若给出如下定义：

$$a = -\frac{3G}{(1/\Delta t) + 2G\phi_{\sigma} : \boldsymbol{n} + \phi_{r}q(r)}, \quad \beta = \frac{\sigma_{\mathrm{e}}}{\sigma_{\mathrm{e}}^{\mathrm{tr}}}, \quad \gamma = \frac{3}{2}\left(1 - \frac{\sigma_{\mathrm{e}}}{\sigma_{\mathrm{e}}^{\mathrm{tr}}}\right) \tag{5-63}$$

给出简化表达式

$$\delta\boldsymbol{\sigma}' = a\frac{\boldsymbol{\sigma}^{\mathrm{tr}'}}{\sigma_{\mathrm{e}}^{\mathrm{tr}}}\phi_{\sigma} : \delta\boldsymbol{\sigma}^{\mathrm{tr}} + \beta\delta\boldsymbol{\sigma}^{\mathrm{tr}'} + \gamma\frac{\boldsymbol{\sigma}^{\mathrm{tr}'}}{\sigma_{\mathrm{e}}^{\mathrm{tr}}}\frac{\boldsymbol{\sigma}^{\mathrm{tr}'}}{\sigma_{\mathrm{e}}^{\mathrm{tr}}} : \delta\boldsymbol{\sigma}^{\mathrm{tr}'} \tag{5-64}$$

将试应力偏张量通过 Hooke 定律展开可得

$$\delta\boldsymbol{\sigma}^{\mathrm{tr}'} = 2G\left(\delta\boldsymbol{\varepsilon} - \frac{1}{3}\mathbf{11} : \delta\boldsymbol{\varepsilon}\right) \tag{5-65}$$

考虑到函数 ϕ 与等效应力相关，即与偏应力有关，因此，

$$\phi_{\sigma} : \delta\boldsymbol{\sigma}^{\mathrm{tr}} = \phi_{\sigma} : (\delta\boldsymbol{\sigma}^{\mathrm{tr}'} + (1/3)\delta\boldsymbol{\sigma}^{\mathrm{tr}} : \mathbf{11}) = \phi_{\sigma} : \delta\boldsymbol{\sigma}^{\mathrm{tr}'} \tag{5-66}$$

并考虑应力分解

$$\delta\boldsymbol{\sigma} = \delta\boldsymbol{\sigma}' + K\mathbf{11} : \delta\boldsymbol{\varepsilon} \tag{5-67}$$

所以式（5-64）最终可表示为

$$\delta\boldsymbol{\sigma}' = \left[2Ga\frac{\boldsymbol{\sigma}^{\mathrm{tr}'}}{\sigma_{\mathrm{e}}^{\mathrm{tr}}}\phi_{\sigma} + \left(K - \frac{2}{3}G\beta\right)\mathbf{11} + 2G\gamma\frac{\boldsymbol{\sigma}^{\mathrm{tr}'}}{\sigma_{\mathrm{e}}^{\mathrm{tr}}}\frac{\boldsymbol{\sigma}^{\mathrm{tr}'}}{\sigma_{\mathrm{e}}^{\mathrm{tr}}}\right] : \delta\boldsymbol{\varepsilon} + 2G\beta : \delta\boldsymbol{\varepsilon} \tag{5-68}$$

5.4　材料参数确定

由本章所介绍的黏塑性本构关系特点可知，不同应变率下模拟曲线的塑性模量是一致的，因而可以根据第 4 章线性各向同性硬化模量的方法确定参数 h。表征材料率效应的相关参数 a, β 可通过不同应变率下的单调拉伸曲线拟合获得。最终根据 SS304 不锈钢在不同应变率下的单调拉伸实验结果（图 5-3），确定的材料参数见表 5-1。

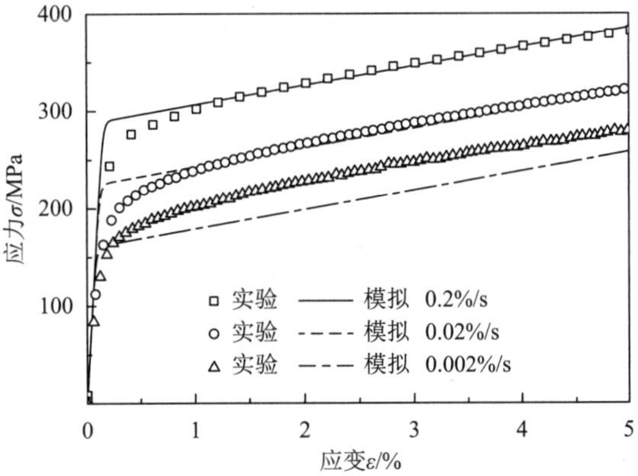

图 5-3　不同应变率下的单调拉伸实验结果与模拟结果的对比

表 5-1　SS304 不锈钢黏塑性模型参数

E	ν	σ_y	h	a	β
192GPa	0.33	90MPa	2001.09MPa	3.16×10^{-6}	0.03572

5.5　单 元 验 证

5.5.1　有限元模型

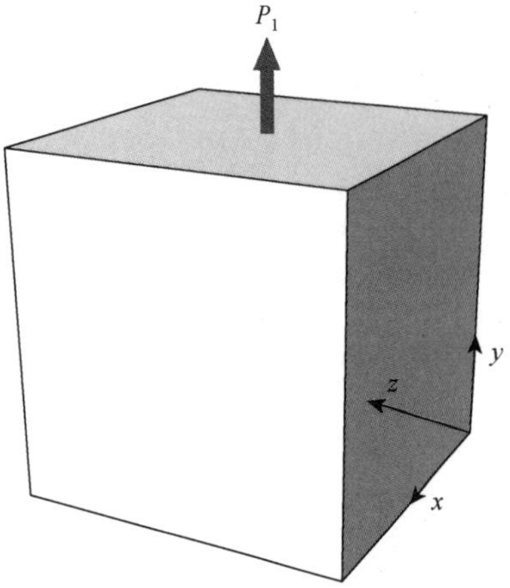

图 5-4　单元验证有限元模型

为了验证所推导一致性切线模量及 UMAT 编写的正确性，采用单个单元进行验证，并探讨不同应变率下的应力应变响应。采用的单元类型为 C3D8，在相交于原点的三个相邻面上施加法向约束，在 y 向自由面上施加位移载荷，如图 5-4 所示。采用表 5-1 所示材料参数，分别对 SS304 不锈钢在不同应变率下的单调拉伸实验进行模拟。

5.5.2　结果分析

通过图 5-3 显示的实验结果与模拟结果对比可知，材料表现出明显的率效应。从单个实验曲线可以看出，黏塑性效应使得弹性阶段与塑性阶段之间平滑连接；随着塑性应变的继续增加，塑性应变呈线性增加；随着应变率的升高，塑性平台越来越高；随着塑性应变的增加，不同应变率下的塑性流动互相平行，这是因为硬化阶段的模量取值相同。由上可知，该模型可以很好地描述 SS304 不锈钢材料的率相关特性，但与较高应变率工况相比，低应变率工况模拟效果较差。因而，不断有学者和工程技术人员根据实际问题修正或建立相应的黏塑性本构关系，从而对工程结构的黏塑性响应作出更精准的描述或预测。

5.5.3　INP 文件模板

5.5.4　材料参数和状态变量声明

表 5-2 为材料参数声明，表 5-3 为状态变量声明。

表 5-2　材料参数声明

参数编号	含义	参数名称	单位	可能取值范围
PROPS（1）	弹性模量	E	MPa	195000～210000
PROPS（2）	泊松比	ν	/	0.1～0.4

续表

参数编号	含义	参数名称	单位	可能取值范围
PROPS（3）	屈服强度	σ_y	MPa	$0\sim\sigma_b$
PROPS（4）	各向同性硬化模量	H	MPa	$0\sim E$
PROPS（5）	双曲正弦系数	a	/	$10^{-9}\sim10^{-3}$
PROPS（6）	双曲正弦系数	β	/	0.01～0.1

表 5-3　状态变量声明

材料参数编号	参数含义	变量名称
STATEV（1）	累积塑性应变	p
STATEV（2）	硬化函数值	R

5.6　应 用 实 例

5.6.1　问题描述

对缺口圆棒单轴拉伸过程进行有限元模拟，材料为 SS304 不锈钢[2]，圆棒直径为 8.02mm，圆形切槽半径为 0.75mm，如图 5-5 所示。

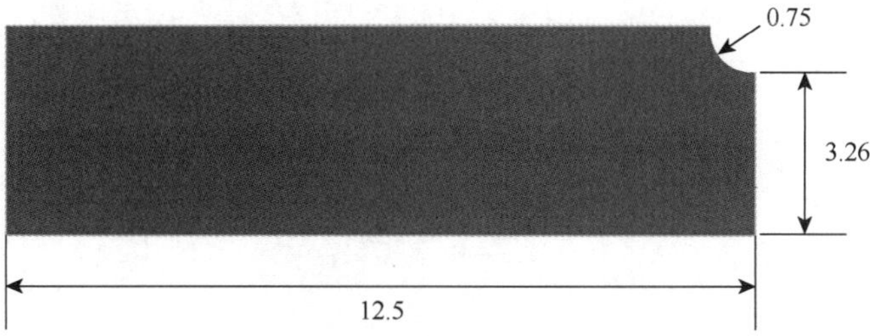

图 5-5　试样 1/4 纵截面尺寸图（单位：mm）

5.6.2　有限元模型

根据图 5-5 所示尺寸建立缺口圆棒单轴拉伸工作段部分的三维有限元模型。采用三维八节点实体单元 C3D8，缺口处单元最小尺寸为 0.1mm，图 5-6 为缺口圆棒拉伸三维有限元模型。

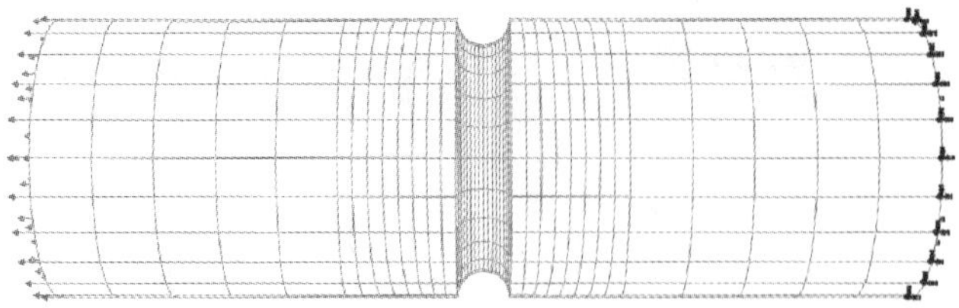

(a) 三维整体有限元模型

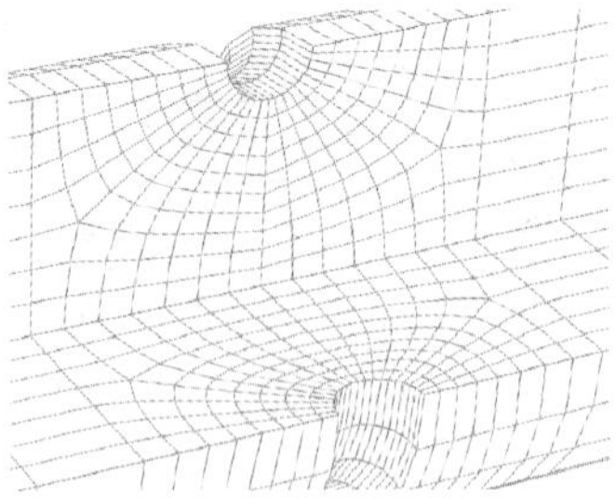

(b) 纵向截面网格划分

图 5-6　缺口圆棒拉伸三维有限元模型

材料参数通过 SS304 不锈钢不同应变率下的实验结果确定，见表 5-1。在圆棒一端施加全约束，另一端则施加沿轴向的位移载荷，其峰值为 1mm，应变率分别为 0.2%，0.02% 和 0.002%，线性加载至峰值，不同应变率通过修改载荷步总时间来实现。

5.6.3　结果分析

图 5-7 和图 5-8 分别显示了不同应变率下的等效应力云图和轴向位移云图。从图中可以看出，不同工况下缺口圆棒的应力场和位移场分布保持一致，表现出缺口处产生应力集中和位移集中。随着应变率的增加，等效应力和轴向应变峰值变大。

图 5-9 为缺口处不同应变率下的轴向应力应变曲线，可以看出，等直圆棒的轴向工程应变应为 0.04，而缺口圆棒应力集中处的最大轴向应变远大于 0.04，且随着应变率的增加而增加。除此之外，随着应变率的增加，塑性硬化平台升高，且由于不同应变率的比值恒定为 10，平台增量保持一致（这是由本章率相关方程形式所决定的）。

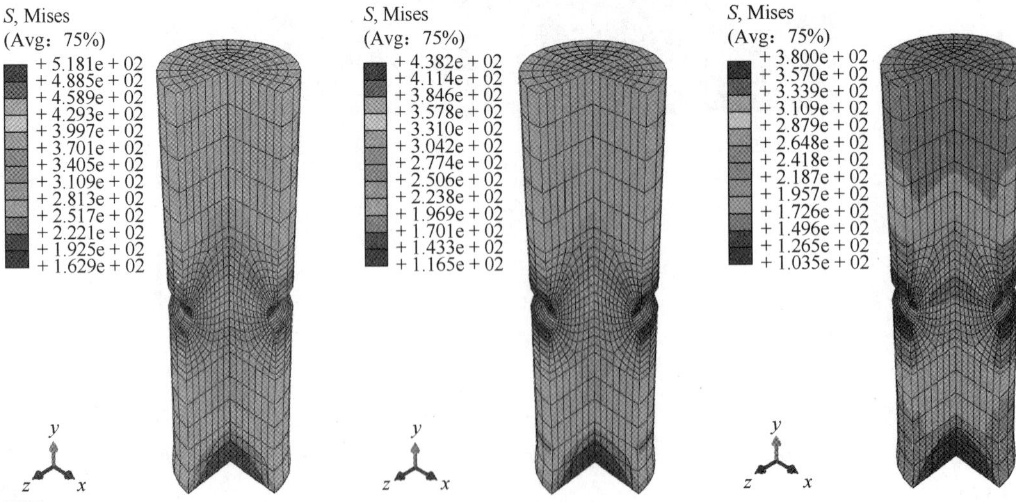

(a) $\dot{\varepsilon}=0.2\%$　　(b) $\dot{\varepsilon}=0.02\%$　　(c) $\dot{\varepsilon}=0.002\%$

扫一扫　看彩图

图 5-7　不同应变率下的等效应力云图

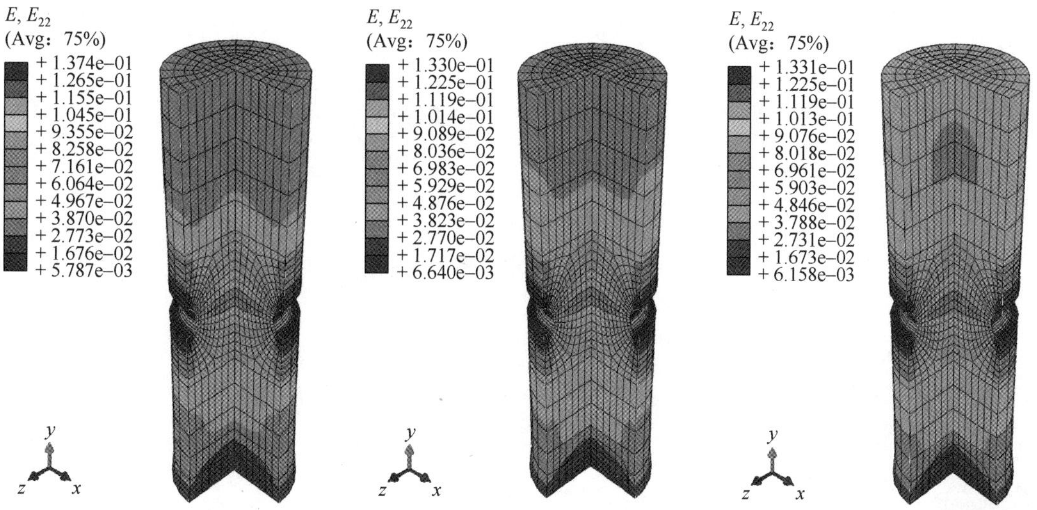

(a) $\dot{\varepsilon}=0.2\%$　　(b) $\dot{\varepsilon}=0.02\%$　　(c) $\dot{\varepsilon}=0.002\%$

图 5-8　不同应变率下的轴向位移云图

扫一扫　看彩图

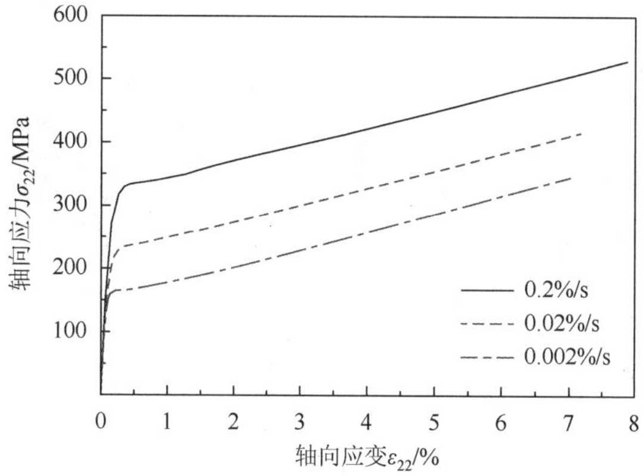

图 5-9　缺口处不同应变率下的轴向应力应变曲线

5.6.4　INP 文件模板

参 考 文 献

[1] Dunne F，Petrinic N. Introduction to Computational Plasticity. Oxford：Oxford University Press on Demand，2005.

[2] 阚前华. 金属材料的时相关棘轮行为及其本构模型研究. 成都：西南交通大学，2006.

第 6 章　超弹性本构关系

6.1　超弹性本构关系简介

本章以 NiTi 形状记忆合金为例介绍超弹性本构关系。与普通合金材料相比，形状记忆合金有许多特殊功能，如形状记忆效应、超弹性（又称伪弹性或拟塑性）、较高的阻尼特性、优越的耐腐蚀性、耐磨性和生物相容性等，在航空航天、生物医学、土木工程等领域获得了广泛应用[1]。

NiTi 形状记忆合金的特殊性能是热弹性马氏体相变的结果，而马氏体相变与环境和约束条件有关[2]。NiTi 形状记忆合金有两种稳定相：立方晶体结构的奥氏体和单斜晶体结构的马氏体。此外，马氏体还存在两种形式：解孪马氏体和孪晶马氏体，如图 6-1 所示。

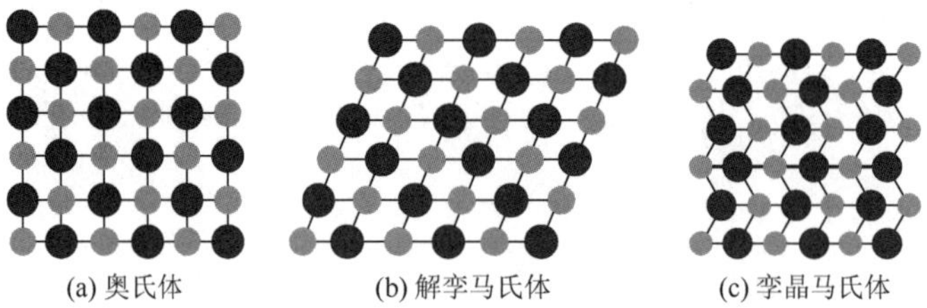

图 6-1　奥氏体和马氏体的晶体结构

形状记忆合金的形状记忆效应和超弹性可由图 6-2 来解释。其中，M_s，M_f，A_s 和 A_f

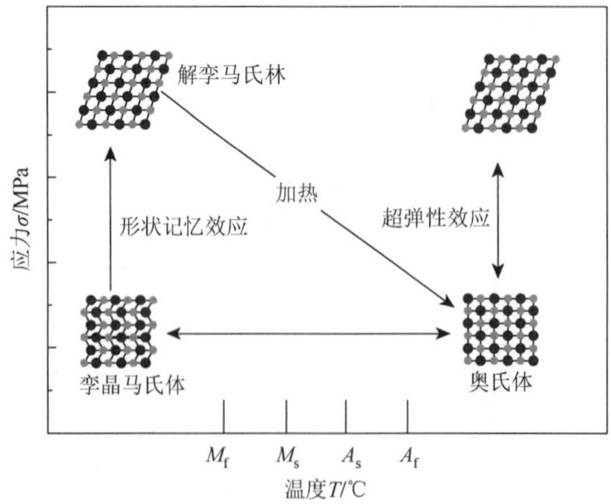

图 6-2　应力-温度空间的形状记忆效应和超弹性示意图

分别为马氏体相变开始温度、马氏体相变结束温度、奥氏体相变开始温度和奥氏体相变结束温度。

当机械载荷施加在低温（$T < A_s$）的孪晶马氏体上时，一旦应力达到马氏体解孪临界应力，孪晶马氏体将逐渐转化为解孪马氏体（马氏体重定向过程），弹性卸载后有很大的残余应变；随后将材料加热到 A_s 之上将发生马氏体向奥氏体的转变，从而导致变形恢复，上述过程称为形状记忆效应。

形状记忆合金的超弹性效应是指在 $T > A_s$ 时对奥氏体相施加机械载荷，当应力达到马氏体向前相变开始应力时，应力将诱发马氏体正相变（即由奥氏体向马氏体转变）；当应力达到马氏体向前相变结束应力时，奥氏体向马氏体的转变结束；此时卸载，一旦应力降低到马氏体逆相变开始应力，马氏体将逐渐向奥氏体转变，并形成一个滞后环[2]。

NiTi 形状记忆合金典型的超弹性拉伸和卸载应力应变曲线如图 6-3 所示。其中，E 为弹性模量（此处假设奥氏体和马氏体的弹性模量相等），σ_s^{AM} 和 σ_s^{MA} 分别为正相变（奥氏体向马氏体转变）和逆相变（马氏体向奥氏体转变）开始应力，σ_f^{AM} 和 σ_f^{MA} 分别为正相变和逆相变结束应力，ε_m 为单轴最大相变应变。

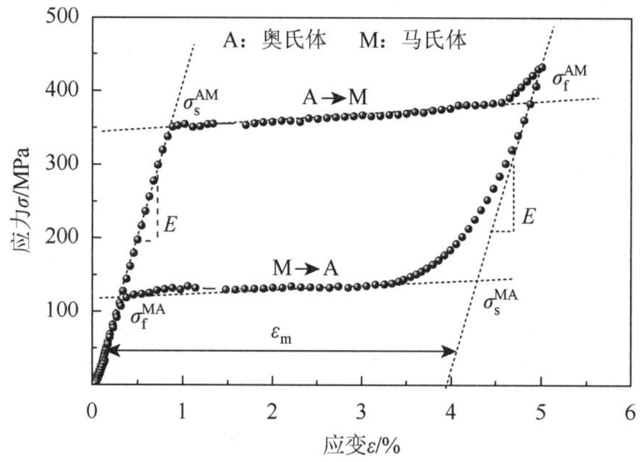

图 6-3　超弹性 NiTi 合金拉伸和卸载应力应变曲线

6.2　本 构 方 程

超弹性本构模型可分为宏观唯象模型和微观机制模型两大类。宏观唯象模型因具有材料参数确定更为直观、便于有限元实现等特点而受到工程技术人员的青睐。本节将基于广义塑性理论建立超弹性 NiTi 合金的本构模型，采用类似于经典弹塑性理论的方法进行有限元实现[3]，便于读者理解和掌握。

6.2.1　弹性本构方程

基于小变形假设，总应变由弹性应变 $\boldsymbol{\varepsilon}^e$ 和应力诱发马氏体相变应变 $\boldsymbol{\varepsilon}^{tr}$ 组成。因此，总应变可写为

$$\boldsymbol{\varepsilon} = \boldsymbol{\varepsilon}^{\mathrm{e}} + \boldsymbol{\varepsilon}^{\mathrm{tr}} \tag{6-1}$$

其中，$\boldsymbol{\varepsilon}^{\mathrm{tr}}$ 为马氏体相变应变，则弹性应力应变关系可表示为

$$\boldsymbol{\sigma} = \boldsymbol{C} : (\boldsymbol{\varepsilon} - \boldsymbol{\varepsilon}^{\mathrm{tr}}) \tag{6-2}$$

其中，$\boldsymbol{C}$ 为弹性张量。实际上马氏体与奥氏体弹性模量会发生变化，因此弹性张量应随着相变过程发生变化，本章为了简化，认为$\boldsymbol{C}$ 在马氏体相变过程中保持不变。

6.2.2 相变应变演化律

与金属材料的塑性屈服面类似，这里引入描述正相变和逆相变的相变函数如下：

$$F_y^{\mathrm{AM}}(\boldsymbol{\sigma}, z) = \sigma_{\mathrm{eq}} - \sigma_{\mathrm{s}}^{\mathrm{AM}}(z) = 0, \quad \text{正相变} \tag{6-3a}$$

$$F_y^{\mathrm{MA}}(\boldsymbol{\sigma}, z) = \sigma_{\mathrm{eq}} - \sigma_{\mathrm{s}}^{\mathrm{MA}}(z) = 0, \quad \text{逆相变} \tag{6-3b}$$

其中，$\sigma_{\mathrm{s}}^{\mathrm{AM}}$ 和 $\sigma_{\mathrm{s}}^{\mathrm{MA}}$ 分别为正相变和逆相变的开始应力；z 为马氏体体积分数。

等效相变应变可定义为

$$\varepsilon_{\mathrm{eq}}^{\mathrm{tr}} = \sqrt{\frac{2}{3}\boldsymbol{\varepsilon}^{\mathrm{tr}} : \boldsymbol{\varepsilon}^{\mathrm{tr}}} \tag{6-4}$$

等效相变应变应满足如下约束条件：

$$\varepsilon_{\mathrm{m}} - \varepsilon_{\mathrm{eq}}^{\mathrm{tr}} \geqslant 0 \tag{6-5}$$

其中，ε_{m} 是单轴拉伸下的最大相变应变，可由单调加卸载下的实验结果确定。

马氏体体积分数可定义如下：

$$z = \varepsilon_{\mathrm{eq}}^{\mathrm{tr}} / \varepsilon_{\mathrm{m}} \tag{6-6}$$

式（6-6）含义为当等效相变应变为零，即相变没有发生时，马氏体体积分数为 $z=0$；随着等效相变应变的增加，马氏体体积分数线性增加，并最终在相变完成时，达到最大值 $z=1$.

假定在应力诱发马氏体正相变及其逆相变过程中，马氏体体积分数与相变应变呈比例关系。因而，相变应变率可通过与塑性理论类似的形式给出：

$$\dot{\boldsymbol{\varepsilon}}^{\mathrm{tr}} = \lambda_{\mathrm{AM}} \frac{\partial F_y^{\mathrm{AM}}(\boldsymbol{\sigma}, z)}{\partial \boldsymbol{\sigma}} = \varepsilon_{\mathrm{m}} \dot{z} \boldsymbol{n}_{\mathrm{AM}}, \quad \dot{z} > 0, \quad \text{正相变} \tag{6-7a}$$

$$\dot{\boldsymbol{\varepsilon}}^{\mathrm{tr}} = \lambda_{\mathrm{MA}} \frac{\partial F_y^{\mathrm{MA}}(\boldsymbol{\sigma}, z)}{\partial \boldsymbol{\sigma}} = \varepsilon_{\mathrm{m}} \dot{z} \boldsymbol{n}_{\mathrm{MA}}, \quad \dot{z} < 0, \quad \text{逆相变} \tag{6-7b}$$

其中，λ_{AM} 和 λ_{MA} 分别为正相变和逆相变的相变乘子（类似于塑性理论中的塑性乘子）；$\boldsymbol{n}_{\mathrm{AM}}$ 和 $\boldsymbol{n}_{\mathrm{MA}}$ 分别为正相变和逆相变的方向张量，可通过相变函数对应力求导获得

$$\boldsymbol{n}_{\mathrm{AM}} = \frac{\partial F_y^{\mathrm{AM}}(\boldsymbol{\sigma}, z)}{\partial \boldsymbol{\sigma}} = \frac{3}{2}\frac{\boldsymbol{s}}{\sigma_{\mathrm{eq}}}, \quad \text{正相变} \tag{6-8a}$$

$$\boldsymbol{n}_{\mathrm{MA}} = \frac{\partial F_y^{\mathrm{MA}}(\boldsymbol{\sigma}, z)}{\partial \boldsymbol{\sigma}} = \frac{3}{2}\frac{\boldsymbol{s}}{\sigma_{\mathrm{eq}}}, \quad \text{逆相变} \tag{6-8b}$$

对屈服面求导可求出马氏体体积分数率 $\dot{z}$ 的表达式：

$$\dot{z}=-\left(\frac{\partial F(\boldsymbol{\sigma},z)}{\partial \boldsymbol{\sigma}}:\dot{\boldsymbol{\sigma}}\right)\Big/\left(\frac{\partial F(\boldsymbol{\sigma},z)}{\partial z}\right) \tag{6-9}$$

结合方程（6-8a）和方程（6-8b），马氏体体积分数率 $\dot{z}$ 可表示为

$$\dot{z}=\frac{\boldsymbol{n}_{\mathrm{AM}}:\dot{\boldsymbol{\sigma}}}{H_{\mathrm{for}}},\quad \dot{z}>0,\quad \text{正相变} \tag{6-10a}$$

$$\dot{z}=\frac{\boldsymbol{n}_{\mathrm{MA}}:\dot{\boldsymbol{\sigma}}}{H_{\mathrm{rev}}},\quad \dot{z}<0,\quad \text{逆相变} \tag{6-10b}$$

其中，H_{for} 和 H_{rev} 分别为正相变和逆相变的硬化函数。

本构模型的加卸载准则描述如下：

$$F_y^{\mathrm{AM}}(\sigma,z)<0\text{且}F_y^{\mathrm{MA}}(\sigma,z)<0\Rightarrow\dot{\lambda}_{\mathrm{AM}}=\dot{\lambda}_{\mathrm{MA}}=0,\quad \text{弹性状态} \tag{6-11a}$$

$$F_y^{\mathrm{AM}}(\sigma,z)=0\text{且}\dot{F}_y^{\mathrm{AM}}(\sigma,z)<0\text{且}F_y^{\mathrm{MA}}(\sigma,z)<0\Rightarrow\dot{\lambda}_{\mathrm{AM}}=0,\quad \text{弹性卸载} \tag{6-11b}$$

$$F_y^{\mathrm{MA}}(\sigma,z)=0\text{且}\dot{F}_y^{\mathrm{MA}}(\sigma,z)<0\text{且}F_y^{\mathrm{AM}}(\sigma,z)<0\Rightarrow\dot{\lambda}_{\mathrm{MA}}=0,\quad \text{弹性重加载} \tag{6-11c}$$

$$F_y^{\mathrm{AM}}(\sigma,z)=0\text{且}\dot{F}_y^{\mathrm{AM}}(\sigma,z)=0\text{且}F_y^{\mathrm{MA}}(\sigma,z)<0\Rightarrow\dot{\lambda}_{\mathrm{AM}}\geqslant 0,\quad \text{正相变} \tag{6-11d}$$

$$F_y^{\mathrm{MA}}(\sigma,z)=0\text{且}\dot{F}_y^{\mathrm{MA}}(\sigma,z)=0\text{且}F_y^{\mathrm{AM}}(\sigma,z)<0\Rightarrow\dot{\lambda}_{\mathrm{AM}}\leqslant 0,\quad \text{逆相变} \tag{6-11e}$$

上述加卸载准则满足 Kuhn-Tucker 补充条件：

$$\dot{z}\geqslant 0,\quad F_y^{\mathrm{AM}}(\sigma,z)\leqslant 0,\quad \dot{z}F_y^{\mathrm{AM}}(\sigma,z)=0,\quad \text{正相变} \tag{6-12a}$$

$$\dot{z}\leqslant 0,\quad F_y^{\mathrm{MA}}(\sigma,z)\leqslant 0,\quad \dot{z}F_y^{\mathrm{MA}}(\sigma,z)=0,\quad \text{逆相变} \tag{6-12b}$$

同时也满足一致性条件：

$$\dot{z}\dot{F}_y^{\mathrm{AM}}(\sigma,z)=0,\quad \text{正相变} \tag{6-13a}$$

$$\dot{z}\dot{F}_y^{\mathrm{MA}}(\sigma,z)=0,\quad \text{逆相变} \tag{6-13b}$$

6.3　有限元实现格式

通过上文叙述的超弹性本构方程，本节将给出有限元计算过程中本构方程的增量形式，推导一致性切线模量。

6.3.1　增量形式的本构方程

首先，定义体积应变为

$$\varepsilon_v=\mathrm{tr}(\boldsymbol{\varepsilon}) \tag{6-14}$$

则偏应变可写作

$$\boldsymbol{e}=\boldsymbol{\varepsilon}-\frac{1}{3}\varepsilon_v\mathbf{1} \tag{6-15}$$

其中，**1** 为单位二阶张量。

总应变增量可写为

$$\Delta\boldsymbol{\varepsilon} = \Delta\boldsymbol{\varepsilon}^{\mathrm{e}} + \Delta\boldsymbol{\varepsilon}^{\mathrm{tr}} \tag{6-16}$$

剪切模量可由弹性模量计算得到

$$G = E / [2(1+\nu)] \tag{6-17}$$

静水压力可由下式计算：

$$p = K\varepsilon_{v} \tag{6-18}$$

偏应力与偏弹性应变的关系为

$$\boldsymbol{s} = 2G\boldsymbol{e}^{\mathrm{e}} \tag{6-19}$$

这里，$\boldsymbol{s} = \boldsymbol{\sigma} - p\mathbf{1}$ 为偏应力。

相变应变被假定与马氏体体积分数呈比例关系，可表示为

$$\Delta\boldsymbol{\varepsilon}^{\mathrm{tr}} = \varepsilon_{\mathrm{m}}\Delta z\boldsymbol{n}^{\mathrm{tr}} \tag{6-20}$$

这里 $\boldsymbol{n}^{\mathrm{tr}} = 1.5\boldsymbol{s} / \sigma_{\mathrm{eq}}$ 为相变演化方向。对于正相变 $\boldsymbol{n}^{\mathrm{tr}} = \boldsymbol{n}_{\mathrm{AM}}$，逆相变 $\boldsymbol{n}^{\mathrm{tr}} = \boldsymbol{n}_{\mathrm{MA}}$。

根据式（6-16），式（6-19）和式（6-20）可得

$$\boldsymbol{s} = 2G(\boldsymbol{e}^{\mathrm{e}}|_{n} + \Delta\boldsymbol{e} - \varepsilon_{\mathrm{m}} z\Delta\boldsymbol{n}^{\mathrm{tr}}) \tag{6-21}$$

当前增量步的偏应变记作：$\hat{\boldsymbol{e}} = \boldsymbol{e}^{\mathrm{e}}|_{n} + \Delta\boldsymbol{e}$，则

$$\boldsymbol{s} = 2G(\hat{\boldsymbol{e}} - \varepsilon_{\mathrm{m}}\Delta z\boldsymbol{n}^{\mathrm{tr}}) \tag{6-22}$$

式（6-22）中 Δz 为马氏体体积分数的增量，可由下式求出：

$$\Delta z = \int_{t_n}^{t} \dot{z}\mathrm{d}t = z - z|_{n} \tag{6-23}$$

将 $\boldsymbol{n}^{\mathrm{tr}} = 1.5\boldsymbol{s} / \sigma_{\mathrm{eq}}$ 代入式（6-22）可得

$$\left(1 + \frac{3G}{\sigma_{\mathrm{eq}}}\varepsilon_{\mathrm{m}}\Delta z\right)\boldsymbol{s} = 2G\hat{\boldsymbol{e}} \tag{6-24}$$

定义 $\overline{e} = \sqrt{\frac{2}{3}\hat{e} : \hat{e}}$，则式（6-24）可改写为

$$\sigma_{\mathrm{eq}} + 3G\varepsilon_{\mathrm{m}}\Delta z = 3G\overline{\boldsymbol{e}} \tag{6-25}$$

由上式可得关于 Δz 的隐式方程如下：

$$3G(\overline{\boldsymbol{e}} - \varepsilon_{\mathrm{m}}\Delta z) - \sigma_{\mathrm{eq}} = 0 \tag{6-26}$$

对上式应用牛顿迭代法求得当前马氏体体积分数增量为

$$c^{\mathrm{tr}} = \frac{3(G\overline{e} - \varepsilon_{\mathrm{m}}\Delta z) - \sigma_{\mathrm{eq}}}{3G\varepsilon_{\mathrm{m}} + H_{\mathrm{tr}}} \tag{6-27}$$

其中，σ_{eq} 与马氏体体积分数 z 相关；$H_{\mathrm{tr}} = \dfrac{\mathrm{d}\sigma_{\mathrm{eq}}(z)}{\mathrm{d}z}$。

在 $k+1$ 个牛顿迭代步中，Δz 可更新为

$$\Delta z = \Delta z|_{k} + c^{\mathrm{tr}} \tag{6-28}$$

当 $|c^{\mathrm{tr}} / \Delta z| <$ 容差限时认为收敛条件满足。

一旦Δz获得，利用式（6-24）对偏应力$\boldsymbol{s}$进行更新，从而相变应变增量可获得如下：

$$\Delta\boldsymbol{\varepsilon}^{\mathrm{tr}} = \Delta z \varepsilon_{\mathrm{m}} \boldsymbol{n}^{\mathrm{tr}} \tag{6-29}$$

更新马氏体体积分数$z = z|_n + \Delta z$。

6.3.2　一致性切线模量推导

在隐式求解中，材料由弹性行为转变为相变或塑性行为时，连续体弹塑性切线模量可能引起伪加载和卸载。为了避免这一难点，这里采用基于本构积分算法的系统线性化算法模量，即一致性切线模量。

接下来推导马氏体正相变及逆相变行为的一致性切线模量。

对式（6-18）和式（6-22）进行线性化可得

$$\mathrm{d}p = K\mathbf{1} : \mathrm{d}\boldsymbol{\varepsilon} \tag{6-30}$$

$$(1 + 3G\Delta z \varepsilon_{\mathrm{m}} / \sigma_{\mathrm{eq}})\mathrm{d}\boldsymbol{s} + 3G(\varepsilon_{\mathrm{m}}\mathrm{d}z - \Delta z \varepsilon_{\mathrm{m}} \mathrm{d}\sigma_{\mathrm{eq}} / \sigma_{\mathrm{eq}})\boldsymbol{s} / \sigma_{\mathrm{eq}} = 2G\mathrm{d}\hat{\boldsymbol{e}} \tag{6-31}$$

$$\mathrm{d}\sigma_{\mathrm{eq}} + 3G\varepsilon_{\mathrm{m}}\mathrm{d}z = 3G\mathrm{d}\overline{e} \tag{6-32}$$

将$\mathrm{d}\sigma_{\mathrm{eq}} = H_{\mathrm{tr}}\mathrm{d}z$代入式（6-32）可得

$$\mathrm{d}z = \mathrm{d}\overline{e} / (\varepsilon_{\mathrm{m}} + H_{\mathrm{tr}} / 3G) \tag{6-33}$$

将$\mathrm{d}\overline{e} = \dfrac{2}{3\overline{e}}\hat{\boldsymbol{e}} : \mathrm{d}\hat{\boldsymbol{e}}$代入式（6-33）可得

$$\mathrm{d}z = \frac{2G}{\overline{e}(3G\varepsilon_{\mathrm{m}} + H_{\mathrm{tr}})}\hat{\boldsymbol{e}} : \mathrm{d}\hat{\boldsymbol{e}} \tag{6-34}$$

将式（6-34）代入式（6-31）整理可得

$$\mathrm{d}\boldsymbol{s} = \left[\frac{2\sigma_{\mathrm{eq}}}{3\overline{e}}\boldsymbol{I} - \frac{(1 - \varepsilon_{\mathrm{m}}\Delta z H_{\mathrm{tr}} / \sigma_{\mathrm{eq}})}{\sigma_{\mathrm{eq}}\overline{e}(1 + 3G\varepsilon_{\mathrm{m}} / H_{\mathrm{tr}})}\boldsymbol{s} \otimes \boldsymbol{s}\right] : \mathrm{d}\hat{\boldsymbol{e}} \tag{6-35}$$

对式（6-15）微分可得

$$\mathrm{d}\hat{\boldsymbol{e}} = \left(\boldsymbol{I} - \frac{1}{3}\mathbf{1} \otimes \mathbf{1}\right) : \mathrm{d}\boldsymbol{\varepsilon} \tag{6-36}$$

其中，$\boldsymbol{I}$为单位四阶张量。

结合$\mathrm{d}\boldsymbol{\sigma} = \mathrm{d}\boldsymbol{s} + \mathrm{d}p\mathbf{1}$并联立式（6-30），式（6-33）和式（6-36）可得正相变和逆相变的一致性切线模量：

$$\frac{\mathrm{d}\sigma}{\mathrm{d}\boldsymbol{\varepsilon}} = \frac{2\sigma_{\mathrm{eq}}}{3\overline{e}}\boldsymbol{I} + \left(K - \frac{2\sigma_{\mathrm{eq}}}{9\overline{e}}\right)(\mathbf{1} \otimes \mathbf{1}) - \frac{1}{\sigma_{\mathrm{eq}}\overline{e}}\frac{(1 - \varepsilon_{\mathrm{m}}\Delta z H_{\mathrm{tr}} / \sigma_{\mathrm{eq}})}{(\varepsilon_{\mathrm{m}} + H_{\mathrm{tr}} / 3G)}(\boldsymbol{s} \otimes \boldsymbol{s}) \tag{6-37}$$

6.4　材料参数确定

根据 23℃下超弹性 NiTi 合金的单轴实验结果可确定表 6-1 所示材料参数。

表 6-1　超弹性 NiTi 合金材料参数

E	ν	ε_m	σ_s^{AM}	σ_f^{AM}	σ_s^{MA}	σ_f^{MA}
41.0GPa	0.33	3.92%	353MPa	381MPa	141MPa	122MPa

6.5　单元验证

6.5.1　有限元模型

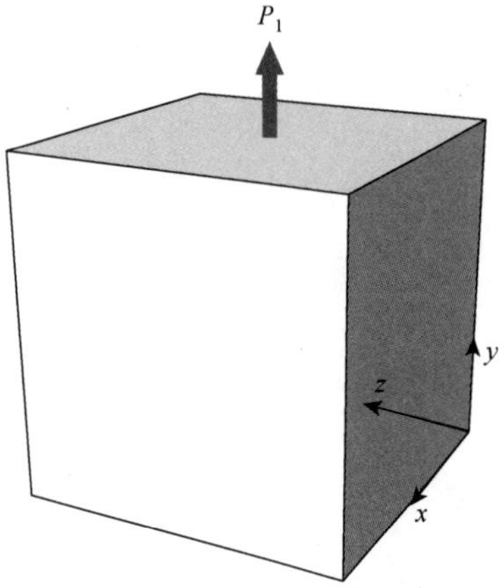

图 6-4　单元有限元模型

为了验证所推导一致性切线模量及 UMAT 编写的正确性，采用单个单元进行验证，单元类型为 C3D8，在相交于原点的三个自由面上施加法向约束，在上表面施加载荷，如图 6-4 所示，材料参数见表 6-1。

6.5.2　结果分析

图 6-5 为加载峰值应力为 440MPa 时模拟和实验的应力应变曲线对比。由图可知，由于加载峰值应力大于正相变结束应力，因而在加载过程中材料由奥氏体完全转化为马氏体，之后发生马氏体弹性变形；由于完全的逆相变发生，卸载时无残余变形。模拟结果与实验结果吻合很好，表明该模型的有限元实现在单个单元计算过程中是正确的。

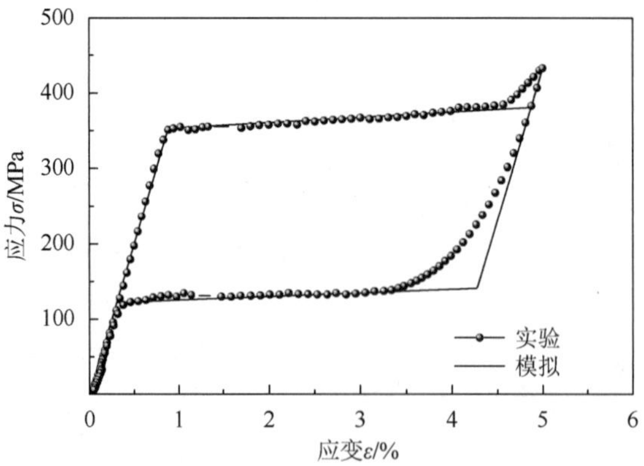

图 6-5　加载峰值应力为 440MPa 时模拟与实验的应力应变曲线对比

6.5.3　UMAT 代码和 INP 文件

6.5.4　材料参数和状态变量声明

UMAT 中的材料参数和状态变量声明分别见表 6-2 和表 6-3，状态变量输出需要在载荷步（Step）输出选项中选取 SDV 输出。

表 6-2　材料参数声明

材料常数编号	参数含义	变量名称	单位	可能取值范围
Props（1）	弹性模量	E	MPa	20000～80000
Props（2）	泊松比	ν	/	0.3～0.33
Props（3）	最大相变应变	ε_{m}	/	0.1～0
Props（4）	体积应变	ε_{v}	/	−0.4%～0
Props（5）	正相变开始马氏体体积分数	z_0	/	0～1
Props（6）	正相变开始应力	$\sigma_{\mathrm{s}}^{\mathrm{AM}}$	MPa	200～800
Props（7）	正相变结束马氏体体积分数	z_1	/	0～1
Props（8）	正相变结束应力	$\sigma_{\mathrm{f}}^{\mathrm{AM}}$	MPa	200～800
Props（9）	逆相变开始马氏体体积分数	z_1	/	0～1
Props（10）	逆相变开始应力	$\sigma_{\mathrm{s}}^{\mathrm{MA}}$	MPa	50～500
Props（11）	逆相变结束马氏体体积分数	z_0	/	0～1
Props（12）	逆相变结束应力	$\sigma_{\mathrm{f}}^{\mathrm{MA}}$	MPa	50～500
Props（13）	未使用，采用默认值			
Props（14）	未使用，采用默认值			
Props（15）	未使用，采用默认值			
Props（16）	未使用，采用默认值			
Props（17）	未使用，采用默认值			

表 6-3　状态变量声明（仅介绍平面应变情形，三维情况分量变为 6 即可）

材料参数编号	参数含义	变量名称
Statev（1～4）	弹性应变 1～4 个分量	$\varepsilon_{11}^{\mathrm{e}}$，$\varepsilon_{22}^{\mathrm{e}}$，$\varepsilon_{33}^{\mathrm{e}}$，$\varepsilon_{12}^{\mathrm{e}}$
Statev（5～8）	相变应变 1～4 个分量	$\varepsilon_{11}^{\mathrm{tr}}$，$\varepsilon_{22}^{\mathrm{tr}}$，$\varepsilon_{33}^{\mathrm{tr}}$，$\varepsilon_{12}^{\mathrm{tr}}$

续表

材料参数编号	参数含义	变量名称
Statev（9）	等效相变应变	ε_{eq}^{tr}
Statev（10）	马氏体体积分数	z
Statev（11）	正相变应力	σ^{AM}
Statev（12）	逆相变应力	σ^{MA}
Statev（13～19）	未使用	

6.6 应用实例

6.6.1 问题描述

为了考察 UMAT 对结构的模拟能力，采用如图 6-6 所示的带孔圆板进行拉伸-卸载模拟。方板边长为 100mm，厚为 40mm，孔径为 40mm，在一端施加固定边界条件，另一端上边缘分别施加均布拉力 200MPa，然后卸载到零，模型示意图见图 6-6。

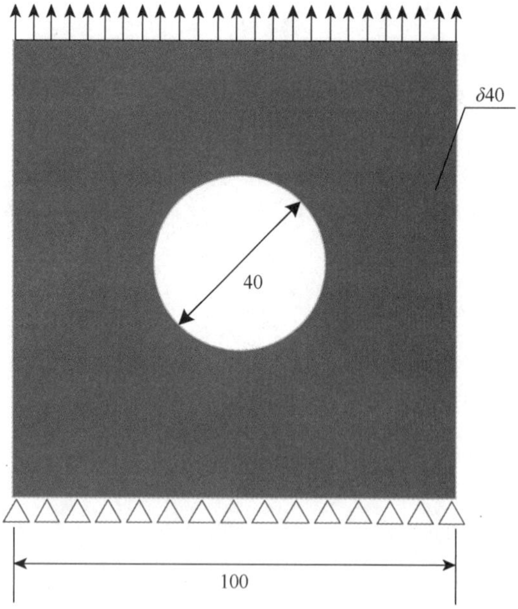

图 6-6　带孔圆板模型示意图（单位：mm）

6.6.2 有限元模型

由于一端固定，在圆孔周围将产生不均匀变形，可观测在不同峰值载荷下结构的变形和本构模型中的内变量分布情况来检验本构模型有限元实现的正确性。模拟中使用的材料参数与表 6-1 相同。采用 C3D8 单元，建立的有限元模型和边界条件如图 6-7 所示。

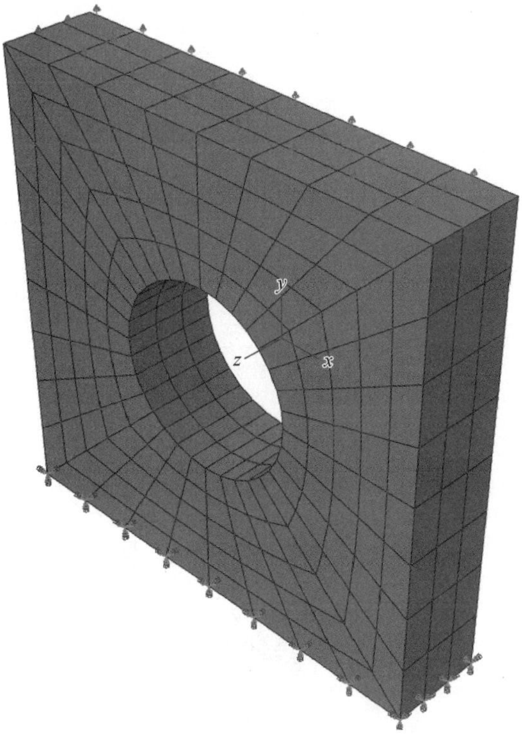

图 6-7 有限元模型和边界条件

6.6.3 结果分析

图 6-8 和图 6-9 分别显示了峰值载荷为 200MPa 时的等效应力分布云图和马氏体体积分数分布云图。从图中 6-8 可以看出，由于应力集中，圆孔两侧区域的 von Mises 等效应力较大，最大等效应力大于向前相变开始应力 353MPa，因而这些区域发生了马氏体相变，马氏体体积分数的分布见图 6-9。

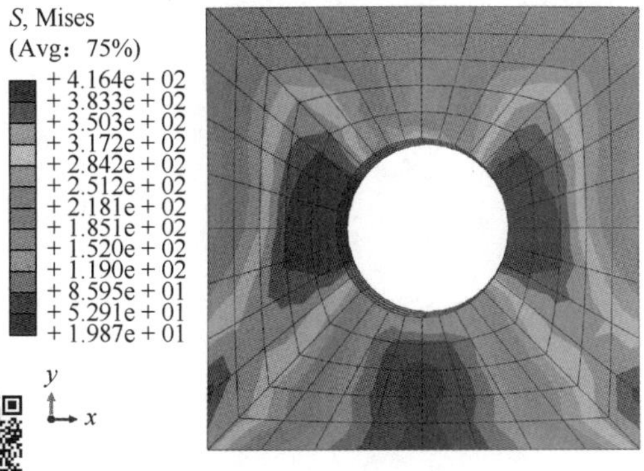

图 6-8 等效应力分布云图

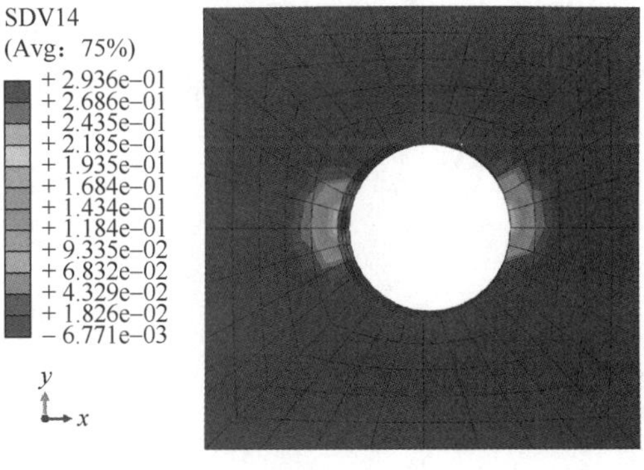

图 6-9 马氏体体积分数分布云图

扫一扫 看彩图

扫一扫 看彩图

图 6-10 显示了圆孔处某节点 y 方向的应力应变曲线。从图中可以看出，在 200MPa 的载荷下，材料体现出明显的超弹性，卸载后应变完全恢复。

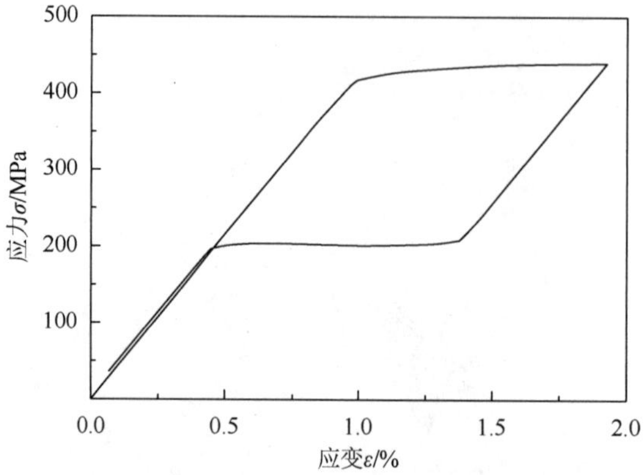

图 6-10　圆孔处某节点 y 方向的应力应变曲线

6.6.4　INP 文件

参 考 文 献

[1] Jani J M，Leary M，Subic A，et al. A review of shape memory alloy research，applications and opportunities. Materials & Design，2014，56（4）：1078-1113.

[2] 杨杰，吴月华. 形状记忆合金及其应用. 北京：中国科技大学出版社，1993.

[3] 阚前华. 超弹性 NiTi 合金本构模型研究及其有限元应用. 成都：西南交通大学，2009.

第 7 章　循环弹塑性本构关系

1966 年，Armstrong 和 Frederick[1]提出了经典的循环弹塑性模型（简称 A-F 模型），该模型可预测平均应力松弛和循环棘轮效应。由于该模型高估了棘轮应变（最大可达数十倍以上），Chaboche[2]、Ohno 和 Wang 等[3]对其进行了拓展，提出了叠加型的 A-F 模型。本章以叠加型的 A-F 模型为例，对循环弹塑性本构关系的本构方程、隐式应力积分、塑性乘子推导、一致性切线模量推导进行介绍，编译了 ABAQUS 的用户子程序 UMAT，并对实现过程进行了单元和结构验证。

7.1　本 构 方 程

7.1.1　应变分解

在小应变范围内，应变张量可以分解为弹性应变张量和塑性应变张量之和：

$$\boldsymbol{\varepsilon} = \boldsymbol{\varepsilon}^{\mathrm{e}} + \boldsymbol{\varepsilon}^{\mathrm{p}} \tag{7-1}$$

其中，$\boldsymbol{\varepsilon}$ 为总应变张量；$\boldsymbol{\varepsilon}^{\mathrm{e}}$ 为弹性应变张量；$\boldsymbol{\varepsilon}^{\mathrm{p}}$ 为塑性应变张量。

根据广义胡克定律，弹性应变关系为

$$\boldsymbol{\sigma} = \boldsymbol{C} : (\boldsymbol{\varepsilon} - \boldsymbol{\varepsilon}^{\mathrm{p}}) \tag{7-2}$$

其中，$\boldsymbol{\sigma}$ 为应变张量；$\boldsymbol{C}$ 是四阶弹性张量。

7.1.2　屈服函数

假定金属材料服从 von Mises 屈服准则，屈服函数可表示为

$$F_y = \sigma_{\mathrm{eq}} - Q \tag{7-3}$$

其中，F_y 为屈服函数；σ_{eq} 为等效应力；Q 为弹性极限应力（其取值比屈服应力要低，从而可以更好地考虑弹性阶段到塑性阶段的光滑过渡）。

根据 von Mises 屈服准则定义如下等效应力：

$$\sigma_{\mathrm{eq}} = \sqrt{1.5(\boldsymbol{s} - \boldsymbol{\alpha}) : (\boldsymbol{s} - \boldsymbol{\alpha})} \tag{7-4}$$

其中，$\boldsymbol{s}$ 为偏应力张量；$\boldsymbol{\alpha}$ 为背应力张量。

7.1.3　流动准则

采用关联流动准则，塑性应变率表示为

$$\dot{\boldsymbol{\varepsilon}}^{\mathrm{p}}=\sqrt{\frac{3}{2}}\lambda\frac{\boldsymbol{s}-\boldsymbol{\alpha}}{\|\boldsymbol{s}-\boldsymbol{\alpha}\|} \tag{7-5}$$

其中，$\dot{\boldsymbol{\varepsilon}}^{\mathrm{p}}$ 为塑性应变率；λ 为塑性乘子，可通过下式计算：

$$\lambda=\dot{p}=\sqrt{\frac{2}{3}\dot{\boldsymbol{\varepsilon}}^{\mathrm{p}}:\dot{\boldsymbol{\varepsilon}}^{\mathrm{p}}} \tag{7-6}$$

7.1.4 硬化准则

采用随动硬化准则，背应力 $\boldsymbol{\alpha}$ 为若干个随动硬化律的叠加：

$$\boldsymbol{\alpha}=\sum_{k=1}^{M}\boldsymbol{\alpha}_k \tag{7-7}$$

其中，M 为可以叠加的随动硬化律的数量，背应力的率形式为

$$\dot{\boldsymbol{\alpha}}_k=\frac{2}{3}C_k\dot{\boldsymbol{\varepsilon}}^{\mathrm{p}}-r_k\boldsymbol{\alpha}_k\dot{p} \tag{7-8}$$

其中，C_k 和 r_k（$k=1,2,\cdots,M$）为材料参数。

7.2 有限元实现格式

7.2.1 本构方程离散

采用向后欧拉法对本构方程进行离散，在从第 n 到第（$n+1$）步的时间间隔内，有如下的表达式：

$$\boldsymbol{\varepsilon}_{n+1}=\boldsymbol{\varepsilon}_{n+1}^{\mathrm{e}}+\boldsymbol{\varepsilon}_{n+1}^{\mathrm{p}} \tag{7-9}$$

$$\boldsymbol{\varepsilon}_{n+1}^{\mathrm{p}}=\boldsymbol{\varepsilon}_{n}^{\mathrm{p}}+\Delta\boldsymbol{\varepsilon}_{n+1}^{\mathrm{p}} \tag{7-10}$$

$$\boldsymbol{\sigma}_{n+1}=\boldsymbol{C}:(\boldsymbol{\varepsilon}_{n+1}-\boldsymbol{\varepsilon}_{n+1}^{\mathrm{p}}) \tag{7-11}$$

$$\Delta\boldsymbol{\varepsilon}_{n+1}^{\mathrm{p}}=\sqrt{\frac{3}{2}}\Delta p_{n+1}\boldsymbol{n}_{n+1} \tag{7-12}$$

$$\boldsymbol{n}_{n+1}=\sqrt{\frac{3}{2}}\frac{\boldsymbol{s}_{n+1}-\boldsymbol{\alpha}_{n+1}}{Q_{n+1}} \tag{7-13}$$

屈服面可离散为

$$F_{y(n+1)}=\sqrt{1.5(\boldsymbol{s}_{n+1}-\boldsymbol{\alpha}_{n+1}):(\boldsymbol{s}_{n+1}-\boldsymbol{\alpha}_{n+1})}-Q_{n+1} \tag{7-14}$$

对随动硬化律进行离散可得

$$\boldsymbol{\alpha}_{n+1}^{(k)}=\boldsymbol{\alpha}_{n}^{(k)}+\frac{2}{3}C_k\Delta\boldsymbol{\varepsilon}_{n+1}^{\mathrm{p}}-r_k\boldsymbol{\alpha}_{n+1}^{(k)}\Delta p_{n+1} \tag{7-15}$$

7.2.2 塑性乘子推导

1. 弹性预测

采用弹性预测，塑性矫正的回退-映射算法，首先计算试应变：

$$\boldsymbol{\varepsilon}_{n+1}^{\text{trial}} = \boldsymbol{\varepsilon}_{n+1} - \boldsymbol{\varepsilon}_n^{\text{p}} \tag{7-16}$$

试应力可通过弹性应力应变关系计算：

$$\boldsymbol{\sigma}_{n+1}^{\text{trial}} = \boldsymbol{C} : (\boldsymbol{\varepsilon}_{n+1} - \boldsymbol{\varepsilon}_n^{\text{p}}) \tag{7-17}$$

对试应力状态，屈服条件为

$$F_{y(n+1)}^{\text{trial}} = \sqrt{1.5(\boldsymbol{s}_{n+1}^{\text{trial}} - \boldsymbol{\alpha}_n) : (\boldsymbol{s}_{n+1}^{\text{trial}} - \boldsymbol{\alpha}_n)} - Q_n \tag{7-18}$$

其中，试偏应力 $\boldsymbol{s}_{n+1}^{\text{trial}} = \boldsymbol{\sigma}_{n+1}^{\text{trial}} - \dfrac{1}{3}\text{tr}(\boldsymbol{\sigma}_{n+1}^{\text{trial}})\mathbf{1}$。若 $F_{y(n+1)}^{\text{trial}}$ 小于 0，则为弹性；若 $F_{y(n+1)}^{\text{trial}}$ 大于 0，则为塑性。

2. 塑性矫正

由式（7-9）～式（7-11）可得

$$\boldsymbol{\sigma}_{n+1} = \boldsymbol{\sigma}_{n+1}^{\text{trial}} - \boldsymbol{C} : \Delta\boldsymbol{\varepsilon}_{n+1}^{\text{p}} \tag{7-19}$$

其中，$\boldsymbol{C} : \Delta\boldsymbol{\varepsilon}_{n+1}^{\text{p}}$ 为塑性矫正因子，只要求得 $\Delta\boldsymbol{\varepsilon}_{n+1}^{\text{p}}$，即可求得 $\boldsymbol{\sigma}_{n+1}$。在各向同性弹性、小变形和关联流动塑性假设下，可将上述问题退化为一个非线性标量方程进行求解。

易知式（7-19）的偏量形式为

$$\boldsymbol{s}_{n+1} = \boldsymbol{s}_{n+1}^{\text{trial}} - 2G\Delta\boldsymbol{\varepsilon}_{n+1}^{\text{p}} \tag{7-20}$$

由此可得

$$\boldsymbol{s}_{n+1} - \boldsymbol{\alpha}_{n+1} = \boldsymbol{s}_{n+1}^{\text{trial}} - 2G\Delta\boldsymbol{\varepsilon}_{n+1}^{\text{p}} - \boldsymbol{\alpha}_{n+1} \tag{7-21}$$

由背应力演化方程（7-15）可得

$$\boldsymbol{\alpha}_{n+1}^{(k)} = \theta_{n+1}^{(k)}\left(\boldsymbol{\alpha}_n^{(k)} + \frac{2}{3}C_k\Delta\boldsymbol{\varepsilon}_{n+1}^{\text{p}}\right) \tag{7-22}$$

其中，$\theta_{n+1}^{(k)} = \dfrac{1}{1 + r_k\Delta p_{n+1}}$。

将式（7-12）、式（7-13）代入式（7-20）、式（7-21）消去 $\Delta\boldsymbol{\varepsilon}_{n+1}^{\text{p}}$ 可得

$$\boldsymbol{s}_{n+1} - \boldsymbol{\alpha}_{n+1} = \frac{Q_{n+1}\left(\boldsymbol{s}_{n+1}^{\text{trial}} - \sum_{k=1}^{M}\theta_{n+1}^{(k)}\boldsymbol{\alpha}_n^{(k)}\right)}{Q_{n+1} + (3G + \theta_{n+1}^{(k)}C_k)\Delta p_{n+1}} \tag{7-23}$$

再将上式代入式（7-13），可得

$$\sqrt{\frac{2}{3}}\left[Q_{n+1} + \left(3G + \sum_{k=1}^{M}\theta_{n+1}^{(k)}C_k\right)\Delta p_{n+1}\right]\boldsymbol{n}_{n+1} = \left(\boldsymbol{s}_{n+1}^{\text{trial}} - \sum_{k=1}^{M}\theta_{n+1}^{(k)}\boldsymbol{\alpha}_n^{k}\right) \tag{7-24}$$

对两边进行取模，有

$$\sqrt{\frac{2}{3}}\left[Q_{n+1} + \left(3G + \sum_{k=1}^{M}\theta_{n+1}^{(k)}C_k\right)\Delta p_{n+1}\right]\|\boldsymbol{n}_{n+1}\| = \left\|\boldsymbol{s}_{n+1}^{\text{trial}} - \sum_{k=1}^{M}\theta_{n+1}^{(k)}\boldsymbol{\alpha}_n^{k}\right\| \tag{7-25}$$

又因为 $\boldsymbol{n}_{n+1} : \boldsymbol{n}_{n+1} = 1$，则

$$\sqrt{\frac{2}{3}}\left[Q_{n+1} + \left(3G + \sum_{k=1}^{M}\theta_{n+1}^{(k)}C_k\right)\Delta p_{n+1}\right] = \left\|\boldsymbol{s}_{n+1}^{\text{trial}} - \sum_{k=1}^{M}\theta_{n+1}^{(k)}C_k\boldsymbol{\alpha}_n^{(k)}\right\| \tag{7-26}$$

进而有

$$\Delta p_{n+1}=\frac{\sqrt{\frac{3}{2}\left(\boldsymbol{s}_{n+1}^{\text{trial}}-\sum_{k=1}^{M}\theta_{n+1}^{(k)}\boldsymbol{\alpha}_{n}^{(k)}\right):\left(\boldsymbol{s}_{n+1}^{\text{trial}}-\sum_{k=1}^{M}\theta_{n+1}^{(k)}\boldsymbol{\alpha}_{n}^{(k)}\right)}-Q_{n+1}}{3G+\frac{3}{2}\sum_{k=1}^{M}\theta_{n+1}^{(k)}C_{k}} \tag{7-27}$$

求解出 Δp_{n+1} 后，进行应力应变的更新即可。

7.2.3 一致性切线刚度模量推导

根据上述过程，已经获得塑性乘子 Δp_{n+1}，但在 ABAQUS 中编写 UMAT 时，还需要提供用于全局迭代的一致性切线模量，用于对应变增量进行更新，其具体推导过程如下。

首先对离散的本构方程微分，有

$$\mathrm{d}\Delta\boldsymbol{\sigma}_{n+1}=\boldsymbol{C}:(\mathrm{d}\Delta\boldsymbol{\varepsilon}_{n+1}-\mathrm{d}\Delta\boldsymbol{\varepsilon}_{n+1}^{\mathrm{p}}) \tag{7-28}$$

$$\mathrm{d}\Delta\boldsymbol{\varepsilon}_{n+1}^{\mathrm{p}}=\sqrt{\frac{2}{3}}(\mathrm{d}\Delta p_{n+1}\boldsymbol{n}_{n+1}+\Delta p_{n+1}\mathrm{d}\boldsymbol{n}_{n+1}) \tag{7-29}$$

$$\mathrm{d}\boldsymbol{n}_{n+1}=\sqrt{\frac{2}{3}}\frac{\mathrm{d}\boldsymbol{s}_{n+1}-\mathrm{d}\boldsymbol{\alpha}_{n+1}}{Q_{n+1}}-\frac{\boldsymbol{n}_{n+1}}{Q_{n+1}}\left(\frac{\mathrm{d}Q_{n+1}}{\mathrm{d}p}\right)_{n+1}\mathrm{d}\Delta p_{n+1}=\sqrt{\frac{2}{3}}\frac{\mathrm{d}\boldsymbol{s}_{n+1}-\mathrm{d}\boldsymbol{\alpha}_{n+1}}{Q_{n+1}} \tag{7-30}$$

$$\boldsymbol{n}_{n+1}:\mathrm{d}\boldsymbol{n}_{n+1}=0 \tag{7-31}$$

进而有

$$\mathrm{d}\Delta p_{n+1}=\sqrt{\frac{2}{3}}(\mathrm{d}\boldsymbol{n}_{n+1}:\Delta\boldsymbol{\varepsilon}_{n+1}^{\mathrm{p}}+\boldsymbol{n}_{n+1}:\mathrm{d}\Delta\boldsymbol{\varepsilon}_{n+1}^{\mathrm{p}})=\sqrt{\frac{2}{3}}\boldsymbol{n}_{n+1}:\mathrm{d}\Delta\boldsymbol{\varepsilon}_{n+1}^{\mathrm{p}} \tag{7-32}$$

$$\mathrm{d}\Delta\boldsymbol{\varepsilon}_{n+1}^{\mathrm{p}}=\left[1-\frac{\Delta p_{n+1}}{Q_{n+1}}\left(\frac{\mathrm{d}Q_{n+1}}{\mathrm{d}p}\right)_{n+1}\right]\boldsymbol{n}_{n+1}\otimes\boldsymbol{n}_{n+1}:\mathrm{d}\Delta\boldsymbol{\varepsilon}_{n+1}^{\mathrm{p}}+\frac{3}{2}\frac{\Delta p_{n+1}}{Q_{n+1}}(\mathrm{d}\boldsymbol{s}_{n+1}-\mathrm{d}\boldsymbol{\alpha}_{n+1}) \tag{7-33}$$

$$\mathrm{d}\boldsymbol{\alpha}_{n+1}^{(k)}=\frac{2}{3}(\mathrm{d}\Delta\boldsymbol{\varepsilon}_{n+1}^{\mathrm{p}}-r_k\mathrm{d}\boldsymbol{\alpha}_{n+1}^{(k)}\Delta p_{n+1}-r_k\boldsymbol{\alpha}_{n}^{(k)}\mathrm{d}\Delta p_{n+1}) \tag{7-34}$$

将各变量代入并整理，有

$$\mathrm{d}\boldsymbol{\alpha}_{n+1}=\sum_{k=1}^{M}\boldsymbol{H}_{n+1}^{(k)}:\mathrm{d}\Delta\boldsymbol{\varepsilon}_{n+1}^{\mathrm{p}} \tag{7-35}$$

$$\mathrm{d}\boldsymbol{s}_{n+1}=\mathrm{d}\boldsymbol{s}_{n+1}^{\text{trial}}-2G\mathrm{d}\Delta\boldsymbol{\varepsilon}_{n+1}^{\mathrm{p}}=2G(\boldsymbol{I}_{\mathrm{d}}:\mathrm{d}\boldsymbol{\varepsilon}_{n+1}-\mathrm{d}\Delta\boldsymbol{\varepsilon}_{n+1}^{\mathrm{p}}) \tag{7-36}$$

其中，$\boldsymbol{H}_{n+1}^{(k)}=\theta_{n+1}^{(k)}\left[\frac{2}{3}\left(\boldsymbol{I}-\sqrt{\frac{2}{3}}\zeta_k\boldsymbol{\alpha}_{n+1}^{(k)}\otimes\boldsymbol{n}_{n+1}\right)\right]$；$\boldsymbol{s}_{n+1}^{\text{trial}}=\boldsymbol{\sigma}_{n+1}^{\text{trial}}-\frac{1}{3}\mathrm{tr}(\boldsymbol{\sigma}_{n+1}^{\text{trial}})\boldsymbol{1}$；$\boldsymbol{I}_{\mathrm{d}}$ 为四阶偏量运算张量，其表达式为 $\boldsymbol{I}_{\mathrm{d}}=\boldsymbol{I}-\frac{1}{3}\boldsymbol{1}\otimes\boldsymbol{1}$。

将各式子代入式（7-33）并化简，则有

$$\boldsymbol{L}_{n+1}:\mathrm{d}\Delta\boldsymbol{\varepsilon}_{n+1}^{\mathrm{p}}=2G\boldsymbol{I}:\mathrm{d}\Delta\boldsymbol{\varepsilon}_{n+1} \tag{7-37}$$

其中，$\boldsymbol{L}_{n+1}=2G\boldsymbol{I}+\sum_{k=1}^{M}\boldsymbol{H}_{n+1}^{(k)}+\frac{2}{3}\frac{Q_{n+1}}{\Delta p_{n+1}}(\boldsymbol{I}-\boldsymbol{n}_{n+1}\otimes\boldsymbol{n}_{n+1})$。

综上推导，其一致性切线模量可表述如下：

$$\frac{\mathrm{d}\Delta\boldsymbol{\sigma}_{n+1}}{\mathrm{d}\Delta\boldsymbol{\varepsilon}_{n+1}}=\boldsymbol{C}-4G^2\boldsymbol{L}_{n+1}^{-1}:\boldsymbol{I}_{\mathrm{d}} \tag{7-38}$$

7.3　材料参数确定

以 U78CrV 钢轨材料为例介绍材料参数的确定方法：图 7-1（a）为 U78CrV 的单拉实验曲线。根据该曲线，首先对弹性段进行拟合确定弹性模量和弹性极限应力，其结果如图 7-1（b）所示。进一步将塑性应变提取出来，如图 7-1（c）所示，然后根据式（7-39）确定随动硬化参数（为简化计算，仅取三项 A-F 随动硬化律进行叠加）。最终，确定的材料参数见表 7-1。

$$\begin{cases} r_k=\dfrac{1}{\varepsilon_k^{\mathrm{p}}} \\ C_k=\left(\dfrac{\sigma_k-\sigma_{k-1}}{\varepsilon_k^{\mathrm{p}}-\varepsilon_{k-1}^{\mathrm{p}}}-\dfrac{\sigma_{k+1}-\sigma_k}{\varepsilon_{k+1}^{\mathrm{p}}-\varepsilon_k^{\mathrm{p}}}\right) \end{cases} \tag{7-39}$$

其中，r_k 和 C_k 为材料参数；σ_k 为第 k 次取点对应的应力值；$\varepsilon_k^{\mathrm{p}}$ 为第 k 次取点对应的塑性应变。

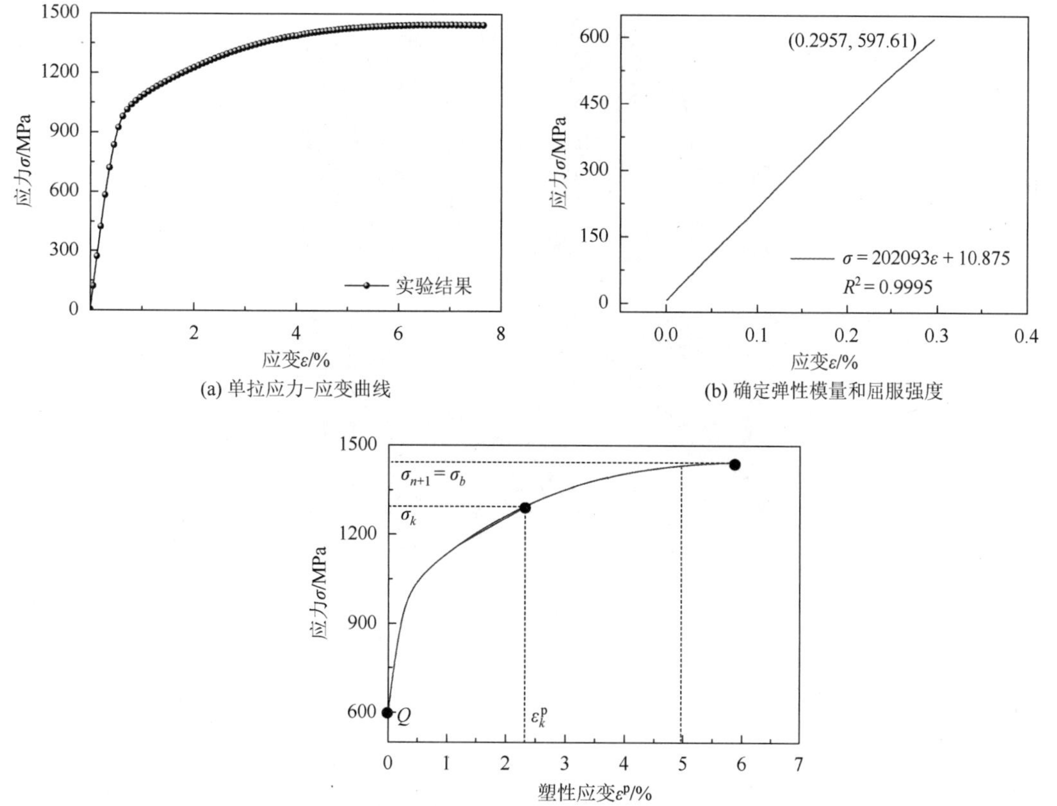

(a) 单拉应力-应变曲线　　(b) 确定弹性模量和屈服强度

(c) 背应力参数确定

图 7-1　材料参数确定方法

表 7-1　材料参数

参数	E/GPa	ν	Q_0 /MPa	C_1 /MPa	C_2 /MPa	C_3 /MPa	r_1	r_2	r_3
数值	202	0.3	597.6	437696.3	10810.5	16262.7	420.7	135.3	322.3

7.4　单 元 验 证

7.4.1　有限元模型

为了验证所推导一致性切线模量及 UMAT 编写的正确性，采用表 7-1 确定的材料参数对 U78CrV 的单调拉伸实验进行模拟。

如图 7-2 所示，建立 1mm×1mm×1mm 单元验证有限元模型，进行单调拉伸模拟（最大应变为 6%）、应变控制循环模拟（应变幅为±0.8%）和应力控制循环模拟［平均应力±应力幅为（200±900）MPa］，以验证 UMAT 在单个单元模拟中的正确性。

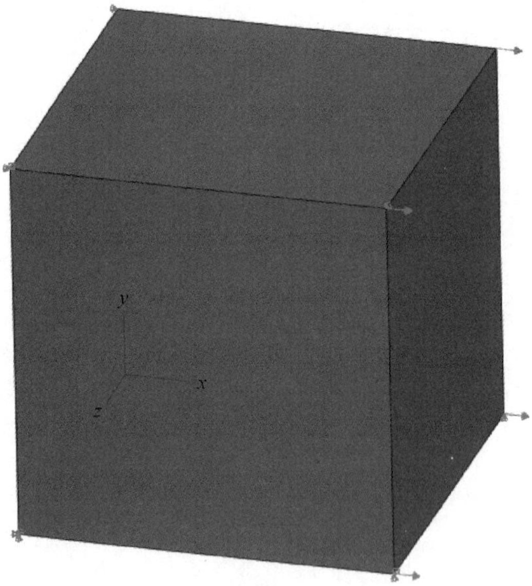

图 7-2　单元验证有限元模型

7.4.2　结果分析

图 7-3 显示了不同工况下模拟结果和实验结果的对比。可以发现，模拟的单调拉伸应力应变曲线与实验结果吻合较好，但应变控制循环和应力控制循环的模拟结果与实验结果

略有差异，主要体现在应变控制时其模拟的应力偏高，应力控制时棘轮应变增加速度过快且棘轮应变过大。这是由于 A-F 类叠加性随动硬化律过高预测了棘轮应变。预提高预测精度，需要采用更多的背应力分量和改进的 A-F 类叠加性随动硬化律，可参考最新文献结合本例的 UMAT 进行改进。

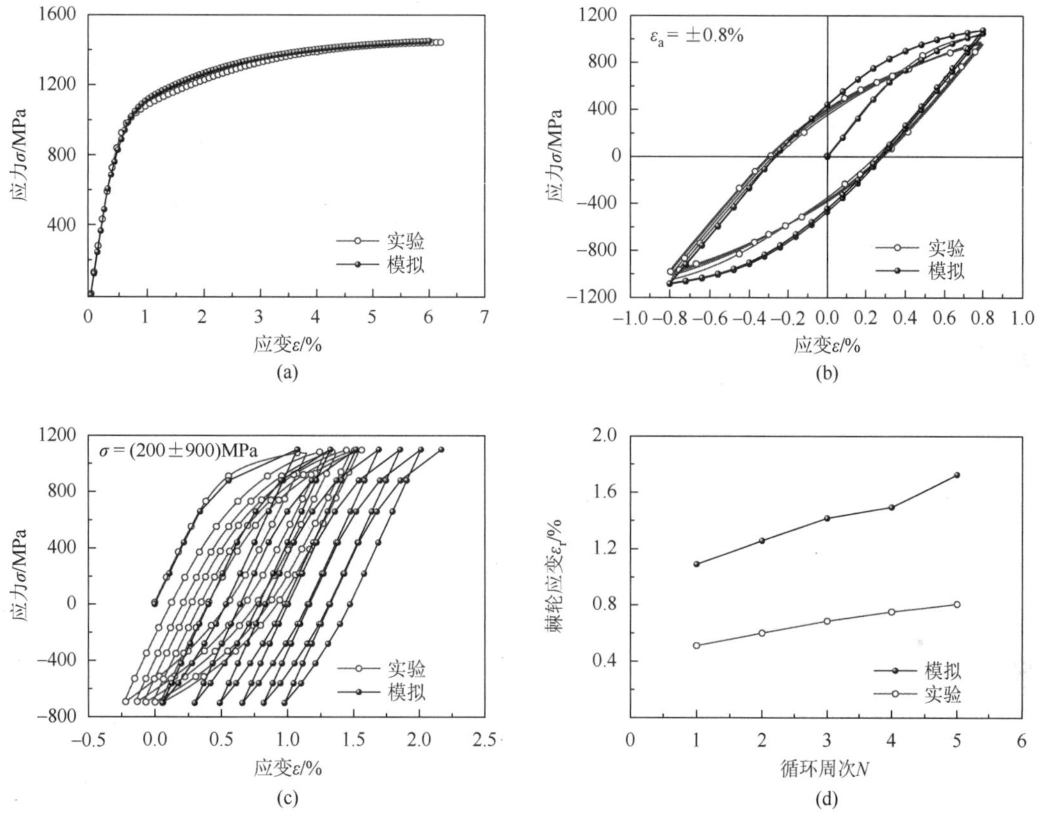

图 7-3　模拟结果与实验结果的对比

7.4.3　UMAT 代码和 INP 文件

7.4.4　材料参数和状态变量声明

UMAT 中的材料参数和状态变量声明分别见表 7-2 和表 7-3，状态变量输出需要在 Step 中选取 SDV 输出。

表 7-2　材料参数声明

材料常数名称	参数含义	变量名称	单位	可能取值范围
yg	弹性模量	E	MPa	100000～210000
pn	泊松比	ν	/	0.3～0.33
sy	弹性极限应力	Q_0	MPa	0～2000
mah	背应力分项个数	M	/	1～24
zi（1～3）	背应力参数	$\alpha^{(1)}$、$\alpha^{(2)}$、$\alpha^{(3)}$	/	0～1
ri（1～3）	背应力参数	r_k	MPa	/

表 7-3　状态变量声明（针对三维情形，二维情形只有 4 个分量）

材料参数编号	参数含义	变量名称
Statev（1）	累积塑性应变	p
Statev（2～7）	塑性应变 1～6 个分量	$\varepsilon_{11}^{\mathrm{p}}$，$\varepsilon_{22}^{\mathrm{p}}$，$\varepsilon_{33}^{\mathrm{p}}$，$\varepsilon_{12}^{\mathrm{p}}$，$\varepsilon_{13}^{\mathrm{p}}$，$\varepsilon_{23}^{\mathrm{p}}$
Statev（8～17）	18 个背应力分量（3 项背应力，每个背应力有 6 个分量）	$\boldsymbol{\alpha}^{(k)}(k=1,2,\cdots,M)$

7.5　薄壁圆管多轴循环变形有限元分析

7.5.1　有限元模型

以薄壁圆筒拉扭组合加载为例，进一步验证 UMAT 模拟多轴加载路径下循环变形的能力。有限元模型如图 7-4 所示，长度 $L=30\text{mm}$，外径 $D=16\text{mm}$，内径 $d=13\text{mm}$。薄壁圆筒为轴对称结构，将薄壁圆筒简化为二维轴对称模型，单元类型为 CAX4。圆筒底端固定 x 向位移以外所有自由度，将轴力和扭矩施加在圆筒一端的耦合点上。然后修改生成的 INP 文件，将单元类型修改为 4 节点广义轴对称单元（CGAX4，该单元拥有绕轴线的转动自由度）。

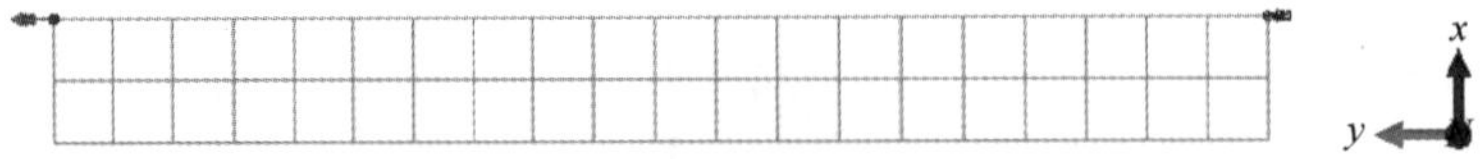

图 7-4　薄壁圆筒轴对称有限元模型

考虑两个典型非比例加载路径：矩形路径加载［图 7-5（a）］和蝶形路径加载［图 7-5（b）］，进行静态分析。加载方式为：将上下两端分别耦合到两个参考点，固定下端参考点，然后把轴向应力和等效剪应力按式（7-40）换算为响应的集中力 F 和集中力偶 T 施加到上端耦合点即可

$$\sigma=\frac{4F}{\pi(D^2-d^2)} \tag{7-40a}$$

$$\sqrt{3}\tau = \frac{16\sqrt{3}T}{\pi(D^2 - d^2)(D + d)} \tag{7-40b}$$

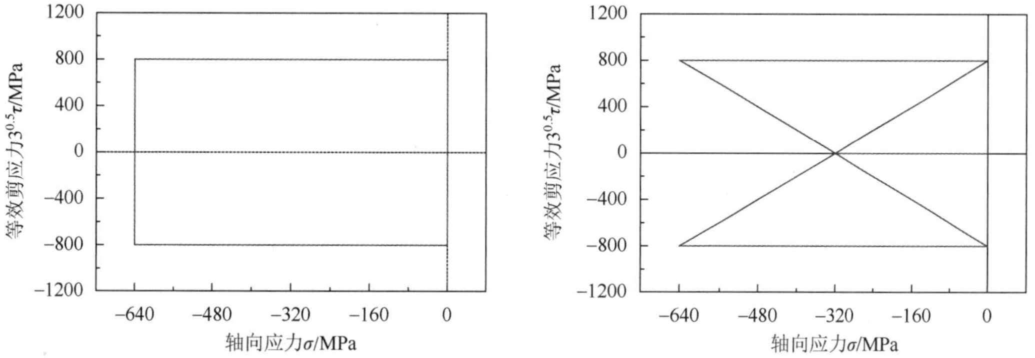

(a) 矩形　　(b) 蝶形

图 7-5　多轴加载路径

计算完成后，轴向应变和等效剪应变可通过式（7-41）计算：

$$\varepsilon = \frac{L - L_0}{L_0} \tag{7-41a}$$

$$\gamma / \sqrt{3} = \frac{(D + d)\theta}{4\sqrt{3}L_0} \tag{7-41b}$$

其中，θ 为转角，单位为弧度。

7.5.2　结果分析

1. 矩形加载路径实验和模拟结果

首先提取了不同循环周次下的轴向和扭转方向的塑性应变云图，如图 7-6 所示，可以

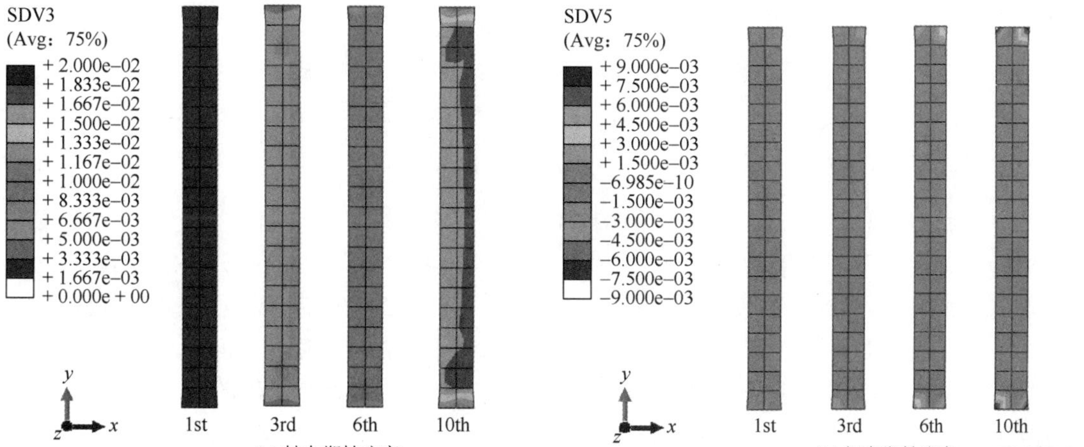

(a) 轴向塑性应变　　(b) 扭向塑性应变

图 7-6　不同循环周次下的塑性应变云图

扫一扫　看彩图

清楚地看到轴向塑性应变随着循环周次的增加不断累积，扭向塑性应变变化不大，这是由于轴向的平均应力不为零，棘轮行为主要发生在轴向。

分别提取轴向应力-等效剪应力曲线、轴向应变-等效剪应变曲线、轴向应变-轴向应力曲线、等效切应变-等效剪应力曲线，并与实验结果进行对比，如图 7-7 所示。从结果来看，虽然模拟结果较之实验结果误差偏大，但是应力应变曲线趋势大致相同，说明该模型可以较好地模拟应力应变变化趋势和规律。

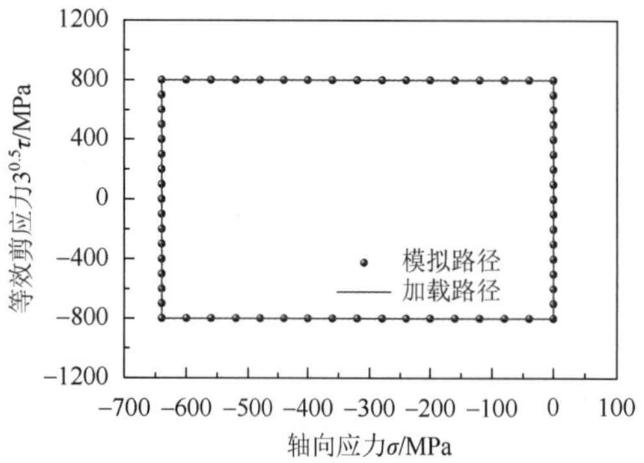

(a) 轴向应力-等效剪应力曲线

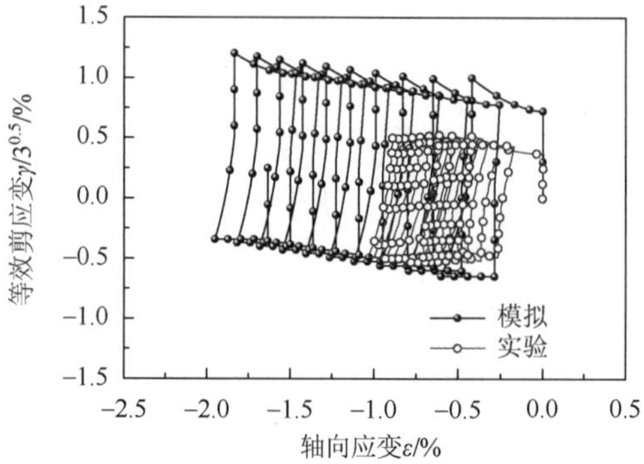

(b) 轴向应变-等效剪应变曲线

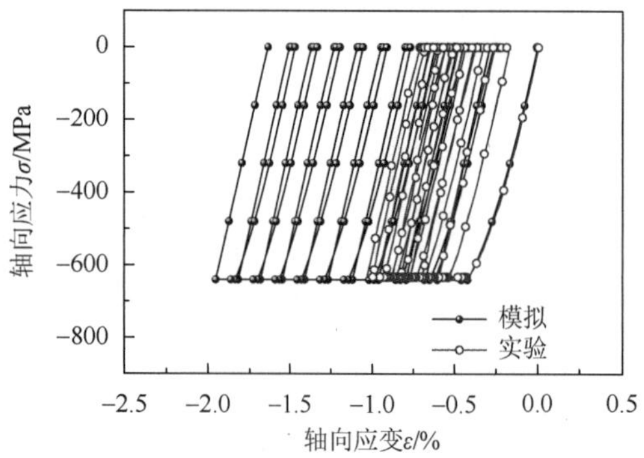

(c) 轴向应变-轴向应力曲线

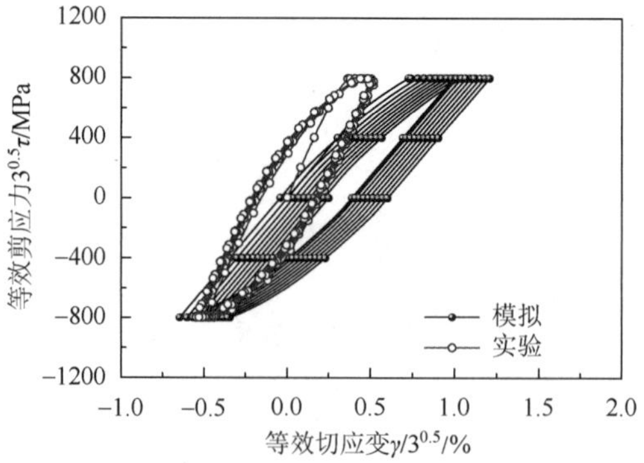

(d) 等效切应变-等效剪应力曲线

图 7-7　矩形加载路径下实验和模拟结果对比

2. 蝶形加载结果

与矩形加载类似，蝶形加载不同循环周次下的塑性应变云图如图 7-8 所示，可以看出塑性应变在轴向不断累积。轴向应力-等效剪应力曲线、轴向应变-等效剪应变曲线、轴向应变-轴向应力曲线、等效剪应变-等效剪应力曲线，并与实验对比，如图 7-9 所示。同样的，由于之前对模型的简化，模拟结果略微偏大，且棘轮增长略快，但是总体来看，各应力应变趋势与实验结果基本一致，说明 UMAT 在一定程度上是正确的，其精度可以根据所确定的材料参数及完整模型加以提高。

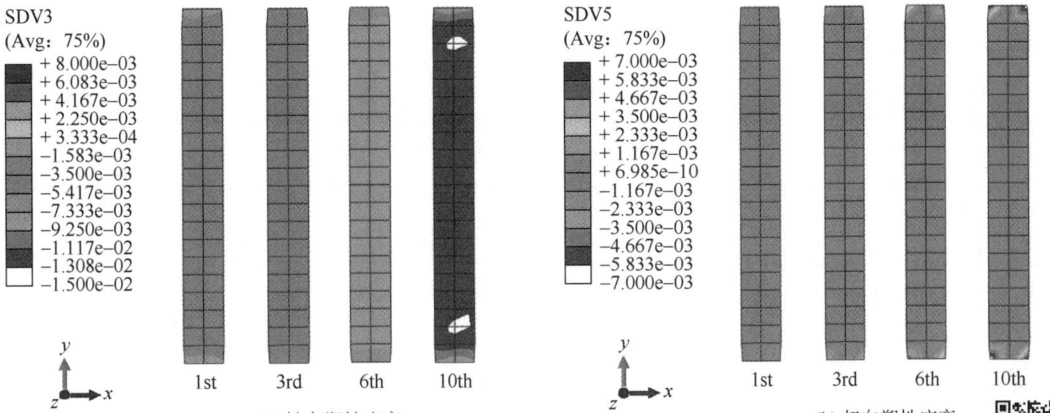

(a) 轴向塑性应变　　(b) 扭向塑性应变

图 7-8　不同循环周次下的塑性应变云图

扫一扫　看彩图

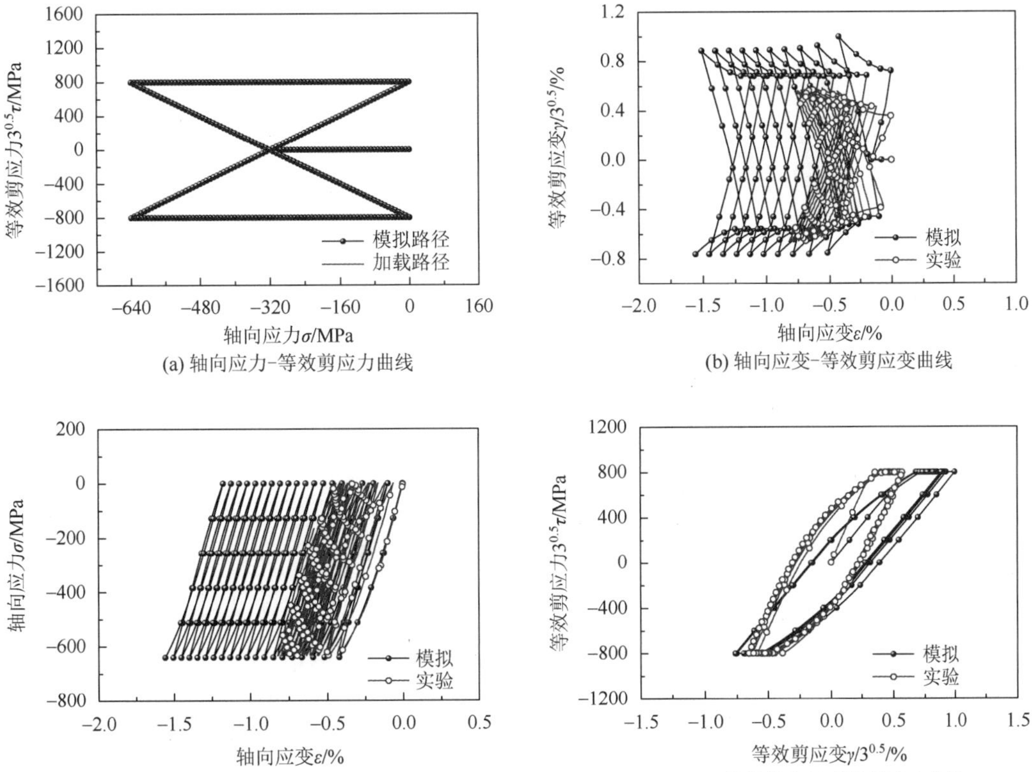

(a) 轴向应力-等效剪应力曲线　　(b) 轴向应变-等效剪应变曲线

(c) 轴向应变-轴向应力曲线　　(d) 等效剪应变-等效剪应力曲线

图 7-9　蝶形加载路径下实验和模拟结果对比

7.5.3　INP 文件

参 考 文 献

[1] Frederick C O，Armstrong P J. A Mathematical Representation of the Multiaxial Bauscinger Effect. Materials at High Temperatures，1998，24（1）：1-26.

[2] Chaboche J L. Time-independent constitutive theories for cyclic plasticity. International Journal of Plasticity，1986，2（2）：149-188.

[3] Ohno N，Wang J D. Kinematic hardening rules with critical state of dynamic recovery，part II：Application to experiments of ratchetting behavior. International Journal of Plasticity，1993，9（3）：391-403.

第 8 章　循环黏塑性本构关系

第 7 章介绍了循环弹塑性本构关系，通过模拟结果与实验结果的对比可以发现，该本构模型可以较好地反映循环变形规律。然而，对于一些材料，如 304 不锈钢，在室温和高温情况下均能观察到明显的时间相关棘轮行为[1]，蠕变和塑性应变的交互作用不容忽视，尤其是蠕变变形占主导作用的高温情况下，循环弹塑性本构模型不能较好地揭示其应力应变响应。因此，需要在统一黏塑性框架下选用合适的随动硬化律和静力恢复项/热恢复项来体现棘轮变形的时间相关性。本章基于统一黏塑性框架，在 Abdel-Karim-Ohno 随动硬化律[2]基础上，通过在背应力的演化中引入静力恢复项/热恢复项来考虑低应力率及应力保持期间的背应力恢复，建立了一个能描述在不同温度、多种循环加载工况下的时间相关棘轮行为的统一黏塑性本构模型。

8.1　循环黏塑性本构关系简介

1. 主控方程

在统一黏塑性框架下，本构模型的主控方程可表述如下：

$$\boldsymbol{\varepsilon} = \boldsymbol{\varepsilon}^{\mathrm{e}} + \boldsymbol{\varepsilon}^{\mathrm{in}} + \boldsymbol{\varepsilon}^{\mathrm{T}} \tag{8-1}$$

$$\boldsymbol{\varepsilon}^{\mathrm{e}} = \boldsymbol{C}^{-1}\boldsymbol{\sigma} \tag{8-2}$$

$$\dot{\boldsymbol{\varepsilon}}^{\mathrm{T}} = \boldsymbol{c}\dot{T}\mathbf{1} \tag{8-3}$$

$$\dot{\boldsymbol{\varepsilon}}^{\mathrm{in}} = \sqrt{\frac{3}{2}}\left\langle \frac{F_y}{K} \right\rangle^n \frac{\boldsymbol{s}-\boldsymbol{\alpha}}{\|\boldsymbol{s}-\boldsymbol{\alpha}\|} \tag{8-4}$$

$$F_y = \sqrt{1.5(\boldsymbol{s}-\boldsymbol{\alpha}):(\boldsymbol{s}-\boldsymbol{\alpha})} - Q \tag{8-5}$$

其中，$\boldsymbol{\varepsilon}$、$\boldsymbol{\varepsilon}^{\mathrm{e}}$ 和 $\boldsymbol{\varepsilon}^{\mathrm{in}}$ 分别为总应变张量、弹性应变张量和非弹性应变张量；$\dot{\boldsymbol{\varepsilon}}^{\mathrm{in}}$ 为非弹性应变率张量；$\dot{\boldsymbol{\varepsilon}}^{\mathrm{T}}$ 为热应变率张量；$\boldsymbol{C}$ 为弹性矩阵；K 和 n 为表征材料黏性的材料常数；$\boldsymbol{c}$ 为各向同性热胀系数；$\boldsymbol{s} = \boldsymbol{\sigma} - \frac{1}{3}\mathrm{tr}(\boldsymbol{\sigma})\mathbf{1}$ 为偏应力张量；$\boldsymbol{\alpha}$ 为偏背应力张量；Q 为各向同性变形抗力；$\langle\ \rangle$ 为 McCauley 括号，其含义为：当 $x \leqslant 0$ 时，$\langle x \rangle = 0$；当 $x > 0$ 时，$\langle x \rangle = x$。

2. 随动硬化律

在 Abdel-Karim-Ohno 随动硬化律上，在背应力演化中引入能反映静力恢复和热恢复的附加项，以反映应力保持期间的静力恢复和高温下的热恢复，其具体表达式为

$$\boldsymbol{\alpha} = \sum_{k=1}^{M} r^{(k)} \boldsymbol{b}^{(k)} \tag{8-6}$$

其中，$\boldsymbol{\alpha}$ 是总背应力，它被分成 M 个分量，表示为 $\boldsymbol{\alpha}^{(k)}$（$k=1,2,\cdots,M$），且临界面为

$$f^{(k)}=\bar{\alpha}^{(k)2}-r^{(k)2}=0 \tag{8-7}$$

其中，$\bar{\alpha}^{(k)}=\left(\frac{3}{2}\boldsymbol{\alpha}^{(k)}:\boldsymbol{\alpha}^{(k)}\right)^{1/2}$ 为等效背应力；$r^{(k)}$ 为临界面半径。

背应力演化方程为

$$\dot{\boldsymbol{b}}^{(k)}=\frac{2}{3}\zeta^{(k)}\dot{\boldsymbol{\varepsilon}}^{\text{in}}-\zeta^{(k)}\left[\mu^{(k)}\dot{p}+H(f^{(k)})\left\langle\dot{\boldsymbol{\varepsilon}}^{\text{in}}:\frac{\boldsymbol{\alpha}^{(k)}}{\bar{\alpha}^{(k)}}-\mu^{(k)}\dot{p}\right\rangle\right]\boldsymbol{b}^{(k)}-\chi^{(k)}(\bar{\alpha}^{(k)})^{m^{(k)}-1}\boldsymbol{b}^{(k)} \tag{8-8}$$

式（8-8）右边最后一项为幂律形式的背应力静态恢复项或热恢复项[1]。$\zeta^{(k)}$、$r^{(k)}$、$\chi^{(k)}$ 和 $m^{(k)}$ 都是与温度相关的材料参数，并认为 $\chi^{(k)}$ 和 $m^{(k)}$ 在背应力演化过程中维持不变；其中，$\dot{p}=\left(\frac{2}{3}\dot{\boldsymbol{\varepsilon}}^{\text{in}}:\dot{\boldsymbol{\varepsilon}}^{\text{in}}\right)^{1/2}$ 为累积塑性应变率；$\mu^{(k)}$ 为棘轮参数，为与温度相关的材料参数，并认为所有背应力分量中的 $\mu^{(k)}$ 相等，即 $\mu^{(k)}=\mu$，其值可由单轴棘轮实验通过试错法得到。

3. 各向同性硬化律

SS304 不锈钢为循环硬化材料，因此，将循环硬化都归结于各向同性硬化，采用如下的各向同性硬化演化律来描述：

$$\dot{Q}=\gamma(Q_{\text{sa}}-Q)\dot{p}+\frac{\partial Q}{\partial T}\dot{T} \tag{8-9}$$

其中，Q_{sa} 为某一特定加载路径下的饱和各向同性变形抗力；γ 为与温度相关的材料参数。各向同性变形抗力 Q 的演化由 γ 进行控制，在等温状态下，$\dot{T}=0$。

8.2 有限元实现格式

8.2.1 本构方程离散

由于实验仅在室温和 973K 等温条件下进行，因此 $\dot{T}=0$，温度应变率 $\dot{\boldsymbol{\varepsilon}}^{\text{T}}=0$。首先采用向后欧拉法对本构方程进行离散，在从第 n 到第（$n+1$）步的时间间隔内，有如下的表达式：

$$\boldsymbol{\varepsilon}_{n+1}=\boldsymbol{\varepsilon}_{n+1}^{\text{e}}+\boldsymbol{\varepsilon}_{n+1}^{\text{in}} \tag{8-10}$$

$$\boldsymbol{\varepsilon}_{n+1}^{\text{in}}=\boldsymbol{\varepsilon}_{n}^{\text{in}}+\Delta\boldsymbol{\varepsilon}_{n+1}^{\text{in}} \tag{8-11}$$

$$\boldsymbol{\sigma}_{n+1}=\boldsymbol{C}:(\boldsymbol{\varepsilon}_{n+1}-\boldsymbol{\varepsilon}_{n+1}^{\text{in}}) \tag{8-12}$$

$$\Delta\boldsymbol{\varepsilon}_{n+1}^{\text{in}}=\sqrt{\frac{3}{2}}\Delta p_{n+1}\boldsymbol{n}_{n+1} \tag{8-13}$$

$$\boldsymbol{n}_{n+1}=\frac{\boldsymbol{s}_{n+1}-\boldsymbol{\alpha}_{n+1}}{\|\boldsymbol{s}_{n+1}-\boldsymbol{\alpha}_{n+1}\|} \tag{8-14}$$

$$\Delta p_{n+1}=\left\langle\frac{F_{y(n+1)}}{K}\right\rangle^{n}\Delta t_{n+1} \tag{8-15}$$

其中，$\Delta t_{n+1}=t_{n+1}-t_n$。

$$F_{y(n+1)}=\sqrt{1.5(\boldsymbol{s}_{n+1}-\boldsymbol{\alpha}_{n+1}):(\boldsymbol{s}_{n+1}-\boldsymbol{\alpha}_{n+1})}-Q_{n+1} \tag{8-16}$$

对各向同性硬化方程进行离散可得

$$\Delta Q_{n+1}=\gamma(Q_{\text{sa}}-Q_n)\Delta p_{n+1} \tag{8-17}$$

对随动硬化演化律引入静力恢复项，并采用 Kang 等提出的方法对累积塑性应变增量进行简化，最后，背应力演化方程表述如下：

$$\boldsymbol{\alpha}_{n+1}=\sum_{k=1}^{M}r^{(k)}\boldsymbol{b}_{n+1}^{(k)} \tag{8-18}$$

$$\boldsymbol{b}_{n+1}^{(k)}=\boldsymbol{b}_n^{(k)}+\frac{2}{3}\zeta^{(k)}\Delta\boldsymbol{\varepsilon}_{n+1}^{\text{in}}-\zeta^{(k)}\Delta p_{n+1}^{(k)}\boldsymbol{b}_{n+1}^{(k)}-\chi^{(k)}(r^{(k)}\overline{b}_{n+1}^{(k)})^{m-1}\boldsymbol{b}_{n+1}^{(k)} \tag{8-19}$$

$$\Delta p_{n+1}^{(k)}=[\mu^{(k)}+H(f^{(k)})(1-\mu^{(k)})]\Delta p_{n+1} \tag{8-20}$$

8.2.2　隐式应力积分方法

假设在 t_n 时刻，$\boldsymbol{\sigma}_n$、$\boldsymbol{\varepsilon}_n$、$\boldsymbol{\varepsilon}_n^{\text{in}}$、$\boldsymbol{\alpha}_n$ 等变量都已经求解得到，$\Delta\boldsymbol{\varepsilon}_{n+1}$ 和 Δt_{n+1} 都已给定，那么满足离散方程的 $\Delta\boldsymbol{\sigma}_{n+1}$ 就可以通过弹性预测-塑性校正的方法求得。因此，首先假设给定的应变增量 $\Delta\boldsymbol{\varepsilon}_{n+1}$ 全部为弹性应变，则可以求得在 t_{n+1} 的试弹性应力为

$$\boldsymbol{\sigma}_{n+1}^{\text{trial}}=\boldsymbol{C}:(\boldsymbol{\varepsilon}_{n+1}-\boldsymbol{\varepsilon}_n^{\text{in}}) \tag{8-21}$$

此时，屈服准则可以写为

$$F_{y(n+1)}^{\text{trial}}=\sqrt{1.5(\boldsymbol{s}_{n+1}^{\text{trial}}-\boldsymbol{\alpha}_n):(\boldsymbol{s}_{n+1}^{\text{trial}}-\boldsymbol{\alpha}_n)}-Q_n \tag{8-22}$$

其中，$\boldsymbol{s}_{n+1}^{\text{trial}}=\boldsymbol{\sigma}_{n+1}^{\text{trial}}-\frac{1}{3}\text{tr}(\boldsymbol{\sigma}_{n+1}^{\text{trial}})\mathbf{1}$。若 $F_{y(n+1)}^{\text{trial}}<0$，则认为在给定的应变增量下材料还没有达到屈服，则试应力 $\boldsymbol{\sigma}_{n+1}^{\text{trial}}$ 可接受为 $\boldsymbol{\sigma}_{n+1}$。此应变增量下的计算结束。

若 $F_{y(n+1)}^{\text{trial}}>0$，则认为已经达到屈服，$\boldsymbol{\sigma}_{n+1}^{\text{trial}}$ 不能被接受为 $\boldsymbol{\sigma}_{n+1}$。那么式（8-12）可以被写为

$$\boldsymbol{\sigma}_{n+1}=\boldsymbol{C}:(\boldsymbol{\varepsilon}_{n+1}-\boldsymbol{\varepsilon}_{n+1}^{\text{in}})=\boldsymbol{C}:(\boldsymbol{\varepsilon}_{n+1}-\boldsymbol{\varepsilon}_n-\Delta\boldsymbol{\varepsilon}_{n+1}^{\text{in}}) \tag{8-23}$$

把式（8-23）代入式（8-21）得

$$\boldsymbol{\sigma}_{n+1}=\boldsymbol{\sigma}_{n+1}^{\text{trial}}-\boldsymbol{C}:\Delta\boldsymbol{\varepsilon}_{n+1}^{\text{in}} \tag{8-24}$$

其中，$\boldsymbol{C}:\Delta\boldsymbol{\varepsilon}_{n+1}^{\text{in}}$ 被称为塑性校正项。

从式（8-24）可以看到，只要求得 $\Delta\boldsymbol{\varepsilon}_{n+1}^{\text{in}}$ 即易得 $\boldsymbol{\sigma}_{n+1}$。对于采用应变加分解和关联流动准则的各向同性弹性体，上述问题可归结为求解一个非线性标量方程。根据材料各向同性和塑性不可压缩的假设，式（8-24）右边第二项的偏量等于 $2G\Delta\boldsymbol{\varepsilon}_{n+1}^{\text{in}}$，则式（8-24）的偏量表达式可写为

$$\boldsymbol{s}_{n+1}=\boldsymbol{s}_{n+1}^{\text{trial}}-2G\Delta\boldsymbol{\varepsilon}_{n+1}^{\text{in}} \tag{8-25}$$

由式（8-18）和式（8-25）可得到

$$\boldsymbol{s}_{n+1}-\boldsymbol{\alpha}_{n+1}=\boldsymbol{s}_{n+1}^{\text{trial}}-2G\Delta\boldsymbol{\varepsilon}_{n+1}^{\text{in}}-\sum_{k=1}^{M}r^{(k)}\boldsymbol{b}_{n+1}^{(k)} \tag{8-26}$$

式（8-26）可写成如下形式：

$$\boldsymbol{b}_{n+1}^{(k)} = \theta_{n+1}^{(k)}\left(\boldsymbol{b}_n^{(k)} + \frac{2}{3}\zeta^{(k)}\Delta\boldsymbol{\varepsilon}_{n+1}^{\text{in}}\right) \tag{8-27}$$

其中，$\theta_{n+1}^{(k)} = \dfrac{1}{1+\zeta^{(k)}\Delta p_{n+1}^{(k)} + \chi^{(k)}(r^{(k)}\overline{b}_{n+1}^{(k)})^{m-1}}$，$\Delta p_{n+1}^{(k)} = p_{n+1}^{(k)} - p_n^{(k)}$。

Kobayashi 等[3]已经证明式（8-27）中的$\theta_{n+1}^{(k)}$比$\Delta p_{n+1}^{(k)}$更适合采用径向回退映射法。

因此，将采用图 8-1 所示的径向回退映射法求解背应力分量$\boldsymbol{b}_{n+1}^{(k)}$。首先，将预测背应力分量的$\boldsymbol{b}_{n+1}^{*(k)}$定义为

$$\boldsymbol{b}_{n+1}^{*(k)} = \boldsymbol{b}_n^{(k)} + \frac{2}{3}\zeta^{(k)}\Delta\boldsymbol{\varepsilon}_{n+1}^{\text{in}} \tag{8-28}$$

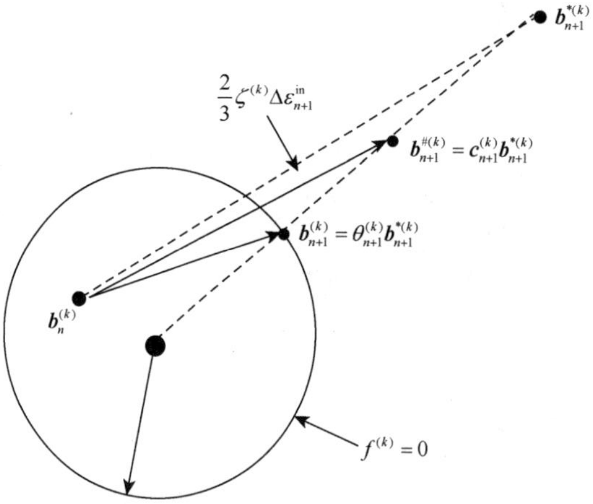

图 8-1　径向回退映射法求解背应力示意图

先忽略临界面$f^{(k)}=0$，可得试背应力$\boldsymbol{b}_{n+1}^{\#(k)}$：

$$\boldsymbol{b}_{n+1}^{\#(k)} = c_{n+1}^{(k)}\left(\boldsymbol{b}_n^{(k)} + \frac{2}{3}\zeta^{(k)}\Delta\boldsymbol{\varepsilon}_{n+1}^{\text{in}}\right) = \boldsymbol{c}_{n+1}^{(k)}\boldsymbol{b}_{n+1}^{*(k)} \tag{8-29}$$

其中，$c_{n+1}^{(k)} = \dfrac{1}{1+\mu^{(k)}\zeta^{(k)}\Delta p_{n+1} + \chi^{(k)}(r^{(k)}\overline{b}_{n+1}^{(k)})^{m-1}}$。

若$\boldsymbol{b}_{n+1}^{\#(k)}$位于临界面以内，即$f_{n+1}^{\#(k)} = \overline{b}_{n+1}^{\#(k)} - 1 \leqslant 0\left[\overline{b}_{n+1}^{\#(k)} = \left(\dfrac{3}{2}\boldsymbol{b}_{n+1}^{\#(k)} : \boldsymbol{b}_{n+1}^{\#(k)}\right)^{\frac{1}{2}}\right]$，则$\boldsymbol{b}_{n+1}^{\#(k)}$被接受为$\boldsymbol{b}_{n+1}^{(k)}$，否则$\boldsymbol{b}_{n+1}^{\#(k)}$将沿临界面径向映射到临界面上以求得$\boldsymbol{b}_{n+1}^{(k)}$。因此有

$$\boldsymbol{b}_{n+1}^{(k)} = \hat{\theta}_{n+1}^{(k)}\boldsymbol{b}_{n+1}^{\#(k)} \tag{8-30}$$

$$\hat{\theta}_{n+1}^{(k)} = 1 + H(f_{n+1}^{\#(k)})(\overline{b}_{n+1}^{\#(k)-1} - 1) \tag{8-31}$$

若$\boldsymbol{b}_{n+1}^{(k)} = \theta_{n+1}^{(k)}\boldsymbol{b}_{n+1}^{*(k)}$，则$\theta_{n+1}^{(k)}$可表达为

$$\theta_{n+1}^{(k)} = \hat{\theta}_{n+1}^{(k)}c_{n+1}^{(k)} = c_{n+1}^{(k)} + H(f_{n+1}^{\#(k)})(\overline{b}_{n+1}^{*(k)-1} - c_{n+1}^{(k)}) \tag{8-32}$$

将方程（8-27）和方程（8-28）代入方程（8-26）可得

$$\boldsymbol{s}_{n+1} - \boldsymbol{\alpha}_{n+1} = \boldsymbol{s}_{n+1}^{\text{trial}} - \sum_{k=1}^{M} \theta_{n+1}^{(k)} r^{(k)} \boldsymbol{b}_n^{(k)} - \left(2G + \frac{2}{3}\sum_{k=1}^{M} \zeta^{(k)} \theta_{n+1}^{(k)} r^{(k)}\right) \Delta \boldsymbol{\varepsilon}_{n+1}^{\text{in}} \tag{8-33}$$

将方程（8-13）代入方程（8-33），得到

$$\boldsymbol{s}_{n+1} - \boldsymbol{\alpha}_{n+1} = \boldsymbol{s}_{n+1}^{\text{trial}} - \sum_{k=1}^{M} \theta_{n+1}^{(k)} r^{(k)} \boldsymbol{b}_n^{(k)} - \left(2G + \frac{2}{3}\sum_{k=1}^{M} \zeta^{(k)} \theta_{n+1}^{(k)} r^{(k)}\right) \sqrt{\frac{3}{2}} \Delta p_{n+1} \boldsymbol{n}_{n+1} \tag{8-34}$$

进而对方程（8-34）取范数，得到

$$\| \boldsymbol{s}_{n+1} - \boldsymbol{\alpha}_{n+1} \| = \left\| \boldsymbol{s}_{n+1}^{\text{trial}} - \sum_{k=1}^{M} \theta_{n+1}^{(k)} r^{(k)} \boldsymbol{b}_n^{(k)} \right\| - \left(2G + \frac{2}{3}\sum_{k=1}^{M} \zeta^{(k)} \theta_{n+1}^{(k)} r^{(k)}\right) \sqrt{\frac{3}{2}} \Delta p_{n+1} \tag{8-35}$$

将方程（8-15）和 $F_{y(n+1)}^{\text{trial}} = 0$ 代入方程（8-35）得

$$\bar{Y}_{n+1} = \bar{Y}_{n+1}^{*} - (3G + \zeta^{(k)} \theta_{n+1}^{(k)} r^{(k)}) \left\langle \frac{\bar{Y}_{n+1} - Q_{n+1}}{K} \right\rangle^{n} \Delta t_{n+1} \tag{8-36}$$

其中，

$$\bar{Y}_{n+1} = \sqrt{\frac{3}{2}} \| s_{n+1} - \alpha_{n+1} \| \tag{8-37}$$

$$\bar{Y}_{n+1}^{*} = \sqrt{\frac{3}{2}} \left\| \boldsymbol{s}_{n+1} - \sum_{k=1}^{M} \theta_{n+1}^{(k)} r^{(k)} \boldsymbol{b}_n^{(k)} \right\| \tag{8-38}$$

$\bar{Y}_{n+1}$ 和 $\bar{Y}_{n+1}^{*}$ 均是 Δp_{n+1} 的函数，采用 Newton-Raphson 方法对式（8-38）进行迭代求解即可求得 $\bar{Y}_{n+1}$。

8.2.3　一致性切线模量推导

UMAT 用户子程序在求解应力增量时需要提供与本构方程相对应的一致性切线模量，本节将依据循环黏塑性模型的本构方程和隐式应力积分方法推导出一致性切线模量。

首先将离散的本构方程微分可得

$$\mathrm{d}\Delta \boldsymbol{\sigma}_{n+1} = \boldsymbol{C} : (\mathrm{d}\Delta \boldsymbol{\varepsilon}_{n+1} - \mathrm{d}\Delta \boldsymbol{\varepsilon}_{n+1}^{\text{in}}) \tag{8-39}$$

$$\mathrm{d}\Delta \boldsymbol{\varepsilon}_{n+1}^{\text{in}} = \sqrt{\frac{3}{2}} (\mathrm{d}\Delta p_{n+1} \boldsymbol{n}_{n+1} + \Delta p_{n+1} \mathrm{d}\boldsymbol{n}_{n+1}) \tag{8-40}$$

$$\mathrm{d}\boldsymbol{n}_{n+1} = \boldsymbol{J}_{n+1} : (\mathrm{d}\Delta \boldsymbol{s}_{n+1} - \mathrm{d}\Delta \boldsymbol{\alpha}_{n+1}) \tag{8-41}$$

$$\mathrm{d}\Delta p_{n+1} = \frac{n \Delta t_{n+1}}{K} \left\langle \frac{F_{y(n+1)}}{K} \right\rangle^{n-1} \mathrm{d}F_{y(n+1)} \tag{8-42}$$

$$\mathrm{d}F_{y(n+1)} = \sqrt{\frac{3}{2}} \boldsymbol{n}_{n+1} : (\mathrm{d}\Delta \boldsymbol{s}_{n+1} - \mathrm{d}\Delta \boldsymbol{\alpha}_{n+1}) - \mathrm{d}\Delta Q_{n+1} \tag{8-43}$$

其中，$\boldsymbol{J}_{n+1} = \dfrac{1}{\| \mathrm{d}\Delta \boldsymbol{s}_{n+1} - \mathrm{d}\Delta \boldsymbol{\alpha}_{n+1} \|} (\boldsymbol{I} - \boldsymbol{n}_{n+1} \otimes \boldsymbol{n}_{n+1})$，符号 $\otimes$ 代表双张量积；(:) 代表张量双点积；$\boldsymbol{I}$ 代表四阶级单位张量；$\mathrm{d}\Delta Q_{n+1} = \gamma (Q_{\text{sa}} - Q_n) \mathrm{d}\Delta p_{n+1}$。

若 $\mathrm{d}\Delta \boldsymbol{s}_{n+1}$ 和 $\mathrm{d}\Delta \boldsymbol{\alpha}_{n+1}$ 能由 $\mathrm{d}\Delta \boldsymbol{\varepsilon}_{n+1}$ 和 $\mathrm{d}\Delta \boldsymbol{\varepsilon}_{n+1}^{\text{in}}$ 表述，则一致性切线模量易从方程（8-39）和

方程（8-40）推导出。因此，对方程（8-39）取偏量，并注意到$\boldsymbol{C}:\mathrm{d}\Delta\boldsymbol{\varepsilon}_{n+1}^{\mathrm{in}}=2G\mathrm{d}\boldsymbol{\varepsilon}_{n+1}^{\mathrm{in}}$，可推导出如下方程：

$$\mathrm{d}\Delta\boldsymbol{s}_{n+1}=2G\boldsymbol{I}_{\mathrm{d}}:\mathrm{d}\Delta\boldsymbol{\varepsilon}_{n+1}-2G\mathrm{d}\Delta\boldsymbol{\varepsilon}_{n+1}^{\mathrm{in}} \tag{8-44}$$

其中，$\boldsymbol{I}_{\mathrm{d}}=\boldsymbol{I}-\dfrac{1}{3}\boldsymbol{1}\otimes\boldsymbol{1}$。同样地，对随动硬化演化方程微分可得

$$\mathrm{d}\Delta\boldsymbol{\alpha}_{n+1}=\sum_{k=1}^{M}r^{(k)}\mathrm{d}\boldsymbol{b}_{n+1}^{(k)} \tag{8-45}$$

$$\mathrm{d}\boldsymbol{b}_{n+1}^{(k)}=\frac{2}{3}\theta_{n+1}^{(k)}\zeta^{(k)}\mathrm{d}\Delta\boldsymbol{\varepsilon}_{n+1}^{\mathrm{in}}+\frac{\mathrm{d}\theta_{n+1}^{(k)}}{\theta_{n+1}^{(k)}}\boldsymbol{b}_{n+1}^{(k)} \tag{8-46}$$

$$\mathrm{d}\theta_{n+1}^{(k)}=-\theta_{n+1}^{(k)^2}\{\zeta^{(k)}[\mu^{(k)}+H(f^{(k)})(1-\mu^{(k)})]\mathrm{d}\Delta p_{n+1}+\chi^{(k)}r^{(k)(m-1)}(m-1)(\bar{b}_{n+1}^{(k)})^{m-2}\mathrm{d}\bar{b}_{n+1}^{(k)}\} \tag{8-47}$$

其中，$\mathrm{d}\bar{b}_{n+1}^{(k)}=\dfrac{3}{2}\dfrac{\boldsymbol{b}_{n+1}^{(k)}}{\bar{b}_{n+1}^{(k)}}:\mathrm{d}\boldsymbol{b}_{n+1}^{(k)}$。

将方程（8-47）代入方程（8-46）可得

$$\begin{aligned}\mathrm{d}\boldsymbol{b}_{n+1}^{(k)}=&\frac{2}{3}\theta_{n+1}^{(k)}\zeta^{(k)}\mathrm{d}\Delta\varepsilon_{n+1}^{\mathrm{in}}-\theta_{n+1}^{(k)}\Big\{\zeta^{(k)}[\mu^{(k)}+H(f^{(k)})(1-\mu^{(k)})]\mathrm{d}\Delta p_{n+1}\\&+\frac{3}{2}\chi^{(k)}r^{(k)(m-1)}(m-1)(\bar{b}_{n+1}^{(k)})^{m-2}\frac{\boldsymbol{b}_{n+1}^{(k)}}{\bar{b}_{n+1}^{(k)}}:\mathrm{d}\boldsymbol{b}_{n+1}^{(k)}\Big\}\boldsymbol{b}_{n+1}^{(k)}\end{aligned} \tag{8-48}$$

将上式移项合并得

$$\begin{aligned}&\left[\boldsymbol{I}+\frac{3}{2}\theta_{n+1}^{(k)}\chi^{(k)}r^{(k)(m-1)}(m-1)(\bar{b}_{n+1}^{(k)})^{m-3}\boldsymbol{b}_{n+1}^{(k)}\otimes\boldsymbol{b}_{n+1}^{(k)}\right]:\mathrm{d}\boldsymbol{b}_{n+1}^{(k)}\\&=\frac{2}{3}\theta_{n+1}^{(k)}\zeta^{(k)}\mathrm{d}\Delta\boldsymbol{\varepsilon}_{n+1}^{\mathrm{in}}-\theta_{n+1}^{(k)}\zeta^{(k)}[\mu^{(k)}+H(f^{(k)})(1-\mu^{(k)})]\boldsymbol{b}_{n+1}^{(k)}\mathrm{d}\Delta p_{n+1}\end{aligned} \tag{8-49}$$

令$\boldsymbol{M}_{n+1}^{(k)}=\left[\boldsymbol{I}+\dfrac{3}{2}\theta_{n+1}^{(k)}\chi^{(k)}r^{(k)(m-1)}(m-1)(\bar{b}_{n+1}^{(k)})^{m-3}\boldsymbol{b}_{n+1}^{(k)}\otimes\boldsymbol{b}_{n+1}^{(k)}\right]$，则

$$\mathrm{d}\boldsymbol{b}_{n+1}^{(k)}=\frac{2}{3}\theta_{n+1}^{(k)}\zeta^{(k)}\boldsymbol{M}_{n+1}^{(k)-1}:\mathrm{d}\Delta\varepsilon_{n+1}^{\mathrm{in}}-\theta_{n+1}^{(k)}\zeta^{(k)}[\mu^{(k)}+H(f^{(k)})(1-\mu^{(k)})]\boldsymbol{M}_{n+1}^{(k)-1}:\boldsymbol{b}_{n+1}^{(k)}\mathrm{d}\Delta p_{n+1} \tag{8-50}$$

由此可知

$$\mathrm{d}\Delta\boldsymbol{\alpha}_{n+1}=\boldsymbol{b}_{n+1}'\mathrm{d}\Delta p_{n+1}+\sum_{k=1}^{M}\boldsymbol{H}_{n+1}^{(k)}:\mathrm{d}\Delta\boldsymbol{\varepsilon}_{n+1}^{\mathrm{in}} \tag{8-51}$$

其中，

$$\boldsymbol{b}_{n+1}'=\sum_{k=1}^{M}\{(-1)\theta_{n+1}^{(k)}\zeta^{(k)}r^{(k)}[\mu^{(k)}+H(f^{(k)})(1-\mu^{(k)})]\boldsymbol{M}_{n+1}^{(k)-1}:\boldsymbol{b}_{n+1}^{(k)}\} \tag{8-52}$$

$$\boldsymbol{H}_{n+1}^{(k)}=\frac{2}{3}\theta_{n+1}^{(k)}\zeta^{(k)}\boldsymbol{M}_{n+1}^{(k)-1} \tag{8-53}$$

将以上相关公式代入方程（8-36）得

$$\mathrm{d}\Delta p_{n+1} = A\sqrt{\frac{3}{2}}\boldsymbol{n}_{n+1} : \boldsymbol{B} \tag{8-54}$$

其中，

$$A = \frac{\dfrac{n\Delta t_{n+1}}{K}\left\langle \dfrac{F_{y(n+1)}}{K} \right\rangle^{n-1}}{1 + \dfrac{n\Delta t_{n+1}}{K}\left\langle \dfrac{F_{y(n+1)}}{K} \right\rangle^{n-1}\left(\sqrt{\dfrac{3}{2}}\boldsymbol{n}_{n+1} : \boldsymbol{b}'_{n+1} + \gamma(Q_{\mathrm{sa}} - Q_n)\right)} \tag{8-55}$$

$$\boldsymbol{B} = 2G\boldsymbol{I}_{\mathrm{d}} : \mathrm{d}\Delta\boldsymbol{\varepsilon}_{n+1} - \left(2G\boldsymbol{I} + \sum_{k=1}^{M}\boldsymbol{H}_{n+1}^{(k)}\right) : \mathrm{d}\Delta\boldsymbol{\varepsilon}_{n+1}^{\mathrm{in}} \tag{8-56}$$

将以上相关式子代入方程（8-41）可得

$$\mathrm{d}\boldsymbol{n}_{n+1} = \left[\boldsymbol{J}_{n+1} - \sqrt{\frac{3}{2}}A(\boldsymbol{J}_{n+1} : \boldsymbol{b}'_{n+1}) \otimes \boldsymbol{n}_{n+1} : \boldsymbol{B}\right] \tag{8-57}$$

将方程（8-36）和方程（8-53）代入方程（8-35）可得

$$\mathrm{d}\Delta\boldsymbol{\varepsilon}_{n+1}^{\mathrm{in}} = \boldsymbol{J}_{n+1}^{0} : \boldsymbol{B} \tag{8-58}$$

其中，$\boldsymbol{J}_{n+1}^{0} = \frac{3}{2}A(\boldsymbol{n}_{n+1}^{0} \otimes \boldsymbol{n}_{n+1}) + \sqrt{\frac{3}{2}}\Delta p_{n+1}\boldsymbol{J}_{n+1}$； $\boldsymbol{n}_{n+1}^{0} = \boldsymbol{n}_{n+1} - \Delta p_{n+1}\boldsymbol{J}_{n+1} : \boldsymbol{b}'_{n+1}$。

将方程（8-48）整理得

$$\mathrm{d}\Delta\boldsymbol{\varepsilon}_{n+1}^{\mathrm{in}} = [(2G\boldsymbol{L}_{n+1}^{-1} : \boldsymbol{J}_{n+1}^{0}) : \boldsymbol{I}_{d}] : \mathrm{d}\Delta\boldsymbol{\varepsilon}_{n+1} \tag{8-59}$$

其中，

$$\boldsymbol{L}_{n+1} = \boldsymbol{I} + \boldsymbol{J}_{n+1}^{0} : \left(2G\boldsymbol{I} + \sum_{k=1}^{M}\boldsymbol{H}_{n+1}^{(k)}\right) \tag{8-60}$$

将方程（8-59）代入方程（8-39）可得

$$\mathrm{d}\Delta\boldsymbol{\sigma}_{n+1} = [\boldsymbol{C} - 4G^{2}\boldsymbol{L}_{n+1}^{-1} : (\boldsymbol{J}_{n+1}^{0} + \boldsymbol{J}_{n+1}^{1}) : \boldsymbol{I}_{\mathrm{d}}] : \mathrm{d}\Delta\boldsymbol{\varepsilon}_{n+1} \tag{8-61}$$

最终，新的一致性切线模量可表达如下：

$$\frac{\mathrm{d}\Delta\boldsymbol{\sigma}_{n+1}}{\mathrm{d}\Delta\boldsymbol{\varepsilon}_{n+1}} = \boldsymbol{C} - 4G^{2}\boldsymbol{L}_{n+1}^{-1} : (\boldsymbol{J}_{n+1}^{0}) : \boldsymbol{I}_{\mathrm{d}} \tag{8-62}$$

8.3　材料参数确定

该黏塑性循环本构模型的材料参数确定方法如下：

（1）假定参数 $\chi^{(k)}$ 和 $m^{(k)}$ 为零，参数 $\zeta^{(k)}$、$r^{(k)}$、γ 可采用 Kang[4]所用方法确定（去除各向同性硬化的影响）；K、n 由图 8-2 所示的不同应变率下的单轴拉伸实验确定，μ 在单轴下通过试错法获得。A 和 m 通过对蠕变实验曲线拟合而得。注意，此时模拟的单拉曲线比实验稍高。这是由于 $\chi^{(k)}$ 和 $m^{(k)}$ 实际上不为零，而上述假设会削弱背应力静力恢复期间应力松弛对单轴拉伸曲线模拟的影响。

（2）由应变控制下的单轴滞回环通过拟合获得 $\chi^{(k)}$ 和 $m^{(k)}$（没有通过单轴拉伸曲线确定，这是因为静力恢复对短时间内完成的加载过程的影响尚不易确定）。

最终，材料参数值如表 8-1 所示。

表 8-1　材料参数值

温度	参数值
25℃	$E=192\text{GPa}$，$\nu=0.33$，$Q_0=90.0\text{MPa}$，$Q_{sa}=135.0$；$K=72\text{MPa}$，$n=15$；$\gamma=15$，$\mu=0.12$；$\chi^{(k)}=7.9\times10^{-13}$，$m^{(k)}=5.0$ $\zeta^{(1)}=3341$，$\zeta^{(2)}=1833$，$\zeta^{(3)}=765.6$，$\zeta^{(4)}=210.4$，$\zeta^{(5)}=69.92$，$\zeta^{(6)}=35.91$，$\zeta^{(7)}=23.04$，$\zeta^{(8)}=13.0$ $r^{(1)}=37.85$，$r^{(2)}=33.16$，$r^{(3)}=18.89$，$r^{(4)}=10.92$，$r^{(5)}=8.38$，$r^{(6)}=6.74$，$r^{(7)}=12.41$，$r^{(8)}=72.33$（MPa）
700℃	$E=125\text{GPa}$，$\nu=0.33$，$Q_0=48\text{MPa}$，$Q_{sa}=60.5$；$K=35\text{MPa}$，$n=8$；$\gamma=25$，$\mu=0.05$；$\chi^{(k)}=4.3\times10^{-11}$，$m^{(k)}=4.5$ $\zeta^{(1)}=3306$，$\zeta^{(2)}=1703$，$\zeta^{(3)}=726.7$，$\zeta^{(4)}=208.5$，$\zeta^{(5)}=69.35$，$\zeta^{(6)}=36.15$，$\zeta^{(7)}=22.94$，$\zeta^{(8)}=13.00$ $r^{(1)}=12.46$，$r^{(2)}=14.14$，$r^{(3)}=13.39$，$r^{(4)}=3.76$，$r^{(5)}=7.86$，$r^{(6)}=16.08$，$r^{(7)}=7.91$，$r^{(8)}=24.01$（MPa）

8.4　单 元 验 证

8.4.1　验证结果

采用单个 C3D8 单元，分别对室温和高温下的单轴拉伸和棘轮行为进行模拟，图 8-2 给出了室温和高温下的单轴拉伸实验结果。从图中易见，ABAQUS 模拟结果与实验结果较为吻合。

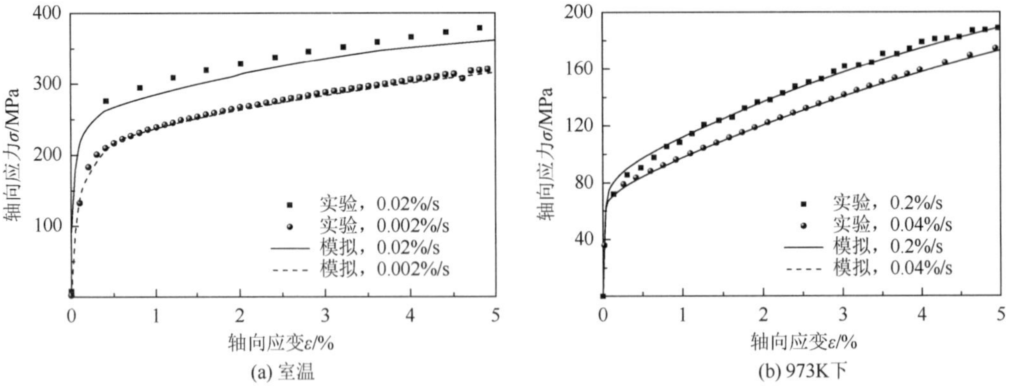

图 8-2　单轴拉伸实验与模拟结果对比

图 8-3 给出了室温下应力波峰/波谷保持 10s 的棘轮实验和模拟结果，从图中可以看出 ABAQUS 模拟的滞回环形状与实验结果十分吻合，相应的棘轮应变值也十分接近。

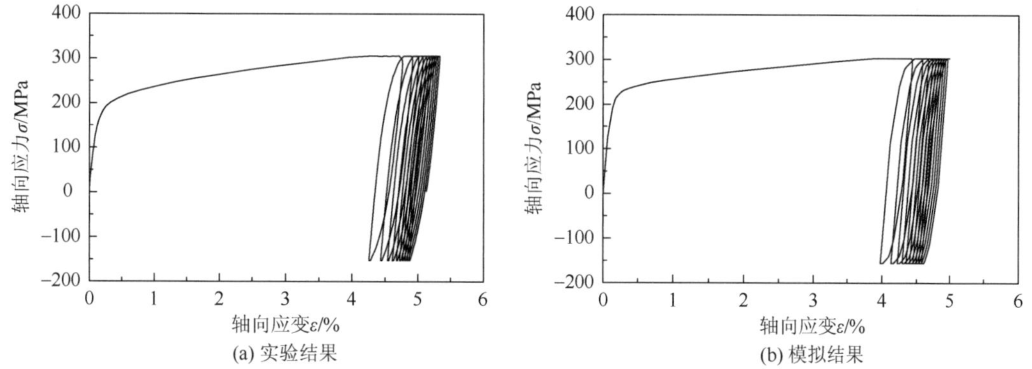

图 8-3　室温下实验和模拟结果［工况：（78±234）MPa，保持时间 10s，加载速率 2.6MPa/s］

与 25℃情形类似，图 8-4 给出了 700℃（973K）下应力波峰/波谷保持 10s 时的棘轮实验和模拟结果。由图可知，该黏塑性循环本构模型对高温时相关棘轮行为预测也是合理的。

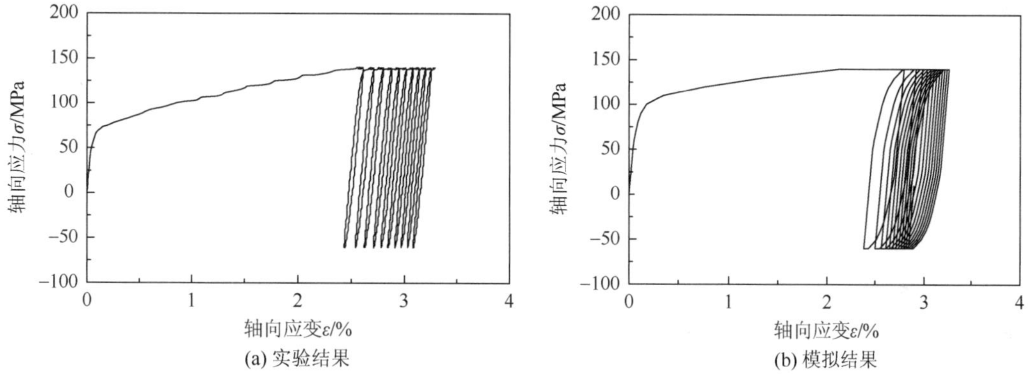

图 8-4　973K 下的实验和模拟结果［工况：（140±60）MPa，保持时间 10s，加载速率 10MPa/s］

图 8-5 显示了有限元整体迭代过程中的等效迭代次数随增量步的变化，由图可知，整个迭代过程十分稳定，等效迭代次数均位于 3～5。

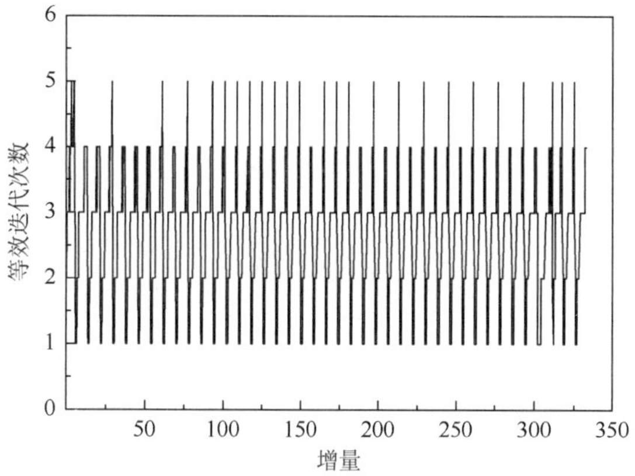

图 8-5　等效迭代次数随增量步变化图

8.4.2　UMAT 程序和 INP 文件

8.4.3　材料参数和状态变量声明

UMAT 中的材料参数和状态变量声明分别见表 8-2 和表 8-3，状态变量输出需要在 Step 中选取 SDV 输出。

表 8-2　材料参数声明

材料常数名称	参数含义	变量名称	单位	可能取值范围
yg	弹性模量	E	MPa	100000～210000
pn	泊松比	ν	/	0.3～0.33
sy	弹性极限应力	Q_0	MPa	0～2000
mah	背应力分项个数	M	/	1～24
zi（1～8）	背应力参数	$\zeta^{(k)}$	/	＜E
ri（1～8）	背应力参数	$r^{(k)}$	MPa	＞1
vk	黏性抗力	K	MPa	0～2000
vn	黏性指数	n		0～50
Owaf	棘轮系数	μ		0～1
vr	各向同性硬化速率	γ		0～20
yr	静态恢复系数	χ		
ym	静态恢复背应力指数	m		
Qsa	饱和各向同性抗力	Q_{sa}		0～σ_b

表 8-3　状态变量声明（针对三维情形，二维情形只有 4 个分量）

材料参数编号	参数含义	变量名称
Statev（1）	累积塑性应变	p
Statev（2～7）	塑性应变 1～6 个分量	ε_{11}^{p}，ε_{22}^{p}，ε_{33}^{p}，ε_{12}^{p}，ε_{13}^{p}，ε_{23}^{p}
Statev（8～15）	备用变量，未使用	/
Statev（16～23）	备用变量，未使用	/
Statev（24）	弹性极限应力	Q_0
Statev（25～72）	48 个背应力分量（8 项背应力，每个背应力有 6 个分量）	$\boldsymbol{\alpha}^{(k)}(k=1,2,\cdots,M)$
Statev（73～80）	备用变量，未使用	/

8.5　缺口圆棒循环黏塑性变形预测

8.5.1　有限元模型

结构实验采用 SS304 不锈钢缺口圆棒，切槽可近似看成圆形，圆棒直径为 8.02mm，圆形切槽半径为 0.75mm。使用轴对称单元 CAX4，建立有限元模型，划分网格，施加边界条件。为了比较不同网格密度对 UMAT 局部迭代和整体迭代过程的影响，分别采用如图 8-6 所示的两种网格密度。

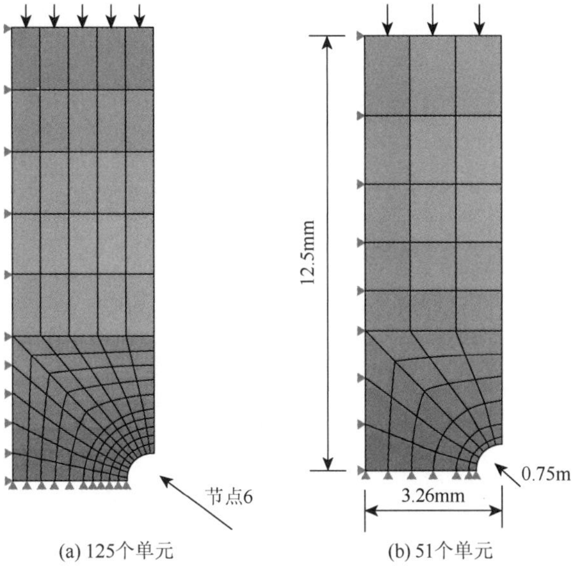

图 8-6　有限元模型和网格划分

8.5.2　模拟结果

图 8-7（a）显示了 700℃下的结构实验结果，加载的名义应力率为 20MPa/s。由于缺口部分应力集中的影响，虽然加载工况的应力幅和平均应力均很小［（100±60）MPa］，但却产生了超过 1.2%的棘轮变形。图 8-7（b）显示了循环黏塑性模型的预测结果，并针对不同增量步大小分别进行了有限元计算。由图可知，该模型预测的棘轮变形和实验结果比较吻合，从而证实了模型的预言能力和有限元实现的合理性。同时，图 8-7（b）还显示了不同增量步长对棘轮变形的预测结果有一定的影响：增量步长越小，棘轮变形偏大。即在黏性条件下，时间步长应尽可能小，以便获得更精确的结果。为了得到平滑的棘轮模拟曲线，必须对应力应变的峰谷值进行采集。因而，最大增量步应小于或等于正负应力幅值绝对值的最小公因数。

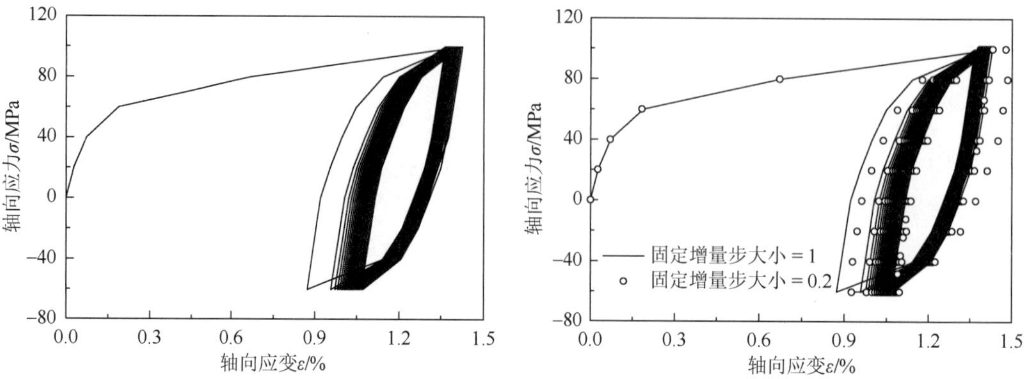

(a) 实验结果　　　　　　(b) 模拟结果

图 8-7　700℃下的实验和模拟结果

由图 8-8 可知，缺口中心处应力集中使此处的棘轮应变剧烈发展，高达 8%，因而，复杂结构受循环加载下的棘轮变形必须引起足够的重视。

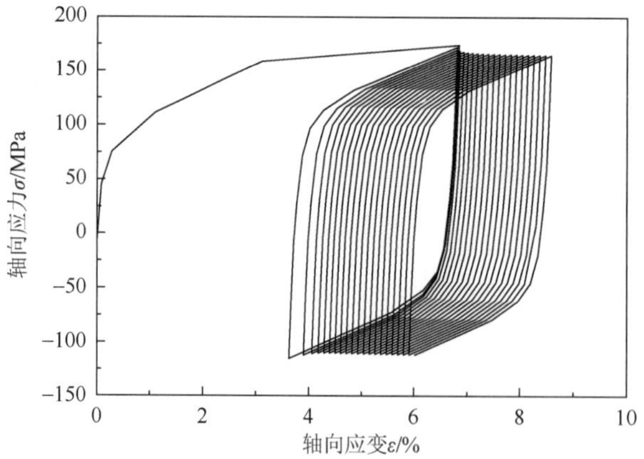

图 8-8　缺口中心处应力应变曲线

图 8-9（a）显示不同单元网格密度下的有限元模拟结果，可以看出不同单元网格精度对棘轮预测结果的影响甚微，也证明了隐式应力积分算法无条件稳定。图 8-9（b）显示了等效迭代次数随增量步的变化曲线，由图可知，平衡迭代在整个收敛过程中维持稳定。

进一步的研究表明，最大残余力随增量步快速收敛，如图 8-10 所示。

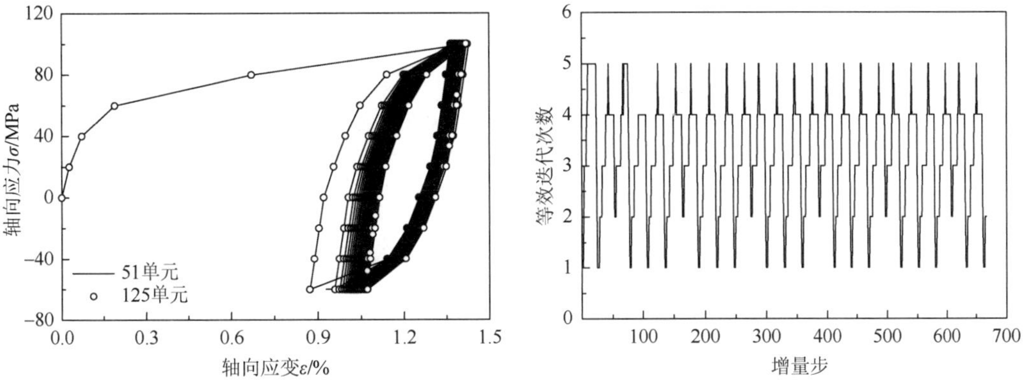

(a) 不同单元网格密度下的有限元模拟结果　　(b) 等效迭代次数随增量步的变化曲线

图 8-9　有限元网格密度影响和平衡迭代稳定性验证

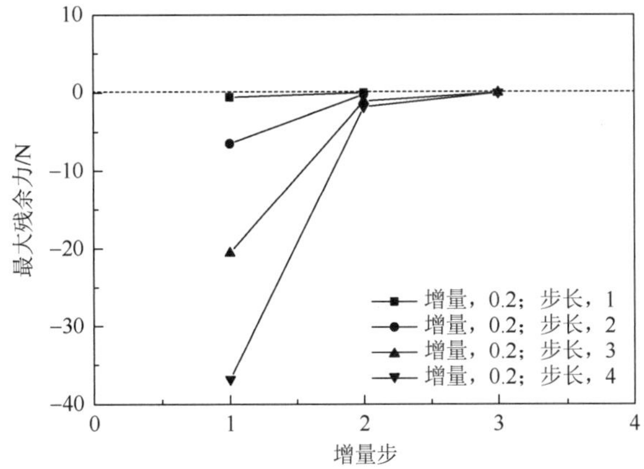

图 8-10　最大残余力随增量步的变化曲线

8.5.3　INP 文件

参 考 文 献

[1] Kan Q H，Kang G Z，Zhang J. A unified visco-plastic constitutive model for uniaxial time-dependent ratchetting and its finite element implementation. Theoretical and Applied Fracture Mechanics，2007，47（2）：113-144.

[2] Abdel-Karim M. Numerical integration method for kinematic hardening rules with partial activation of dynamic recovery term. Int. J. Plast.，2005，21：1303-1321.

[3] Kobayashi M，Mukai M，Takahashi H，et al. Implicit integration and consistent tangent modulus of a time-dependent non-unified constitutive model. Int. J. Numer. Meth. Engng.，2002，58：1523-1543.

[4] Kang G Z. A visco-plastic constitutive model incorporated with cyclic hardening for uniaxial/multiaxial ratcheting of SS304 stainless steel at room temperature. Mech. Mater.，2002，34：521-531.

第 9 章　热力耦合循环塑性本构关系

在非弹性循环变形过程中，由塑性耗散引起的内部热不断累积，在没有足够时间进行热交换的情况下，将导致材料内部温度逐步升高，从而引起材料的热软化行为，对材料的使用和结构设计带来不利影响。非弹性热生成可以称为材料循环塑性行为过程中固有的热力耦合特性，在循环塑性本构模型的建立过程中，内部热生成对材料力学性能的影响应该予以考虑，尤其是加载速率较高、塑性应变较大的情况。

在循环载荷作用下，由于非弹性热生成的影响，材料受热软化，促使材料循环塑性变形增加，增加的塑性变形会进一步产生非弹性热，从而在整个循环过程中发生强烈的热力耦合作用。本章在第 7 章循环塑性本构模型的基础上，拓展建立热力耦合循环塑性本构模型。

9.1　热力耦合循环塑性模型

9.1.1　本构方程

在弹塑性框架下，将总应变张量 $\boldsymbol{\varepsilon}$ 分为三部分，如下：

$$\boldsymbol{\varepsilon} = \boldsymbol{\varepsilon}^{\mathrm{e}} + \boldsymbol{\varepsilon}^{\mathrm{p}} + \boldsymbol{\varepsilon}^{\mathrm{th}} \tag{9-1}$$

其中，$\boldsymbol{\varepsilon}^{\mathrm{e}}$ 、$\boldsymbol{\varepsilon}^{\mathrm{p}}$ 和 $\boldsymbol{\varepsilon}^{\mathrm{th}}$ 分别为弹性、塑性和热应变张量。

假设材料为初始各向同性的，可获得弹性应变张量和柯西应力张量的关系如下：

$$\boldsymbol{\sigma} = \boldsymbol{C}^{\mathrm{e}}(T):\boldsymbol{\varepsilon}^{\mathrm{e}} = \boldsymbol{C}^{\mathrm{e}}(T):(\boldsymbol{\varepsilon} - \boldsymbol{\varepsilon}^{\mathrm{p}} - \boldsymbol{\varepsilon}^{\mathrm{th}}) \tag{9-2}$$

其中，$\boldsymbol{C}^{\mathrm{e}}(T)$ 为与温度相关的四阶弹性张量，T 为当前温度，四阶弹性张量有如下形式：

$$\boldsymbol{C}^{\mathrm{e}}(T) = K(T)\mathbf{1}\otimes\mathbf{1} + 2G(T)\left(\mathbf{1}\otimes\mathbf{1} - \frac{1}{3}\mathbf{1}\otimes\mathbf{1}\right) \tag{9-3}$$

其中，$K(T)$ 和 $G(T)$ 分别为与温度相关的体积模量和剪切模量；$\mathbf{1}$ 为二阶单位张量。

对于各向同性材料，热应变张量有如下形式：

$$\dot{\boldsymbol{\varepsilon}}^{\mathrm{th}} = \alpha(T)\dot{T}\mathbf{1} \tag{9-4}$$

其中，$\alpha(T)$ 为与温度相关的热膨胀系数。

在经典 J_2 塑性理论中考虑各向同性和随动硬化的温度相关性，则屈服函数是等效应力 $\bar{\sigma}$ 和屈服应力 σ_y 的函数，如下所示：

$$F = \bar{\sigma} - \sigma_y(\bar{\varepsilon}^{\mathrm{p}}, T) \tag{9-5}$$

其中，等效应力 $\bar{\sigma}$ 可表示为

$$\bar{\sigma} = \sqrt{\frac{3}{2}(\boldsymbol{s}-\boldsymbol{\alpha}):(\boldsymbol{s}-\boldsymbol{\alpha})} \tag{9-6}$$

其中，$\boldsymbol{\alpha}$ 为偏背应力张量；$\boldsymbol{s}$ 为柯西应力张量的偏量部分，定义为

$$\boldsymbol{s} = \boldsymbol{\sigma} - \frac{1}{3}\mathrm{tr}(\boldsymbol{\sigma})\mathbf{1} \tag{9-7}$$

结合 J_2 塑性流动法则，推导塑性应变张量 $\boldsymbol{\varepsilon}^{\mathrm{p}}$，则有

$$\dot{\boldsymbol{\varepsilon}}^{\mathrm{p}} = \frac{\partial f(\boldsymbol{s}-\boldsymbol{\alpha})}{\partial \boldsymbol{\sigma}}\dot{\bar{\varepsilon}}^{\mathrm{p}} = \dot{\bar{\varepsilon}}^{\mathrm{p}}\boldsymbol{n} \tag{9-8}$$

其中，$\boldsymbol{n}$ 为塑性流动方向；$\dot{\bar{\varepsilon}}^{\mathrm{p}}$ 为等效塑性应变率，分别有如下形式：

$$\boldsymbol{n} = \frac{3(\boldsymbol{s}-\boldsymbol{\alpha})}{2\bar{\sigma}} \tag{9-9}$$

$$\dot{\bar{\varepsilon}}^{\mathrm{p}} = \sqrt{\frac{2}{3}\dot{\boldsymbol{\varepsilon}}^{\mathrm{p}}:\dot{\boldsymbol{\varepsilon}}^{\mathrm{p}}} \tag{9-10}$$

循环塑性模型中，循环软化/硬化行为是通过屈服面半径的减小和增加来体现的，这里采用一个指数型硬化方程来描述各向同性硬化行为，如下所示：

$$\sigma_y(\bar{\varepsilon}^{\mathrm{p}},T) = \sigma_{y0}(T) + [\sigma_{\mathrm{sa}}(T) - \sigma_{y0}(T)][1-\exp(-b\bar{\varepsilon}^{\mathrm{p}})] \tag{9-11}$$

其中，$\sigma_{y0}(T)$ 为不同温度单轴加载条件下的初始屈服应力；$\sigma_{\mathrm{sa}}(T)$ 为与温度相关的循环稳定时屈服应力的饱和值；b 为各向同性硬化控制参数。通过控制 $\sigma_{y0}(T)$ 和 $\sigma_{\mathrm{sa}}(T)$ 的关系可以调控软/硬化特征，通过控制 b 可以调控循环演化的速率[1]。当 $\sigma_{\mathrm{sa}}(T) > \sigma_{y0}(T)$ 时，呈现循环硬化[2]；当 $\sigma_{\mathrm{sa}}(T) < \sigma_{y0}(T)$ 时，呈现循环软化[3]；当 $\sigma_{\mathrm{sa}}(T) = \sigma_{y0}(T)$ 时，呈现循环稳定[4]。

为了描述棘轮行为，Armstrong 和 Frederick[5]引入了背应力，之后被陆续改进。将这一类背应力模型统一化描述，可表示为如下形式[1]：

$$\boldsymbol{\alpha} = \sum_{i=1}^{M}\boldsymbol{\alpha}_i, \quad \dot{\boldsymbol{\alpha}}_i = \frac{2}{3}k_{1i}(T)\dot{\boldsymbol{\varepsilon}}^{\mathrm{p}} - k_{2i}(T)\boldsymbol{\alpha}_i\dot{\bar{\varepsilon}}^{\mathrm{p}} \tag{9-12}$$

其中，M 表示该背应力的分项数量；$k_{1i}(T)$ 和 $k_{2i}(T)$ 为与温度相关的随动硬化项和动态回复项，可表示如下：

$$k_{1i}(T) = \zeta_i(T)r_i(T), \quad k_{2i}(T) = \{H(f_i)[1-\mu(T)] + \mu_i\}\zeta_i(T) \tag{9-13}$$

其中，$\mu(T)$ 是所谓的棘轮参数，控制棘轮的演化率。当 $\mu(T)$ 为 1 和 0 时可分别退化为 Armstrong-Frederick[5]模型和 Ohno-Wang I[6]模型，为了更好地描述棘轮行为，此处根据实验的规律取不同的值，即 $0 \leqslant \mu(T) \leqslant 1$。$\zeta_i(T)$ 和 $r_i(T)$ 是与温度相关的背应力材料参数。

9.1.2 热平衡方程

热力耦本构方程还需要满足热力学平衡条件，即满足热力学第一定律：

$$\rho c(T)\dot{T}=\dot{W}^{\mathrm{e}}+\dot{W}^{\mathrm{pd}}+\rho r-\operatorname{div}(\boldsymbol{q}(T)) \tag{9-14}$$

其中，ρ 为材料密度，随温度的变化较小，此处不考虑；$c(T)$ 为与温度相关的比热；r 为单位质量的外部热源；$\boldsymbol{q}(T)$ 为热流张量；“div”表示散度算子；$\dot{W}^{\mathrm{e}}$ 和 $\dot{W}^{\mathrm{pd}}$ 分别为弹性功和塑性耗散功，具体如下：

$$\dot{W}^{\mathrm{e}}=T\left[\frac{\partial G(T)}{\partial T}\frac{\boldsymbol{s}}{G(T)}+\frac{\partial K(T)}{\partial T}\frac{\operatorname{tr}(\boldsymbol{\sigma})\mathbf{1}}{3K(T)}-3\alpha(T)K(T)\mathbf{1}\right]:\dot{\boldsymbol{\varepsilon}}^{\mathrm{r}} \tag{9-15}$$

其中，$\dot{\boldsymbol{\varepsilon}}^{\mathrm{r}}$ 为可恢复的应变率张量，根据 Booley 和 Weiner[7]建立的大变形下的热弹性公式退化得到。对于金属材料而言，热弹性引起的温度变化很小，可以忽略不计。

在机械变形中，塑性功是热生成中一个重要的组成部分。而 Taylor 和 Quinney[8]发现，材料的储存能只是塑性功的一部分，Oliferuk 等[9]进一步发现储存能随着塑性应变的累积而逐渐增加。因此，假设材料的热生成通过塑性功乘以一个 Taylor-Quinney 因子 η 获得，该因子用于表征塑性功转换成热能的比例，如下式所示：

$$\dot{W}^{\mathrm{pd}}=\eta\cdot\boldsymbol{\sigma}:\dot{\boldsymbol{\varepsilon}}^{\mathrm{p}} \tag{9-16}$$

其中，针对不同的材料，η 有不同的取值，可在 0.4～1 内取值[10, 11]。

结合式（9-14）～式（9-16），能量平衡方程可重写为

$$\rho c(T)\dot{T}=\eta\boldsymbol{\sigma}:\dot{\boldsymbol{\varepsilon}}^{\mathrm{p}}+\left\{\frac{\partial G(T)}{\partial T}\frac{\boldsymbol{s}}{G(T)}+\left[\frac{\partial K(T)}{\partial T}\frac{\operatorname{tr}(\boldsymbol{\sigma})\mathbf{1}}{3K(T)}-3\alpha(T)K(T)\mathbf{1}\right]:\dot{\boldsymbol{\varepsilon}}^{\mathrm{r}}\right\}T+\rho r-J\operatorname{div}(\boldsymbol{q}(T)) \tag{9-17}$$

通过傅里叶法则，在各向同性材料中，与温度相关的热传导可表示为

$$\boldsymbol{q}(T)=-\boldsymbol{k}(T)\partial_x T \tag{9-18}$$

其中，热传导 $\boldsymbol{k}(T)$ 假设为各向同性张量，和与温度相关的热传导系数 $k(T)$ 关系如下：

$$\boldsymbol{k}(T)=k(T)\mathbf{1} \tag{9-19}$$

考虑三类热边界条件，在边界上满足流进和流出的热平衡，一般表达式如下：

$$\boldsymbol{q}:\boldsymbol{n}=k(T)(T_s-T_0)\big|_{S_1}+h(T_s-T_0)\big|_{S_2} \tag{9-20}$$

$$T\big|_{S_3}=T_s \tag{9-21}$$

这个边界条件代表边界 S_1～S_3 上特定的通量、对流和温度；T_s 为 S_1～S_3 上的表面温度；T_0 为环境温度；$\boldsymbol{n}$ 为边界表面的法向单位张量；h 为热对流系数，假设与温度变化无关。

9.1.3　温度相关演化方程

对于与温度相关的热力耦合分析，不仅需要考虑变形过程中温度的升高，还需要考虑升高的温度对材料本身的力学性能的影响，因此，根据材料参数随温度变化的规律，可建立温度相关参数方程。具体如下：

$$E(T) = E_0(T_0)[1 - k_E(T - T_0)] \tag{9-22}$$

$$c(T) = c_0(T_0)[1 + k_c(T - T_0)] \tag{9-23}$$

$$k(T) = k_0(T_0)[1 + k_k(T - T_0)] \tag{9-24}$$

$$\sigma_y(T) = \sigma_y(T_0)[1 - k_y(T - T_0)] \tag{9-25}$$

$$\sigma_{\text{sa0}}(T) = \sigma_{\text{sa0}}(T_0)[1 - k_{\text{sa0}}(T - T_0)] \tag{9-26}$$

$$\alpha(T) = \alpha_0(T_0)[1 + k_\alpha(T - T_0)] \tag{9-27}$$

其中，$E_0(T_0)$、$c_0(T_0)$、$k_0(T_0)$、$\sigma_y(T_0)$、$\sigma_{\text{sa0}}(T_0)$和$\alpha_0(T_0)$分别为初始温度T_0下的弹性模量、比热、热传导、初始屈服应力、循环稳定屈服强度和热膨胀系数。k_E、k_c、k_k、k_y、k_{sa0}和k_α为比例系数，表征参数随温度演化的速率。

9.2　有限元实现格式

9.2.1　增量形式的本构方程

考虑第n步到第（$n+1$）步的时间间隔为$\Delta t_{n+1} = t_{n+1} - t_n$，然后利用向后欧拉法对本构方程进行离散，具体的离散情况如下所示。

（1）变形分解方程的离散：

总的应变可离散为三部分，第（$n+1$）步的值可由第 n 步加上（$n+1$）步的增量来实现，如下所示：

$$\boldsymbol{\varepsilon}_{n+1} = \boldsymbol{\varepsilon}^{\text{e}}_{n+1} + \boldsymbol{\varepsilon}^{\text{p}}_{n+1} + \boldsymbol{\varepsilon}^{\text{th}}_{n+1} \tag{9-28}$$

$$\boldsymbol{\varepsilon}^{\text{p}}_{n+1} = \boldsymbol{\varepsilon}^{\text{p}}_{n} + \Delta\boldsymbol{\varepsilon}^{\text{p}}_{n+1} \tag{9-29}$$

$$\boldsymbol{\varepsilon}^{\text{th}}_{n+1} = \boldsymbol{\varepsilon}^{\text{th}}_{n} + \Delta\boldsymbol{\varepsilon}^{\text{th}}_{n+1} \tag{9-30}$$

（2）本构方程的离散：

第 $n+1$ 步应力应变关系和增量形式如下所示：

$$\boldsymbol{\sigma}_{n+1} = \boldsymbol{C}^{\text{e}}(T_{n+1}) : \boldsymbol{\varepsilon}^{\text{e}}_{n+1} \tag{9-31}$$

$$\Delta\boldsymbol{\varepsilon}^{\text{p}}_{n+1} = \Delta\bar{\varepsilon}^{\text{p}}_{n+1}\boldsymbol{n}_{n+1} \tag{9-32}$$

$$\Delta\boldsymbol{\varepsilon}_{n+1}^{\text{th}} = \alpha(T_{n+1})\Delta T_{n+1}\mathbf{1} \tag{9-33}$$

$$\boldsymbol{n}_{n+1} = \frac{3(\boldsymbol{s}_{n+1} - \boldsymbol{\alpha}_{n+1})}{2\bar{\sigma}_{n+1}} \tag{9-34}$$

$$\boldsymbol{n}_{n+1} : \boldsymbol{n}_{n+1} = \mathbf{1} \tag{9-35}$$

$$F_{n+1} = \sqrt{\frac{3}{2}(\boldsymbol{s}_{n+1} - \boldsymbol{\alpha}_{n+1}):(\boldsymbol{s}_{n+1} - \boldsymbol{\alpha}_{n+1})} - \sigma_{y(n+1)}(\bar{\varepsilon}_{n+1}^{\text{p}}, T_{n+1}) \tag{9-36}$$

$$\boldsymbol{\alpha}_{n+1} = \sum_{i=1}^{M}\boldsymbol{\alpha}_{n+1}^{i}, \quad \boldsymbol{\alpha}_{n+1}^{i} = \boldsymbol{\alpha}_{n}^{i} + \frac{2}{3}k_{1i}(T_{n+1})\Delta\boldsymbol{\varepsilon}_{n+1}^{\text{p}} - k_{2i}(T_{n+1})\boldsymbol{\alpha}_{n+1}^{i}\Delta\bar{\varepsilon}_{n+1}^{\text{p}} \tag{9-37}$$

$$\sigma_{y(n+1)}(\bar{\varepsilon}_{n+1}^{\text{p}}, T_{n+1}) = \sigma_{y0}(T_{n+1}) + [\sigma_{\text{sa}}(T_{n+1}) - \sigma_{y0}(T_{n+1})][1 - \exp(-b\bar{\varepsilon}_{n+1}^{\text{p}})] \tag{9-38}$$

（3）功热转换方程的离散：

$$\begin{aligned}\rho c(T_{n+1})\Delta T_{n+1} = {} & \eta\boldsymbol{\sigma}_{n+1} : \Delta\boldsymbol{\varepsilon}_{n+1}^{\text{p}} + \left[\frac{\partial G(T_{n+1})}{\partial T_{n+1}}\frac{\boldsymbol{s}_{n+1}}{G(T_{n+1})}\Delta t_{n+1}\right. \\ & \left. + \left(\frac{\partial K(T_{n+1})}{\partial T_{n+1}}\frac{\text{tr}(\boldsymbol{\sigma}_{n+1})\mathbf{1}}{3K(T_{n+1})} - 3\alpha(T_{n+1})K(T)\mathbf{1}\right) : \Delta\boldsymbol{\varepsilon}_{n+1}^{\text{rev}}\right]T_{n+1} \\ & + \rho r - J\,\text{div}(\boldsymbol{q}_{n+1}(T_{n+1}))\Delta t_{n+1}\end{aligned} \tag{9-39}$$

$$\boldsymbol{q}_{n+1}(T_{n+1}) = -\boldsymbol{k}(T_{n+1})\partial_x T_{n+1} \tag{9-40}$$

9.2.2 隐式应力积分

假定 t_n 时刻的所有变量都已知，并给定了第（$n+1$）步的增量 Δt_{n+1} 和 $\Delta\boldsymbol{\varepsilon}_{n+1}$，由此可通过弹性预测-塑性校正法获取第（$n+1$）步的值。

1. 弹性预测

假定 $\Delta\boldsymbol{\varepsilon}_{n+1}$ 仅由弹性应变构成，则可定义试弹性应力状态：

$$\boldsymbol{\sigma}_{n+1}^{*} = \boldsymbol{C}^{\text{e}}(T_{n+1}) : \boldsymbol{\varepsilon}_{n+1} \tag{9-41}$$

其相对应的屈服函数为

$$F_{n+1}^{*} = \sqrt{\frac{3}{2}(\boldsymbol{s}_{n+1}^{*} - \boldsymbol{\alpha}_{n}):(\boldsymbol{s}_{n+1}^{*} - \boldsymbol{\alpha}_{n})} - \sigma_{y(n)} \tag{9-42}$$

其中，$\boldsymbol{s}_{n+1}^{*} = \boldsymbol{\sigma}_{n+1}^{*} - \frac{1}{3}\text{tr}(\boldsymbol{\sigma}_{n+1}^{*})\mathbf{1}$。

如果 $F_{n+1}^{*} \leqslant 0$，则可认为给定的试状态为真实的状态，即为弹性状态，故有

$$(\bullet)_{n+1} = (\bullet)_{n+1}^{*} \tag{9-43}$$

如果 $F_{n+1}^{*} > 0$，则说明发生了塑性变形，需要进行塑性校正。

2. 塑性校正

当 $F^*_{n+1}>0$ 时，发生了塑性屈服，与普通的塑性校正不一样，给定的应变增量 $\Delta\boldsymbol{\varepsilon}_{n+1}$ 中包含了一部分的塑性应变增量 $\Delta\boldsymbol{\varepsilon}^{\mathrm{p}}_{n+1}$ 和一部分的热应变 $\Delta\boldsymbol{\varepsilon}^{\mathrm{th}}_{n+1}$，由式（9-2）和式（9-41）可得

$$\boldsymbol{\sigma}_{n+1}=\boldsymbol{\sigma}^*_{n+1}-\boldsymbol{C}^{\mathrm{e}}(T_{n+1}):(\Delta\boldsymbol{\varepsilon}^{\mathrm{p}}_{n+1}+\Delta\boldsymbol{\varepsilon}^{\mathrm{th}}_{n+1})\tag{9-44}$$

其中，$\boldsymbol{C}^{\mathrm{e}}(T_{n+1}):(\Delta\boldsymbol{\varepsilon}^{\mathrm{p}}_{n+1}+\Delta\boldsymbol{\varepsilon}^{\mathrm{th}}_{n+1})$ 为热塑性校正因子。

根据热塑性校正因子，须获得 $\Delta\boldsymbol{\varepsilon}^{\mathrm{p}}_{n+1}$ 和 $\Delta\boldsymbol{\varepsilon}^{\mathrm{th}}_{n+1}$ 后即可校正，而根据式（9-32）和式（9-33）可知，只要求得标量 $\Delta\bar{\varepsilon}^{\mathrm{p}}_{n+1}$ 和 ΔT_{n+1}，即可获得热塑性校正因子。为了简单起见，ΔT_n 为已知的，ΔT_{n+1} 可假定为上一步的温度变化，即 ΔT_n，也正是上一步的温度变化引起了下一步的力学行为，则式（9-44）可改写为

$$\boldsymbol{\sigma}_{n+1}=\boldsymbol{\sigma}^*_{n+1}-\boldsymbol{C}^{\mathrm{e}}(T_{n+1}):(\Delta\boldsymbol{\varepsilon}^{\mathrm{p}}_{n+1}+\Delta\boldsymbol{\varepsilon}^{\mathrm{th}}_{n})\tag{9-45}$$

3. 非线性标量方程

已有研究表明[12]：对各向同性弹性、小变形和关联流动塑性问题，即使是非线性随动硬化规律具有多方面的特征，上述问题也都可以退化为求解一个非线性标量方程，下面将对此描述的标量方程进行推导。根据式（9-44），可获得其偏量形式为

$$\boldsymbol{s}_{n+1}=\boldsymbol{s}^*_{n+1}-2G(T_{n+1})(\Delta\boldsymbol{\varepsilon}^{\mathrm{p}}_{n+1}+\Delta\boldsymbol{\varepsilon}^{\mathrm{th}}_{n})\tag{9-46}$$

两边同时减去背应力可得

$$\boldsymbol{s}_{n+1}-\boldsymbol{\alpha}_{n+1}=\boldsymbol{s}^*_{n+1}-2G(T_{n+1})(\Delta\boldsymbol{\varepsilon}^{\mathrm{p}}_{n+1}+\Delta\boldsymbol{\varepsilon}^{\mathrm{th}}_{n})-\sum_{i=1}^{M}\boldsymbol{\alpha}_{i(n+1)}\tag{9-47}$$

结合式（9-37）可得

$$\boldsymbol{\alpha}^i_{n+1}=\theta^i_{n+1}\left(\boldsymbol{\alpha}^i_n+\frac{2}{3}k_{1i}(T_{n+1})\Delta\boldsymbol{\varepsilon}^{\mathrm{p}}_{n+1}\right)\tag{9-48}$$

其中，

$$\theta^i_{n+1}=\frac{1}{1+k_{2i}(T_{n+1})\Delta\bar{\varepsilon}^{\mathrm{p}}_{n+1}}\tag{9-49}$$

利用式（9-32）和式（9-34），将式（9-47）和式（9-48）中的 $\Delta\boldsymbol{\varepsilon}^{\mathrm{p}}_{n+1}$ 消去，可得

$$\boldsymbol{s}_{n+1}-\boldsymbol{\alpha}_{n+1}=\frac{\sigma_{y(n+1)}\left(\boldsymbol{s}^*_{n+1}-2G(T_{n+1})\Delta\boldsymbol{\varepsilon}^{\mathrm{th}}_n-\sum\limits_{i=1}^{M}\theta^i_{n+1}\boldsymbol{\alpha}^i_n\right)}{\sigma_{y(n+1)}+\left(3G\left(T_{n+1}\right)+\sum\limits_{i=1}^{M}\theta^i_{n+1}k_{1i}\left(T_{n+1}\right)\right)\Delta\bar{\varepsilon}^{\mathrm{p}}_{n+1}}\tag{9-50}$$

将式（9-50）代入屈服条件 $F_{y(n+1)}=0$ 中，可以获得

$$\Delta\bar{\varepsilon}^{\mathrm{p}}_{n+1}=\frac{\sqrt{\frac{3}{2}\left(\boldsymbol{s}^*_{n+1}-2G(T_{n+1})\Delta\boldsymbol{\varepsilon}^{\mathrm{th}}_n-\sum\limits_{i=1}^{M}\theta^i_{n+1}\boldsymbol{\alpha}^i_n\right):\left(\boldsymbol{s}^*_{n+1}-2G(T_{n+1})\Delta\boldsymbol{\varepsilon}^{\mathrm{th}}_n-\sum\limits_{i=1}^{M}\theta^i_{n+1}\boldsymbol{\alpha}^i_n\right)}-\sigma_{y(n+1)}}{3G(T_{n+1})+\sum\limits_{i=1}^{M}\theta^i_{n+1}k_{1i}(T_{n+1})}\tag{9-51}$$

据此，$\Delta\bar{\varepsilon}_{n+1}^{\mathrm{p}}$ 的表达式已经推导出来，即可求得热塑性矫正因子。但该方程中 θ_{n+1}^{i} 和 $\sigma_{y(n+1)}$ 均为 $\Delta\bar{\varepsilon}_{n+1}^{\mathrm{p}}$ 的函数，故而计算过程需要迭代求解。

9.2.3 加速算法

数值计算中，采用加速算法[13]，连续迭代三个增量步之后，当塑性应变增量 $\Delta\hat{\bar{\varepsilon}}_{n+1}^{\mathrm{p}}>0$ 时，将上一步的 $\Delta\hat{\bar{\varepsilon}}_{n+1}^{\mathrm{p}}$ 设置为 $\Delta\hat{\bar{\varepsilon}}_{n+1}^{\mathrm{p}}(i)$，采用以下方程进行加速收敛：

$$\Delta\hat{\bar{\varepsilon}}_{n+1}^{\mathrm{p}}=\Delta\bar{\varepsilon}_{n+1}^{\mathrm{p}}(i)-\frac{[\Delta\bar{\varepsilon}_{n+1}^{\mathrm{p}}(i)-\Delta\bar{\varepsilon}_{n+1}^{\mathrm{p}}(i-1)]^{2}}{\Delta\bar{\varepsilon}_{n+1}^{\mathrm{p}}(i)-2\mathrm{d}\bar{\varepsilon}_{n+1}^{\mathrm{p}}(i-1)+\Delta\bar{\varepsilon}_{n+1}^{\mathrm{p}}(i-2)},\quad i=3,6,9,\cdots \tag{9-52}$$

其中，i 代表每一个积分点的迭代次数，通过以下判据判别收敛性：

$$\left|\frac{1-\Delta\bar{\varepsilon}_{n+1}^{\mathrm{p}}(i-1)}{\Delta\bar{\varepsilon}_{n+1}^{\mathrm{p}}(i)}\right|<10^{-4} \tag{9-53}$$

9.2.4 一致性切线模量推导

在本构模型的有限元实现中，一致性切线模量的推导是一个比较重要的过程，以此来保证有限元整体迭代的收敛性。为了方程的简便性和直观性，方程推导过程中只给出函数，不给出内变量。首先，对离散的本构模型进行微分可得

$$\mathrm{d}(\Delta\boldsymbol{\sigma}_{n+1})=\boldsymbol{C}^{\mathrm{e}}(T_{n+1}):\mathrm{d}(\Delta\boldsymbol{\varepsilon}_{n+1}^{\mathrm{e}}) \tag{9-54}$$

$$\mathrm{d}(\Delta\boldsymbol{\varepsilon}_{n+1}^{\mathrm{e}})=\mathrm{d}(\Delta\boldsymbol{\varepsilon}_{n+1})-\mathrm{d}(\Delta\boldsymbol{\varepsilon}_{n+1}^{\mathrm{p}})-\mathrm{d}(\Delta\boldsymbol{\varepsilon}_{n+1}^{\mathrm{th}}) \tag{9-55}$$

$$\mathrm{d}\Delta\boldsymbol{\varepsilon}_{n+1}^{\mathrm{p}}=\mathrm{d}\Delta\bar{\varepsilon}_{n+1}^{\mathrm{p}}\boldsymbol{n}_{n+1}+\Delta\bar{\varepsilon}_{n+1}^{\mathrm{p}}\mathrm{d}\boldsymbol{n}_{n+1} \tag{9-56}$$

$$\mathrm{d}\boldsymbol{n}_{n+1}=\frac{3}{2}\frac{(\mathrm{d}\Delta\boldsymbol{s}_{n+1}-\mathrm{d}\Delta\boldsymbol{\alpha}_{n+1})}{\sigma_{y(n+1)}}-\frac{3}{2}\frac{\boldsymbol{n}_{n+1}}{\sigma_{y(n+1)}}\left(\frac{\mathrm{d}\bar{\sigma}_{n+1}}{\mathrm{d}\bar{\varepsilon}_{n+1}^{\mathrm{p}}}\right)\mathrm{d}\Delta\bar{\varepsilon}_{n+1}^{\mathrm{p}} \tag{9-57}$$

$$\boldsymbol{n}_{n+1}:\mathrm{d}\boldsymbol{n}_{n+1}=0 \tag{9-58}$$

对式（9-54）取偏量，并结合偏张量的性质，$\boldsymbol{C}^{\mathrm{e}}:\mathrm{d}\Delta\boldsymbol{\varepsilon}_{n+1}=2G\mathrm{d}\Delta\boldsymbol{\varepsilon}_{n+1}$，结合式（9-55）和热应变为球张量，可得到

$$\mathrm{d}\Delta\boldsymbol{s}_{n+1}=2G(\boldsymbol{I}_{\mathrm{d}}:\mathrm{d}\Delta\boldsymbol{\varepsilon}_{n+1}-\mathrm{d}\Delta\boldsymbol{\varepsilon}_{n+1}^{\mathrm{p}}) \tag{9-59}$$

其中，$\boldsymbol{I}_{\mathrm{d}}=\boldsymbol{I}-\frac{1}{3}(\boldsymbol{1}\otimes\boldsymbol{1})$ 为四阶偏量运算张量，$\boldsymbol{I}$ 为四阶单位张量。

对式（9-56）两边同乘 $\boldsymbol{n}_{n+1}$，并结合式（9-58），可得

$$\mathrm{d}\Delta\bar{\varepsilon}_{n+1}^{\mathrm{p}}=\boldsymbol{n}_{n+1}:\mathrm{d}\Delta\boldsymbol{\varepsilon}_{n+1}^{\mathrm{p}} \tag{9-60}$$

联立式（9-56）、式（9-57）和式（9-60），整理得到

$$\mathrm{d}\Delta\boldsymbol{\varepsilon}_{n+1}^{\mathrm{p}}=\left[1-\frac{3}{2}\frac{\Delta\bar{\varepsilon}_{n+1}^{\mathrm{p}}}{\sigma_{y(n+1)}}\left(\frac{\mathrm{d}\sigma_{y(n+1)}}{\mathrm{d}\bar{\varepsilon}_{n+1}^{\mathrm{p}}}\right)\right]\boldsymbol{N}_{n+1}\otimes\boldsymbol{N}_{n+1}:\mathrm{d}\Delta\boldsymbol{\varepsilon}_{n+1}^{\mathrm{p}}+\frac{3}{2}\frac{\Delta\bar{\varepsilon}_{n+1}^{\mathrm{p}}}{\sigma_{y(n+1)}}(\mathrm{d}\Delta\boldsymbol{s}_{n+1}-\mathrm{d}\Delta\boldsymbol{\alpha}_{n+1}) \tag{9-61}$$

对于背应力，其微分形式可表示为

$$\mathrm{d}\Delta\boldsymbol{\alpha}_{n+1}=\sum_{i=1}^{M}\boldsymbol{H}_{i(n+1)}:\mathrm{d}\Delta\boldsymbol{\varepsilon}_{n+1}^{\mathrm{p}} \tag{9-62}$$

其中，$\boldsymbol{H}_{i(n+1)}$ 为四阶随动硬化张量，有如下形式：

$$\boldsymbol{H}_{i(n+1)}=\frac{2}{3}\theta_{i(n+1)}k_{1i}(T)[\boldsymbol{I}-\mu_i\boldsymbol{m}_{i(n+1)}\otimes\boldsymbol{n}_{n+1}-\boldsymbol{H}(f_{i(n+1)}^{\#})(\boldsymbol{m}_{i(n+1)}\otimes\boldsymbol{m}_{i(n+1)}-\mu_i\boldsymbol{m}_{i(n+1)}\otimes\boldsymbol{n}_{n+1})] \tag{9-63}$$

其中，

$$\boldsymbol{m}_{i(n+1)}=\sqrt{\frac{3}{2}}\frac{\boldsymbol{\alpha}_{i(n+1)}}{r_i} \tag{9-64}$$

根据式（9-38），可推得

$$\left(\frac{\mathrm{d}\sigma_y}{\mathrm{d}\bar{\varepsilon}^{\mathrm{p}}}\right)_{n+1}=-b(\sigma_{\mathrm{sa}}(T_{n+1})-\sigma_{y0}(T_{n+1}))\exp(-b\bar{\varepsilon}_{n+1}^{\mathrm{p}}) \tag{9-65}$$

合并式（9-38）、式（9-59）、式（9-61）、式（9-62）和式（9-65），整理可得

$$\boldsymbol{L}_{n+1}:\mathrm{d}\Delta\boldsymbol{\varepsilon}_{n+1}^{\mathrm{p}}=2G(T_{n+1})\boldsymbol{I}_{\mathrm{d}}:\mathrm{d}\Delta\boldsymbol{\varepsilon}_{n+1} \tag{9-66}$$

其中，

$$\boldsymbol{L}_{n+1}=2G(T_{n+1})\boldsymbol{I}+\sum_{i=1}^{N}\boldsymbol{H}_{i(n+1)}-\left(\frac{\mathrm{d}\sigma_y}{\mathrm{d}\bar{\varepsilon}^{\mathrm{p}}}\right)_{n+1}\boldsymbol{n}_{n+1}\otimes\boldsymbol{n}_{n+1}+\frac{2}{3}\frac{\sigma_{y(n+1)}}{\Delta\bar{\varepsilon}_{n+1}^{\mathrm{p}}}(\boldsymbol{I}-\boldsymbol{n}_{n+1}\otimes\boldsymbol{n}_{n+1}) \tag{9-67}$$

最后，联立式（9-54）和式（9-66）可得到一致性切线刚度矩阵为

$$\frac{\mathrm{d}\Delta\boldsymbol{\sigma}_{n+1}}{\mathrm{d}\Delta\boldsymbol{\varepsilon}_{n+1}}=\boldsymbol{C}^{\mathrm{e}}(T_{n+1})-4G(T_{n+1})^2\boldsymbol{L}_{n+1}^{-1}:\boldsymbol{I}_{\mathrm{d}} \tag{9-68}$$

9.3　材料参数

基于 TA16 合金，确定材料的基本力学参数，其余的背应力参数，通过拟合获得，拟合方法参考前面章节。热对流系数 h 根据 Beni 和 Movahhed 的建议[14]，取为 20W/(m²·℃)。TA16 合金热力耦合循环本构模型材料参数如表 9-1 所示。

表 9-1　TA16 合金热力耦合循环本构模型材料参数

E_0（T_0）= 108.6GPa，ν = 0.31，ρ = 4463kg/m^3，ω_{E_1} = 3.4，ω_{E_2} = 1.9
σ_{y0}（T_0）= 381.4MPa，σ_{sa0}（T_0）= 361.4MPa，b_0（T_0）= 10
$\zeta_0^{(1\sim8)}$（T_0）= 516.1，249.8，143.1，87.0，57.0，40.0，31.2，1.0
$r_0^{(1\sim8)}$（T_0）= 11.5，29.5，24.6，19.4，17.4，8.2，10.5，56.9（MPa）
T_0 = 20℃，c_0（T_0）= 514.2J/(kg·℃)，k_0（T_0）= 9.952W/(m·℃)，α_0（T_0）= 9.01×10^{-6}℃$^{-1}$，h = 20W/(m^2·℃)，k_c = 5.41×10^{-4}，k_k = 8.99×10^{-4}，k_α = 5×10^{-4}，k_y = 5.83×10^{-4}，k_s = 0.148×10^{-4}

9.4　模型验证

9.4.1　热致颈缩行为模拟

考虑热力耦合作用时，对于一个等直段试样的拉伸过程而言，由于应力场和应变场是非均匀的，不再满足应变均匀性假设，因而热力耦合作用下的等直圆棒拉伸过程实际上是结构

分析问题。取标准试样尺寸如图 9-1 所示，为了计算方便，建立 1/8 的轴对称模型，采用 CAX8T 单元划分网格，有限元模型如图 9-2 所示，其中进行局部加密，有利于提高计算精度。

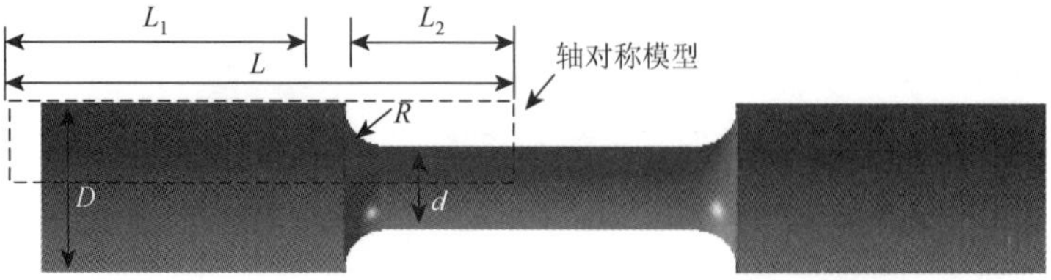

图 9-1　单调拉伸尺寸

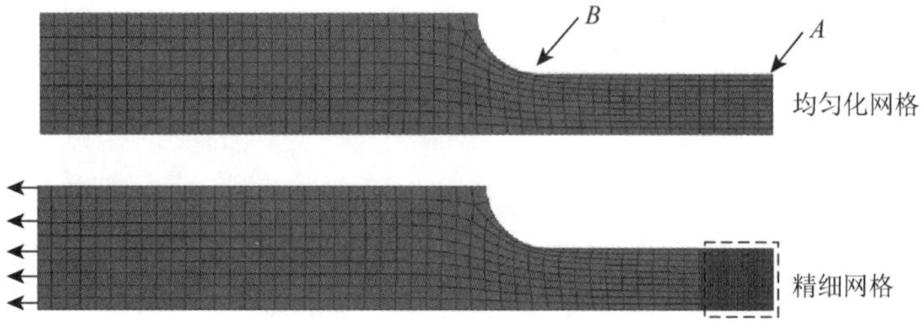

图 9-2　有限元模型

执行隐式耦合热位移分析，从模拟结果中提取试样端部的位移和载荷（约束端反力之和），与实验结果进行对比，如图 9-3（a）所示。热力耦合模拟结果较好地重现了屈服后的软化行为。再提取不同点（图 9-2 中的 A、B 点）处的温度变化数据，与实验进行对比，对比结果如图 9-3（b）所示，验证了模拟的温度分布的合理性。

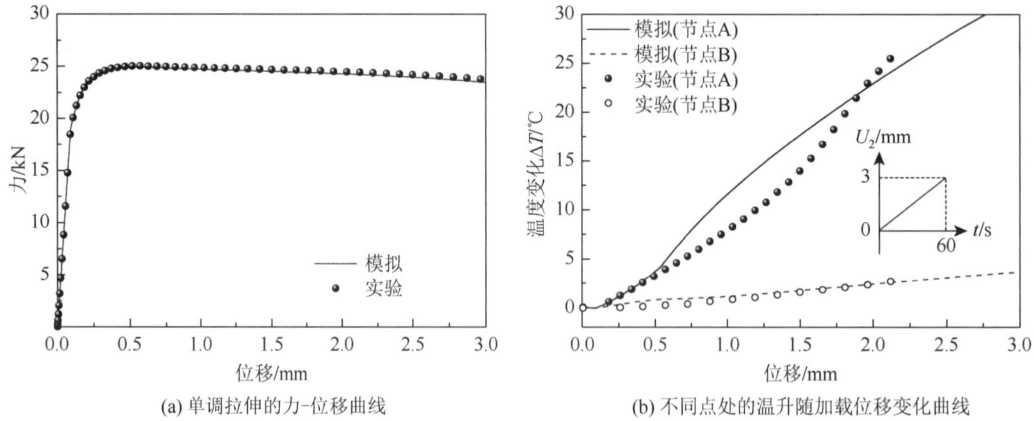

图 9-3　模拟结果与实验结果对比

图 9-4（a）进一步截取了不同时刻的温度场分布云图，并与实验结果图 9-4（b）进行了对比。从模拟的应变场分布云图可以清晰看出，随着拉伸过程的进行，试样中部位置的温度不断升高，模拟结果与实验结果虽然在最高温度上有一些差异，但总体上温度场的

分布比较接近。图 9-4（c）给出了模拟的不同时刻等效塑性应变场分布，其分布与温度场分布规律完全吻合，这是因为温度变化是由塑性耗散诱发的。

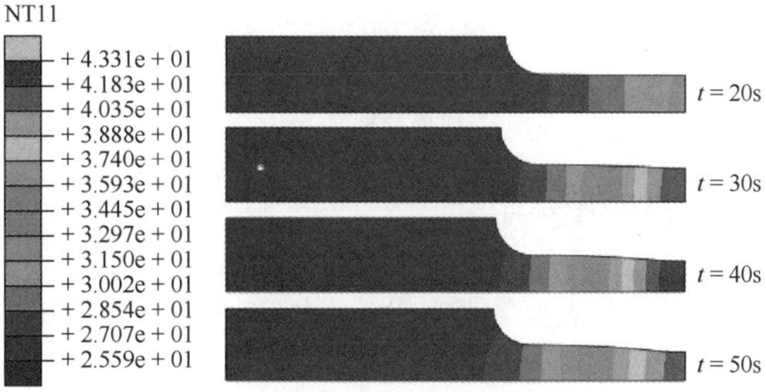

(a) ABAQUS模拟的不同时刻的温度场分布

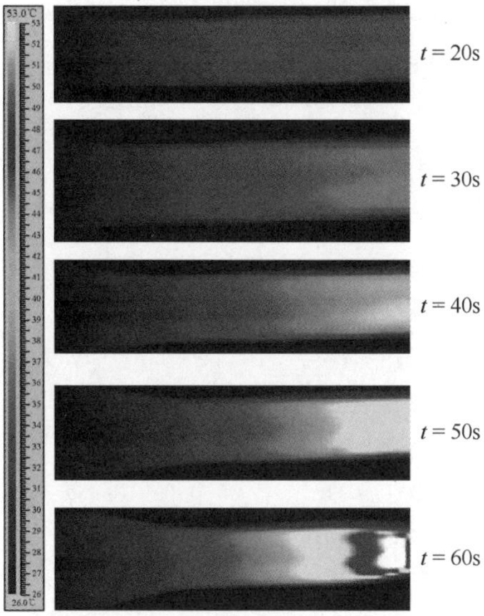

(b) FLIR-A655sc测量的不同时刻的温度场分布

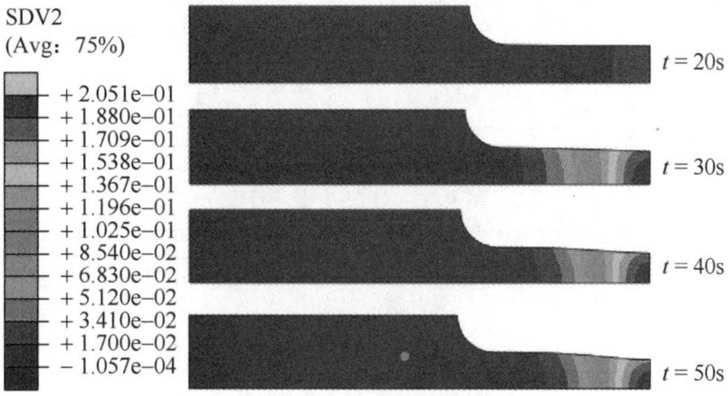

(c) ABAQUS 模拟的不同时刻等效塑应变场分布

图 9-4　单调拉伸过程中的实验和模拟结果

扫一扫　看彩图

9.4.2　UMAT 代码和 INP 文件

9.4.3　材料参数和状态变量声明

UMAT 中的材料参数和状态变量声明分别见表 9-2 和表 9-3，状态变量输出需要在 Step 中选取 SDV 输出。

表 9-2　材料参数声明

参数名称	参数含义	变量名称	单位	可能的取值范围
yg	弹性模量	E	MPa	100000～110000
pn	泊松比	ν	/	0.3～0.33
sy0	弹性极限应力	Q_0	MPa	0～2000
mah	背应力分项个数	M	/	1～24
zi（1～8）	背应力参数	$\zeta^{(k)}$	/	$<E$
ri（1～8）	背应力参数	$r^{(k)}$	MPa	>1
Owaf	棘轮系数	μ		0～1
gm	各向同性硬化速率	γ		0～20
qsa0	参考温度下的饱和各向同性抗力	Q_{sa}		0～ σ_b
yta	功热转换系数	η		0.4～1.0
temp0	参考温度	T_0	℃	20～25
ky	弹性模量温度相关系数	k_E	/	/
ka	热膨胀系数温度相关系数	k_α	/	/
ks	热膨胀系数温度相关系数	k_{sa0}	/	/
kc	比热温度相关系数	k_c	/	/
kk	传导温度相关系数	k_k	/	/

表 9-3　状态变量声明

材料参数编号	参数含义	变量名称
Statev（1）	弹性极限应力	Q_0
Statev（2）	累积塑性应变	p
Statev（3～8）	塑性应变 1～6 个分量	ε_{11}^{p}，ε_{22}^{p}，ε_{33}^{p}，ε_{12}^{p}，ε_{13}^{p}，ε_{23}^{p}
Statev（9～56）	48 个背应力分量（8 项背应力，每个背应力有 6 个分量）	$\boldsymbol{\alpha}^{(k)}(k=1,2,\cdots,M)$

9.5　位移控制循环变形行为模拟

9.5.1　有限元分析

施加对称循环位移，位移幅值为 0.30mm，考虑 25 个循环（实验的循环周次为 25 次），进行耦合热位移分析。首先提取力-位移循环历史数据，结果如图 9-5 所示。可以看出，每个循环周次下的最大载荷随着循环周次的增加不断降低，体现出循环软化特征。

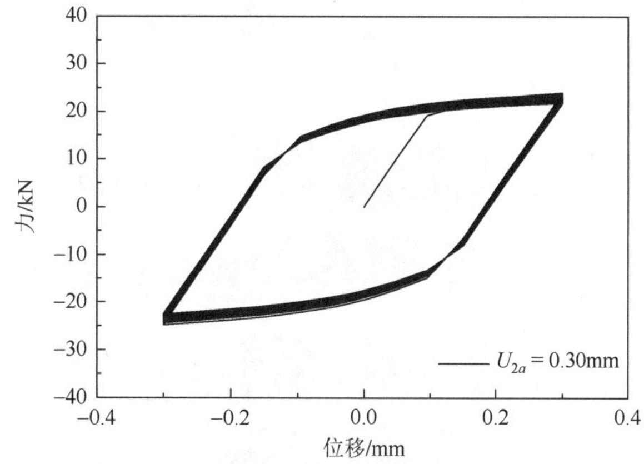

图 9-5　位移控制下的力-位移曲线

图 9-6（a）显示了 FLIR-A655sc 测量的不同循环周次下的温度场分布云图，并与实验结果图 9-6（b）进行了对比。由图可知，随着循环周次的增加，温度不断升高，实验和模拟的温度场分布比较吻合。图 9-6（c）给出了模拟的不同循环周次下的等效塑性应变场分布，其分布与温度场分布规律完全吻合。

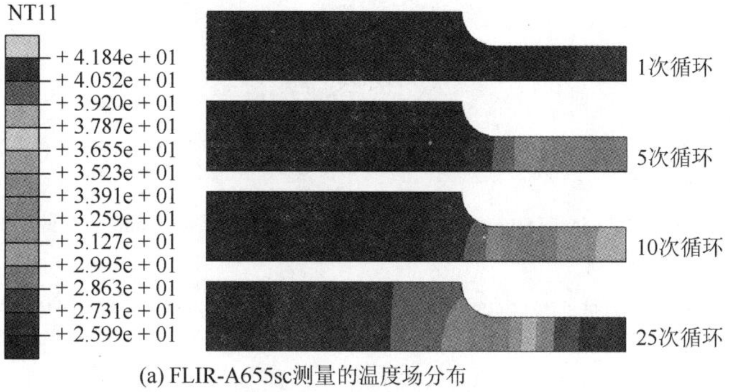

(a) FLIR-A655sc测量的温度场分布

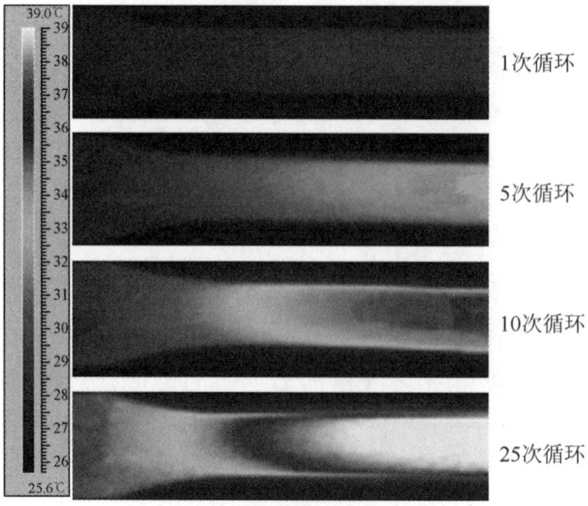

(b) ABAQUS模拟的温度场分布

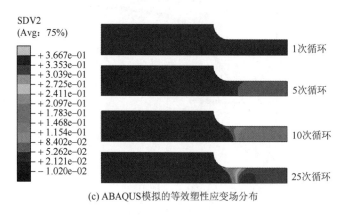

(c) ABAQUS模拟的等效塑性应变场分布

图 9-6　应变控制循环过程中的云图分布

扫一扫　看彩图

9.5.2　INP 文件

参 考 文 献

[1] Kang G Z. Ratchetting：Recent progresses in phenomenon observation，constitutive modeling and application. Int. J. Fatigue，2008，30（8）：1448-1472.

[2] Kan Q H，Kang G Z，Zhang J. Uniaxial time-dependent ratchetting：Visco-plastic model and finite element application. Theor. Appl. Fract. Mech.，2007，47：133-144.

[3] Ding J，Kang G Z，Kan Q H，et al. Constitutive model for time-dependent ratchetting behavior of 6061-T6 aluminum alloy. Comp. Mater. Sci.，2012，57：67-72.

[4] Kang G Z，Gao Q. Uniaxial and non-proportionally multiaxial ratchetting of U71Mn rail steel：Experiments and simulations. Mech. Mater.，2002，34：809-820.

[5] Armstrong P J，Frederick C O. A mathematical representation of the multiaxial Bauschinger effect. GEGB report RD/B/N731，

Berkeley Nuclear Laboratories，1966.

[6] Ohno N，Wang J D. Nonlinear kinematic hardening rule with critical state of dynamic recovery，part I：formulation and basic features for ratchetting behavior. Int. J. Plast.，1993，9：3575-3590.

[7] Booley B，Weiner J. Theory of Thermal Stresses. New York：Wiley，1960.

[8] Taylor G，Quinney H. The latent energy remaining in a metal after cold working. Prog. Mater. Sci.，1934，A 143：307-326.

[9] Oliferuk W，Swiatnicki W，Grabski M. Rate of energy storage and microstructure evolution during the tensile deformation of austenitic steel. Mater. Sci. Eng. A，1993，161（1）：55-63.

[10] Rusinek A，Klepaczko J R. Experiments on heat generated during plastic deformation and stored energy for TRIP steels. Mater. Des.，2009，30：35-48.

[11] Stainier L，Ortiz M. Study and validation of a variational theory of thermo-mechanical coupling in finite visco-plasticity. Int. J. Solid. Struct.，2010，47：705-715.

[12] Hartmann S，Lührs G，Haupt P. An efficient stress algorithm with applications in viscoplasticity and plasticity. International Journal for Numerical Methods in Engineering，1997，40（6）：991-1013.

[13] Kobayashi M，Ohno N. Implementation of cyclic plasticity models based on a general form of kinematic hardening. Int. J. Numer. Meth. Engng.，2002，53：2217-2238.

[14] Beni Y T，Movahhedy M R. Consistent arbitrary Lagrangian Eulerian formulation for large deformation thermo-mechanical analysis. Mater. Des.，2010，31：3690-3702.

第 10 章　耦合损伤循环塑性本构关系

前几章中提到的循环本构模型只能在几百个循环周次内预测材料的循环应力应变响应，无法对全寿命棘轮行为进行预测。随着损伤力学的发展，引入疲劳损伤概念的耦合损伤循环本构模型能够同时考虑疲劳损伤对材料全寿命棘轮行为的影响以及棘轮变形对疲劳失效寿命的影响。因此，本章将基于 Lemaitre 和 Desmorat[1]提出的应变等效原理，通过在弹性应力应变关系和 von Mises 屈服准则中用等效应力来代替应力张量的方式考虑损伤与弹塑性变形之间的耦合关系，从而建立耦合损伤循环本构关系。

10.1　本 构 方 程

10.1.1　主控方程

在小变形假设下总应变可分解为弹性应变和塑性应变，用张量的形式表达为

$$\boldsymbol{\varepsilon}=\boldsymbol{\varepsilon}^{\mathrm{e}}+\boldsymbol{\varepsilon}^{\mathrm{p}} \tag{10-1}$$

其中，$\boldsymbol{\varepsilon}$ 为应变张量；$\boldsymbol{\varepsilon}^{\mathrm{e}}$ 和 $\boldsymbol{\varepsilon}^{\mathrm{p}}$ 分别为弹性应变张量与塑性应变张量。

弹性应力应变响应遵循胡克定律：

$$\boldsymbol{\sigma}=(1-D)\boldsymbol{C}:[\boldsymbol{\varepsilon}-\boldsymbol{\varepsilon}^{\mathrm{p}}] \tag{10-2}$$

式中，$\boldsymbol{\sigma}$ 为应力张量；$\boldsymbol{C}$ 为弹性张量；D 为各向同性损伤变量。

式（10-2）的率形式为

$$\dot{\boldsymbol{\sigma}}=(1-D)\boldsymbol{C}:[\dot{\boldsymbol{\varepsilon}}-\dot{\boldsymbol{\varepsilon}}^{\mathrm{p}}]-\frac{\boldsymbol{\sigma}}{1-D}\dot{D} \tag{10-3}$$

von Mises 屈服条件为

$$F_y=\sqrt{1.5(\tilde{\boldsymbol{s}}-\tilde{\boldsymbol{\alpha}}):(\tilde{\boldsymbol{s}}-\tilde{\boldsymbol{\alpha}})}-\sigma_y\leqslant 0 \tag{10-4}$$

其中，σ_y 为屈服面半径；$\tilde{\boldsymbol{s}}$ 和 $\tilde{\boldsymbol{\alpha}}$ 分别为有损材料的偏应力张量与背应力张量，定义如下：

$$\tilde{\boldsymbol{s}}=\boldsymbol{s}/(1-D) \tag{10-5}$$

$$\tilde{\boldsymbol{\alpha}}=\boldsymbol{\alpha}/(1-D) \tag{10-6}$$

式中，$\boldsymbol{s}$ 为偏应力张量；$\boldsymbol{\alpha}$ 为背应力张量。

采用正交塑性流动准则：

$$\dot{\boldsymbol{\varepsilon}}^{\mathrm{p}} = \sqrt{\frac{3}{2}}\dot{p}\boldsymbol{n} \tag{10-7}$$

其中，$\dot{p}$ 为等效塑性应变率；$\boldsymbol{n}$ 为单位方向张量：

$$\boldsymbol{n} = \frac{\tilde{\boldsymbol{s}} - \tilde{\boldsymbol{\alpha}}}{\|\tilde{\boldsymbol{s}} - \tilde{\boldsymbol{\alpha}}\|} \tag{10-8}$$

10.1.2　随动硬化律

随动硬化律采用修正的 Chaboche 模型[2]，并考虑损伤的影响。在模型中，背应力被分解为 m 个分量：

$$\boldsymbol{\alpha}=\sum_{i=1}^{m}\boldsymbol{\alpha}^{(i)} \tag{10-9}$$

$$\dot{\boldsymbol{\alpha}}^{(i)} = (1-D)\left(\frac{2}{3}C^{(i)}\dot{\boldsymbol{\varepsilon}}^{\mathrm{p}} - \mu\gamma^{(i)}\boldsymbol{\alpha}^{(i)}\dot{p}\right) - \frac{\boldsymbol{\alpha}^{(i)}}{1-D}\dot{D} \tag{10-10}$$

其中，$C^{(i)}$、$\gamma^{(i)}$为材料常数；μ 为棘轮控制参数：

$$\mu = \mu_{\mathrm{sat}} + (1-\mu_{\mathrm{sat}})\mathrm{e}^{-kp} \tag{10-11}$$

式中，μ_{sat} 对应棘轮应变稳定增长时的速率；k 代表棘轮应变由初始到稳定增长的变化速率，如图 10-1 所示。本工作中的轴向棘轮应变 ε_r 采用如下定义：

$$\varepsilon_r = \frac{1}{2}(\varepsilon_{\max} + \varepsilon_{\min}) \tag{10-12}$$

式中，$\varepsilon_{\max}$ 和 $\varepsilon_{\min}$ 分别代表一次循环中的最大和最小应变。

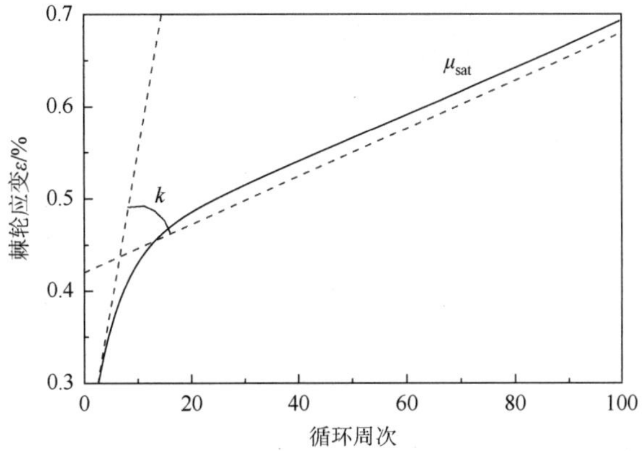

图 10-1　棘轮应变演化示意图

10.1.3　损伤演化律

损伤演化律采用应力控制的形式[3]，表达式如下：

$$\frac{\mathrm{d}D}{\mathrm{d}N}=a\left[\frac{A_{\mathrm{II}}}{M_0(1-3b\sigma_{H,\mathrm{mean}})(1-D)}\right]^c \tag{10-13}$$

其中，N 为循环圈数；a、b、M_0 为材料参数；A_{II} 为一次循环中八面体剪应力的幅值：

$$A_{\mathrm{II}}=\frac{1}{2}\left[\frac{3}{2}(s_{ij,\max}-s_{ij,\min})(s_{ij,\max}-s_{ij,\min})\right]^{\frac{1}{2}} \tag{10-14}$$

其中，$s_{ij,\max}$ 和 $s_{ij,\min}$ 分别为循环中偏应力张量 ij 分量的最大值和最小值。$\sigma_{H,\mathrm{mean}}$ 为一次循环中静水压力的平均值：

$$\sigma_{H,\mathrm{mean}}=1/6(\sigma_{ii,\max}+\sigma_{ii,\min}) \tag{10-15}$$

其中，$\sigma_{ii,\max}$ 和 $\sigma_{ii,\min}$ 分别为循环中静水压力的最大值和最小值。值得注意的是，当式(10-13)退化为单轴加载时，式（10-14）和式（10-15）则分别代表应力幅值和平均应力。

10.2　有限元实现格式

10.2.1　增量形式的本构方程

采用向后欧拉差分法对本构模型在$[t_n, t_{n+1}]$时间间隔内进行离散，得到如下表达式：

$$\boldsymbol{\varepsilon}_{n+1}=\boldsymbol{\varepsilon}_{n+1}^{\mathrm{e}}+\boldsymbol{\varepsilon}_{n+1}^{\mathrm{p}} \tag{10-16}$$

$$\boldsymbol{\varepsilon}_{n+1}^{\mathrm{p}}=\boldsymbol{\varepsilon}_{n}^{\mathrm{p}}+\Delta\boldsymbol{\varepsilon}_{n+1}^{\mathrm{p}} \tag{10-17}$$

$$\boldsymbol{\sigma}_{n+1}=\frac{1-D_N}{1-D_{N-1}}[\boldsymbol{\sigma}_n+(1-D_N)\boldsymbol{C}:\Delta\boldsymbol{\varepsilon}_{n+1}^{\mathrm{e}}] \tag{10-18}$$

$$p_{n+1}=p_n+\Delta p_{n+1} \tag{10-19}$$

$$\Delta\boldsymbol{\varepsilon}_{n+1}^{\mathrm{p}}=\sqrt{\frac{3}{2}}\Delta p_{n+1}\boldsymbol{n}_{n+1} \tag{10-20}$$

$$\boldsymbol{n}_{n+1}=\sqrt{\frac{3}{2}}\frac{\tilde{\boldsymbol{s}}_{n+1}-\tilde{\boldsymbol{\alpha}}_{n+1}}{\sigma_y} \tag{10-21}$$

$$F_{y(n+1)}=\sqrt{1.5(\tilde{\boldsymbol{s}}_{n+1}-\tilde{\boldsymbol{\alpha}}_{n+1}):(\tilde{\boldsymbol{s}}_{n+1}-\tilde{\boldsymbol{\alpha}}_{n+1})}-\sigma_y \tag{10-22}$$

$$\boldsymbol{n}_{n+1}:\boldsymbol{n}_{n+1}=1 \tag{10-23}$$

式（10-16）～式（10-23）中，$\Delta\boldsymbol{\varepsilon}_{n+1}^{\mathrm{p}}$ 代表第（$n+1$）步的塑性应变增量；$\Delta\boldsymbol{\varepsilon}_{n+1}^{\mathrm{e}}$ 代表第（$n+1$）步的弹性应变增量；Δp_{n+1} 为第（$n+1$）步的等效塑性应变增量；D_N 代表第 N 次循环时的材料损伤。$\tilde{\boldsymbol{s}}_{n+1}$ 和 $\tilde{\boldsymbol{\alpha}}_{n+1}$ 的定义如下：

$$\tilde{\boldsymbol{s}}_{n+1}=\boldsymbol{s}_{n+1}/(1-D_N) \tag{10-24}$$

$$\tilde{\boldsymbol{\alpha}}_{n+1}=\boldsymbol{\alpha}_{n+1}/(1-D_N) \tag{10-25}$$

背应力演化方程离散为

$$\boldsymbol{\alpha}_{n+1}^{(i)}=\boldsymbol{\alpha}_{n}^{(i)}+(1-D_N)\left(\frac{2}{3}C^{(i)}\Delta\boldsymbol{\varepsilon}_{n+1}^{\mathrm{p}}-\mu\gamma^{(i)}\boldsymbol{\alpha}_{n+1}^{(i)}\Delta p_{n+1}\right)-\Delta D_N\frac{\boldsymbol{\alpha}_{n+1}^{(i)}}{1-D_N} \tag{10-26}$$

其中，ΔD_N 为第 N 圈的损伤增量。对式（10-26）合并同类项后得到

$$\boldsymbol{\alpha}_{n+1}^{(i)}=\theta_{n+1}^{(i)}\left[\frac{2}{3}(1-D_N)C^{(i)}\Delta\boldsymbol{\varepsilon}_{n+1}^{\mathrm{p}}+\boldsymbol{\alpha}_{n}^{(i)}\right] \tag{10-27}$$

其中，$\theta_{n+1}^{(i)}$ 的表达式如下：

$$\theta_{n+1}^{(i)}=\frac{1}{1+(1-D_N)\mu\gamma^{(i)}\Delta p_{n+1}+\dfrac{\Delta D_N}{1-D_N}} \tag{10-28}$$

定义一个弹性试状态：

$$\boldsymbol{\sigma}_{n+1}^{*}=(1-D_N)\boldsymbol{C}:\Delta\boldsymbol{\varepsilon}_{n+1}+\boldsymbol{\sigma}_{n} \tag{10-29}$$

$$\boldsymbol{\alpha}_{n+1}^{(i)*}=\boldsymbol{\alpha}_{n}^{(i)} \tag{10-30}$$

式中，$\Delta\boldsymbol{\varepsilon}_{n+1}$ 为第（$n+1$）步的应变增量；$\boldsymbol{\sigma}_{n+1}^{*}$，$\boldsymbol{\alpha}_{n+1}^{(i)*}$ 分别为应力和背应力的试状态，由此可得屈服函数试状态：

$$F_{y(n+1)}^{*}=\sqrt{1.5(\tilde{\boldsymbol{s}}_{n+1}^{*}-\tilde{\boldsymbol{\alpha}}_{n}):(\tilde{\boldsymbol{s}}_{n+1}^{*}-\tilde{\boldsymbol{\alpha}}_{n})}-\sigma_y \tag{10-31}$$

其中，$\tilde{\boldsymbol{s}}_{n+1}^{*}$ 为等效试偏应力。若 $F_{y(n+1)}^{*}<0$，则说明试状态为真实状态，反之则需要求解 $\Delta\boldsymbol{\varepsilon}_{n+1}^{\mathrm{p}}$，利用式（10-18）获取真实应力。式（10-18）可写为如下形式：

$$\boldsymbol{\sigma}_{n+1}=\frac{1-D_N}{1-D_{N-1}}[\boldsymbol{\sigma}_{n+1}^{*}-(1-D_N)\boldsymbol{C}:\Delta\boldsymbol{\varepsilon}_{n+1}^{\mathrm{p}}] \tag{10-32}$$

式（10-32）的偏量表达式可写为

$$\boldsymbol{s}_{n+1}=\frac{1-D_N}{1-D_{N-1}}[\boldsymbol{s}_{n+1}^{*}-(1-D_N)2G\Delta\boldsymbol{\varepsilon}_{n+1}^{\mathrm{p}}] \tag{10-33}$$

其中，G 为剪切模量。上式两端同时减去 $\boldsymbol{\alpha}_{n+1}$，并在式子右边用式（10-27）替换 $\boldsymbol{\alpha}_{n+1}$，用式（10-20）和式（10-21）替换 $\Delta\boldsymbol{\varepsilon}_{n+1}^{\mathrm{p}}$，得到下式：

$$\boldsymbol{s}_{n+1}-\boldsymbol{\alpha}_{n+1}=\frac{\sigma_y\left(\dfrac{1-D_N}{1-D_{N-1}}\boldsymbol{s}_{n+1}^{*}-\sum_{i=1}^{m}\theta_{n+1}^{(i)}\boldsymbol{\alpha}_n^{(i)}\right)}{\sigma_y+\left(3\dfrac{1-D_N}{1-D_{N-1}}G+\sum_{i=1}^{m}\theta_{n+1}^{(i)}C^{(i)}\right)\Delta p_{n+1}} \tag{10-34}$$

最后将上式代入屈服函数（10-22）并令屈服函数为 0，则得到关于等效塑性应变增量 Δp_{n+1} 的标量方程：

$$\Delta p_{n+1}=\frac{\left[\dfrac{3}{2}\left(\dfrac{1-D_N}{1-D_{N-1}}\boldsymbol{s}_{n+1}^{*}-\sum_{i=1}^{m}\theta_{n+1}^{(i)}\boldsymbol{\alpha}_n^{(i)}\right):\left(\dfrac{1-D_N}{1-D_{N-1}}\boldsymbol{s}_{n+1}^{*}-\sum_{i=1}^{m}\theta_{n+1}^{(i)}\boldsymbol{\alpha}_n^{(i)}\right)\right]^{\frac{1}{2}}-\sigma_y}{(1-D_N)\left(3\dfrac{1-D_N}{1-D_{N-1}}G+\sum_{i=1}^{m}\theta_{n+1}^{(i)}C^{(i)}\right)} \tag{10-35}$$

10.2.2 一致性切线模量推导

为了简化一致性切线模量的表达式，并且不影响计算的速度和精度，假定第 N 圈的 ΔD_N 为常数。分别对式（10-18）、式（10-20）、式（10-21）、式（10-23）求微分：

$$\mathrm{d}\Delta\boldsymbol{\sigma}_{n+1}=\frac{(1-D_N)^2}{1-D_{N-1}}\boldsymbol{C}:(\mathrm{d}\Delta\boldsymbol{\varepsilon}_{n+1}-\mathrm{d}\Delta\boldsymbol{\varepsilon}_{n+1}^{\mathrm{p}}) \tag{10-36}$$

$$\mathrm{d}\Delta\boldsymbol{\varepsilon}_{n+1}^{\mathrm{p}}=\sqrt{\frac{3}{2}}(\mathrm{d}\Delta p_{n+1}\boldsymbol{n}_{n+1}+\Delta p_{n+1}\mathrm{d}\boldsymbol{n}_{n+1}) \tag{10-37}$$

$$\mathrm{d}\boldsymbol{n}_{n+1}=\sqrt{\frac{3}{2}}\frac{\mathrm{d}\Delta\tilde{\boldsymbol{s}}_{n+1}-\mathrm{d}\Delta\tilde{\boldsymbol{\alpha}}_{n+1}}{\sigma_y} \tag{10-38}$$

$$\boldsymbol{n}_{n+1}:\mathrm{d}\boldsymbol{n}_{n+1}=0 \tag{10-39}$$

对式（10-36）求偏张量：

$$\mathrm{d}\Delta\boldsymbol{s}_{n+1}=\frac{(1-D_N)^2}{1-D_{N-1}}2G(\boldsymbol{I}_{\mathrm{d}}:\mathrm{d}\Delta\boldsymbol{\varepsilon}_{n+1}-\mathrm{d}\Delta\boldsymbol{\varepsilon}_{n+1}^{\mathrm{p}}) \tag{10-40}$$

其中，$\boldsymbol{I}_{\mathrm{d}}=\boldsymbol{I}-\mathbf{1}\otimes\mathbf{1}$ 为单位偏张量；$\mathbf{1}=\delta_{ij}$ 为二阶单位张量。

对式（10-37）两端左乘 $\boldsymbol{n}_{n+1}$，结合式（10-23）与式（10-39）得到

$$\mathrm{d}\Delta p_{n+1}=\sqrt{\frac{2}{3}}\boldsymbol{n}_{n+1}:\mathrm{d}\Delta\boldsymbol{\varepsilon}_{n+1}^{\mathrm{p}} \tag{10-41}$$

再将式（10-38）与式（10-41）代入式（10-37），得到

$$\mathrm{d}\Delta p_{n+1}=\boldsymbol{n}_{n+1}\otimes\boldsymbol{n}_{n+1}:\mathrm{d}\Delta\boldsymbol{\varepsilon}_{n+1}^{\mathrm{p}}+\frac{3}{2}\frac{\Delta p_{n+1}}{\sigma_y}(\mathrm{d}\Delta\tilde{\boldsymbol{s}}_{n+1}-\mathrm{d}\Delta\tilde{\boldsymbol{\alpha}}_{n+1}) \tag{10-42}$$

假设 $\mathrm{d}\Delta\boldsymbol{\alpha}_{n+1}$ 具有如下形式：

$$\mathrm{d}\Delta\boldsymbol{\alpha}_{n+1}=\sum_{i=1}^{m}\boldsymbol{H}_{n+1}^{(i)}:\mathrm{d}\Delta\boldsymbol{\varepsilon}_{n+1}^{\mathrm{p}} \tag{10-43}$$

其中

$$\boldsymbol{H}_{n+1}^{(i)}=\theta_{n+1}^{(i)}\left(\frac{2}{3}(1-D_N)C^{(i)}\boldsymbol{I}-\sqrt{\frac{2}{3}}\mu\gamma^{(i)}\boldsymbol{\alpha}_{n+1}\otimes\boldsymbol{n}_{n+1}\right) \tag{10-44}$$

关于 $\boldsymbol{H}_{n+1}$ 的推导可参见 Kobayashi 和 Ohno[4]的论文。用式（10-43）与式（10-40）消去式（10-42）中的 $\mathrm{d}\Delta\tilde{\boldsymbol{\alpha}}_{n+1}$ 与 $\mathrm{d}\Delta\tilde{\boldsymbol{s}}_{n+1}$，得到

$$\boldsymbol{L}_{n+1}:\mathrm{d}\Delta\boldsymbol{\varepsilon}_{n+1}^{\mathrm{p}}=\frac{(1-D_N)^2}{1-D_{N-1}}2G\boldsymbol{I}_{\mathrm{d}}:\mathrm{d}\Delta\boldsymbol{\varepsilon}_{n+1} \tag{10-45}$$

其中

$$\boldsymbol{L}_{n+1}=\frac{(1-D_N)^2}{1-D_{N-1}}2G\boldsymbol{I}+\sum_{i=1}^{m}\boldsymbol{H}_{n+1}^{(i)}+\frac{2}{3}\frac{\sigma_y(1-D_N)}{\Delta p_{n+1}}(\boldsymbol{I}-\boldsymbol{n}_{n+1}\otimes\boldsymbol{n}_{n+1}) \tag{10-46}$$

由式（10-36）与式（10-45）最终得到一致性切线模量的表达式：

$$\frac{\mathrm{d}\Delta\boldsymbol{\sigma}_{n+1}}{\mathrm{d}\Delta\boldsymbol{\varepsilon}_{n+1}}=\frac{(1-D_N)^2}{1-D_{N-1}}\left[\boldsymbol{C}-\frac{(1-D_N)^2}{1-D_{N-1}}4G^2\boldsymbol{L}_{n+1}^{-1}:\boldsymbol{I}_{\mathrm{d}}\right] \tag{10-47}$$

10.3 材料参数确定

10.3.1 本构模型参数

在材料参数中，$C^{(i)}$ 越大，背应力的演化速率越快。若令 $C^{(1)}>C^{(2)}>C^{(3)}$，则式（10-9）反映了不同的塑性变形阶段：$C^{(1)}$ 描述塑性应变非常小时的弹塑性过渡区的非线性行为（对单轴循环 $\varepsilon^{\mathrm{p}}<0.05\%$）；$C^{(2)}$ 描述中等塑性应变时的非线性行为（对单轴循环 $\varepsilon^{\mathrm{p}}=0.05\%\sim0.5\%$）；$C^{(3)}$ 描述大塑性应变时的近似线性随动硬化现象（对单轴循环 $\varepsilon^{\mathrm{p}}>0.5\%$）。棘轮参数 μ_∞ 和 k 与材料的棘轮行为密切相关，对单调拉伸行为的描述也起到影响作用。当 $\mu_\infty=1$ 时，模型退化为 Chaboche 模型；当 $\mu_\infty<1$ 时，材料表现出循环软化特征；当 $\mu_\infty>1$ 时，材料表现出循环硬化特征。为了获得较好的模拟效果，需要综合考虑单轴拉伸实验和循环变形实验，由试错法不断调整得到。本章针对 U75V 重载高强度轨道钢，获得的本构模型参数如表 10-1 所示。

表 10-1 U75V 轨道钢材料本构模型参数

参数类型	本构模型参数
弹性常数	$E=205\mathrm{GPa}$，$\nu=0.3$，$\sigma_y=352\mathrm{MPa}$
随动硬化参数	$\gamma^{(1)}=10000$，$\gamma^{(2)}=130$，$\gamma^{(3)}=15.5$ $C^{(1)}=1305000$（MPa），$C^{(2)}=18525$（MPa），$C^{(3)}=9377.5$（MPa）
棘轮参数	$\mu_{\mathrm{sat}}=0.05$，$k=10$

10.3.2　损伤演化参数

1. 损伤变量定义

因 U75V 轨道钢材料为各向同性材料，可以由循环过程中卸载模量的相对下降率来定义标量形式的损伤变量：

$$D = 1 - \tilde{E} / E \tag{10-48}$$

其中，等效弹性模量 $\tilde{E}$ 定义为

$$\tilde{E} = E(1 - D) \tag{10-49}$$

根据上式，可从单轴拉压循环实验中获取损伤变量 D 的演化规律，如图 10-2 所示。

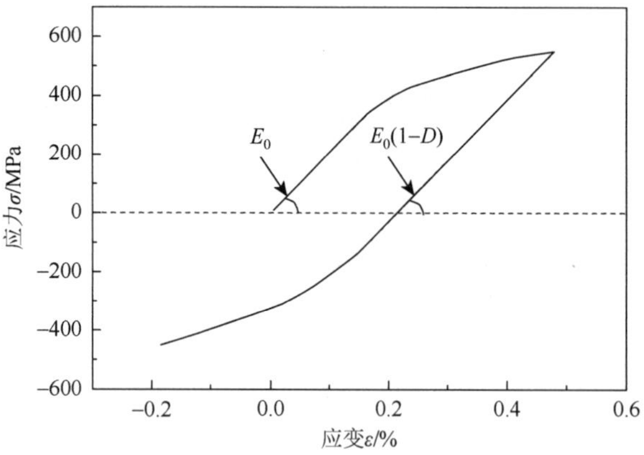

图 10-2　损伤变量与弹性模量关系示意图

当 $D = 0$ 时，代表单元处于无损状态；当 $D = D_c$ 时，代表单元处于断裂临界状态。

2. 损伤判据

对于材料损伤的判据，在 Shen 等[3]和 Zhang 等[5]的工作中，简单地认为当 $D = 1$ 时材料失效。从 Fang 等[6]的实验数据中可以看到，在循环初期，损伤变量 D 因材料的循环软化而有较高的增长速率，如图 10-3 所示。而随着循环圈数的增加，损伤增长速率逐渐降低并趋于稳定速率增长。到达一定循环周次后，因宏观裂纹的形成，损伤增长速率再次加快直到材料失效。因此，根据实验结果选定 $D_c = 0.3$。

3. 损伤演化系数

对式（10-13）由 $D = 0$ 到 $D = D_c$ 进行积分，可得材料的疲劳寿命 N_f 有如下表达式：

$$N_f = \frac{[1-(1-D_c)^{1+c}]}{a(1+c)}\left(\frac{A_{\rm II}}{M_0(1-3b\sigma_{H,\rm mean})}\right)^{-c} \tag{10-50}$$

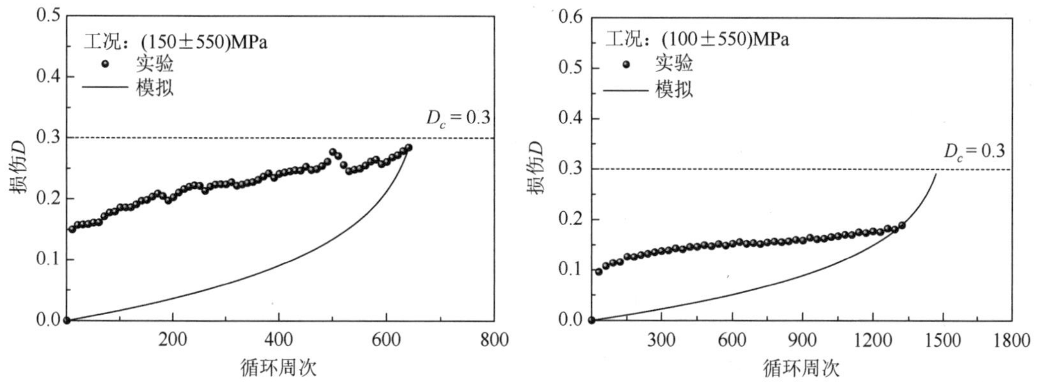

图 10-3　非对称应力循环下 U75V 轨道钢损伤变量演化实验及预测结果

根据不同工况下 U75V 轨道钢的疲劳寿命结果，可获得损伤演化系数，如表 10-2 所示。

表 10-2　损伤演化系数

a	b/MPa^{-1}	c	M_0/MPa
3.4×10^{-29}	5.0×10^{-4}	8.796	1

损伤变量 D 的计算采用下式显式算法：

$$D_{N+1} = D_N + \left(\frac{\mathrm{d}D}{\mathrm{d}N}\right)_N \Delta N \tag{10-51}$$

为了减小计算量，Zhang 等[5]提出当 $N > 100$ 时，可取 $\Delta N = 0.01N$，此时显式算法与隐式算法的计算结果相差很小。损伤演化的预测结果如图 10-3 所示。该损伤演化方程虽然不能很好地描述 U75V 轨道钢的损伤变量的演化过程，但对于材料疲劳寿命的预测效果比较好。

10.4　单元验证

10.4.1　有限元模型

为了验证 UMAT 程序的正确性，本章利用 ABAQUS/CAE 构建了三维有限元模型。有限元模型使用单个 C3D8 单元，如图 10-4 所示。通过对该模型施加单调拉伸和循环拉压载荷，结合实验数据[5]，验证本工作中编写的 UMAT 程序的正确性和有效性。

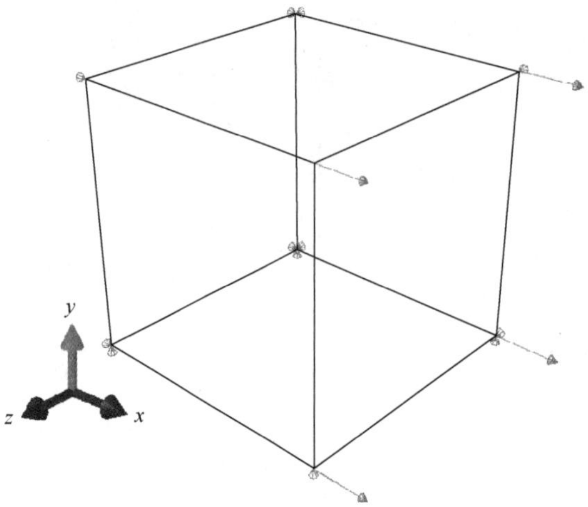

图 10-4　三维有限元模型

10.4.2　结果分析

采用表 10-1 中的参数进行模拟，获得了如图 10-5 所示的单调拉伸模拟结果，从图中可以看到，该本构模型在应变小于 4%时能够较好地模拟 U75V 轨道钢的单调拉伸实验。因为动态恢复项随着塑性应变的增大而不断减弱，故在应变大于 4%时得到应力值偏大的预测结果。

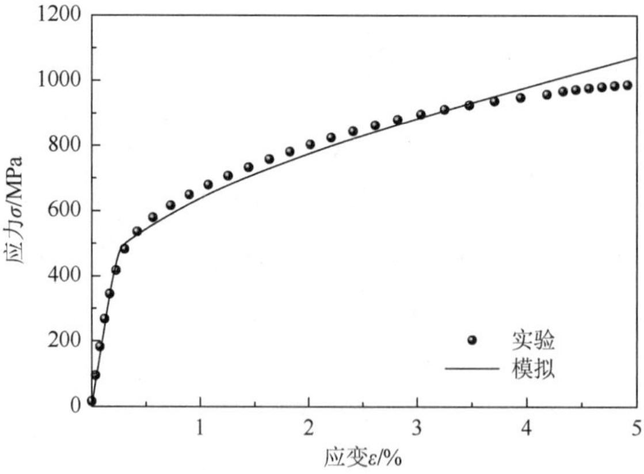

图 10-5　单调拉伸有限元验证

图 10-6 给出了非对称应力控制［(100±550) MPa］下 U75V 轨道钢的循环应力应变响应。从模拟结果可以看到，耦合损伤循环本构模型能够较为准确地模拟与预测实验结果中循环应力应变响应以及疲劳寿命。模拟得到的滞回环面积明显小于相同圈数下的实验结果，这是因为模型中使用的损伤演化方程给出的损伤值小于相同循环圈数下的实验结果。但随着循环圈数的增加，损伤变量 D 的值也不断增加，这使得模拟得到的滞回环面积随着循环圈数不断增大，并在材料发生疲劳失效时得到面积较大的滞回环。

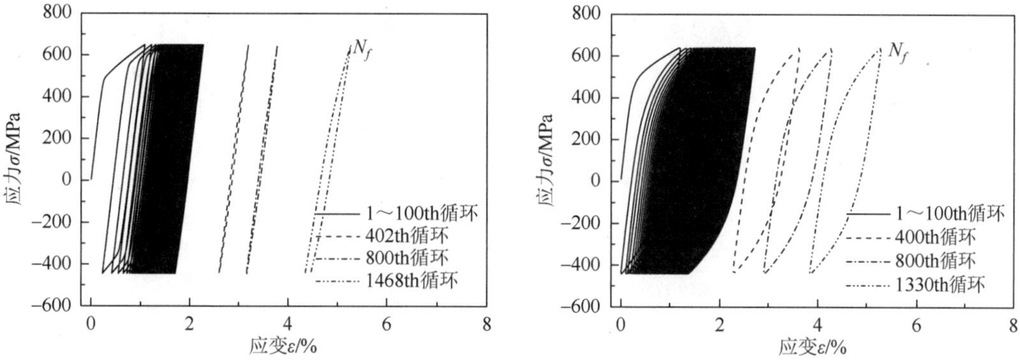

(a) 模拟结果　　(b) 实验结果

图 10-6　非对称应力控制［（100±550）MPa］下 U75V 轨道钢的循环应力应变响应

10.4.3　UMAT 代码和 INP 文件

10.4.4　材料参数和状态变量声明

UMAT 中的材料参数和状态变量声明分别见表 10-3 和表 10-4，状态变量输出需要在 Step 中选取 SDV 输出。

表 10-3　材料参数声明

参数名称	参数含义	变量名称	单位	可能取值范围
Enu	弹性模量	E	MPa	196000～210000
Emod0	泊松比	ν	/	0.3～0.33
Syield	初始屈服应力	σ_y	MPa	0～2000
mah	背应力分项个数	M	/	1～24
C0（1～3）	背应力参数	$C^{(i)}$	/	＜E
Gama0（1～3）	背应力参数	$\gamma^{(i)}$	MPa	＞1
Miumax	饱和棘轮系数	μ_{sat}	/	0～1
Bmiu	棘轮系数演化速率	k	/	/
A	损伤参数	a	/	/
B	损伤参数	b	MPa^{-1}	/
Beta	损伤参数	c	/	/
Thta	回退映射初始参数	θ	/	1

表 10-4　状态变量声明（针对三维情形，二维情形只有 4 个分量）

材料参数编号	参数含义	变量名称
Statev（1～6）	弹性应变	ε_{11}^{e}，ε_{22}^{e}，ε_{33}^{e}，ε_{12}^{e}，ε_{13}^{e}，ε_{23}^{e}
Statev（7～12）	塑性应变	ε_{11}^{p}，ε_{22}^{p}，ε_{33}^{p}，ε_{12}^{p}，ε_{13}^{p}，ε_{23}^{p}
Statev（13～18）	总背应力	α_{11}，α_{22}，α_{33}，α_{12}，α_{13}，α_{23}
Statev（19～36）	18 个背应力分量（3 项背应力，每个背应力有 6 个分量）	$\boldsymbol{\alpha}^{(i)}(i=1,2,3)$
Statev（37）	累积塑性应变	p
Statev（38）	损伤	D
Statev（39）	循环周次	N
Statev（40）	加卸载计数	$NN=2N_f$
Statev（41）	加卸载判据	P，加载 = 1，卸载 = −1
Statev（42）	前一步的损伤	D_0

10.5　轮轨二维滚动接触损伤有限元分析

10.5.1　模型简化

如图 10-7 所示，在轮轨滚动接触的过程中，由于列车的牵引、制动等因素，钢轨与车轮在服役过程中会反复受到较大的摩擦载荷影响。重载列车轴重达 25～27t，将使钢轨承受极大的法向压力。在两种载荷的共同影响下，轮轨表面极易发生塑性变形。另外，繁忙干线上极高的行车密度使得钢轨表面的塑性变形发生循环累积，产生较大的棘轮应变，最终引起钢轨的疲劳失效。

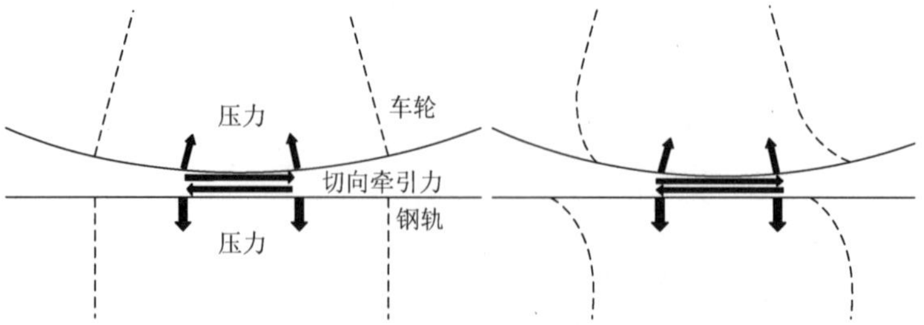

图 10-7　轮轨接触过程中材料表面塑性变形示意图

实际的轮轨滚动接触问题涉及轮轨的三维接触，有限元模型十分复杂。为了验证耦合损伤循环本构模型分析疲劳失效问题的可行性，本章中将轮轨接触问题作如下简化：

（1）按二维问题分析；
（2）忽略轮轨之间的摩擦；
（3）将车轮载荷等效为椭圆形的分布载荷。

10.5.2　有限元模型

1. 几何尺寸

二维轮轨滚动接触模型中涉及钢轨与车轮的几何模型建立。根据 YB（T）68—1987 的要求，60kg/m 的轨高为 176mm。根据 GB 8601—1988 的要求，车轮的外径设为 840mm，内径设为 157mm。因此建立二维轮轨有限元模型，如图 10-8 所示。

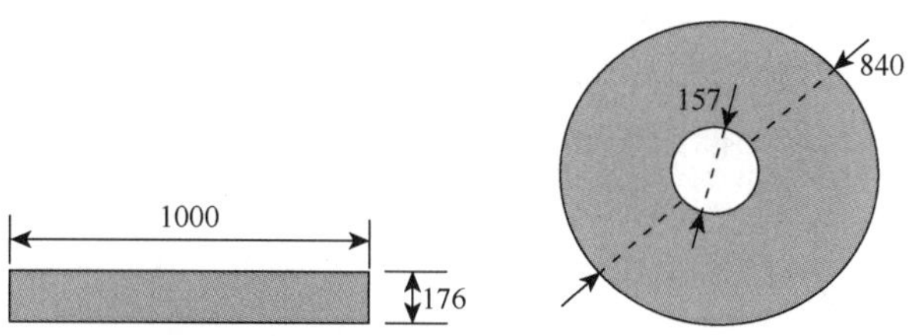

(a) 钢轨尺寸　(b) 车轮尺寸

图 10-8　模型几何尺寸（单位：mm）

2. 有限元网格

考虑到轮轨接触时接触区域应力和变形响应要远高于车轮和钢轨的其他部位，所以在划分网格时，给车轮和钢轨的接触区域附近划分边长为 1mm 的网格，其他部位网格边长设为 15mm。网格类型选用 CPS4 四节点双线性平面应变单元。图 10-9 为车轮和钢轨有限元网格划分。

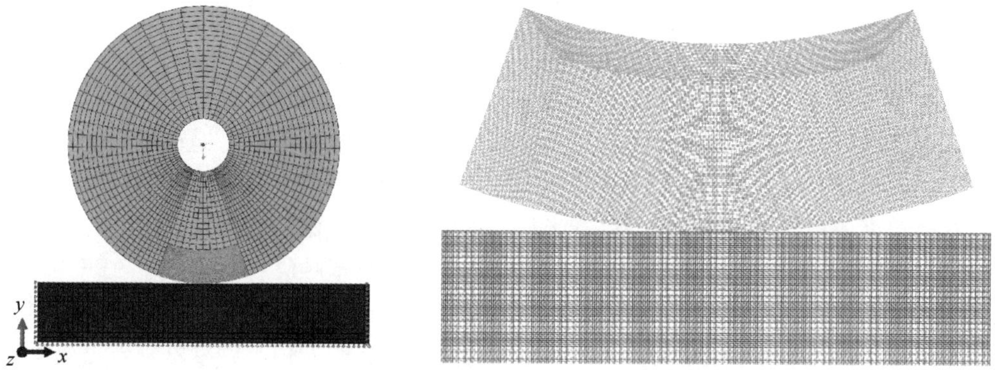

(a) 整体有限元网格　(b) 接触区精细网格

图 10-9　车轮和钢轨有限元网格划分

3. 边界条件

模拟过程为静态分析，在车轮轮轨内径处限制车轮的转动以及水平方向（x 方向）自由度，仅保留竖向（y 方向）的自由度。对于钢轨，则约束左右两条边的水平方向（x 方向）自由度以及底面的竖向（y 方向）自由度。

4. 车轮载荷换算

轮轨接触问题属于状态非线性问题，在有限元求解过程中需要耗费大量的计算资源。因此，使用其他数值方法将接触载荷进行等效换算，然后以等效载荷的形式替代有限元模型中的车轮，能够极大地减少计算所需耗费的时间。

Hertz 接触理论需要满足的条件为：①材料是各向同性的、均匀的、完全弹性的；②接触表面的摩擦力忽略不计；③接触区的尺寸远小于物体尺寸。U75V 轨钢采用弹塑性本构模型，故在应用 Hertz 接触理论时需要进行弹塑性修正。

Hertz 接触理论假定面与面的接触斑为椭圆形。在二维情形下，接触载荷的分布为如图 10-10 所示的椭圆形分布。接触应力由下式计算：

$$\sigma(x)=\sigma_{\max}\left(1-\frac{x^2}{x_1^2}\right)^{\frac{1}{2}} \tag{10-52}$$

其中，$\sigma_{\max}$ 为最大接触应力；x_1 为椭圆半长轴。

$$\sigma_{\max}=\sqrt{\frac{F}{L\pi}\left(\frac{\dfrac{1}{R_1}+\dfrac{1}{R_2}}{\dfrac{1-\nu_1^2}{E_1}+\dfrac{1-\nu_2^2}{E_2}}\right)} \tag{10-53}$$

$$x_1=\sqrt{\frac{4F}{L\pi}\left(\frac{\dfrac{1-\nu_1^2}{E_1}+\dfrac{1-\nu_2^2}{E_2}}{\dfrac{1}{R_1}+\dfrac{1}{R_2}}\right)} \tag{10-54}$$

式（10-53）和式（10-54）中，R_1 和 R_2 分别代表接触主平面上钢轨与车轮的曲率半径；ν_1、ν_2、E_1、E_2 分别代表钢轨和车轮的泊松比和弹性模量；L 为接触线长度。由于钢轨在接触表面的曲率为 0，可求得椭圆半长轴长度和最大接触应力。将车轮材料设置为弹性，钢轨材料采用 UMAT 进行计算。最大法向应力 $\sigma_{\max}$ 及接触斑半长 x_1 统计在表 10-5 中。从换算结果可见，通过改变 L 的值，可以使由 Hertz 接触理论获得的最大接触应力和接触斑半长与 ABAQUS 模拟结果相仿。因此，只要取合适的 L 值，就可以将车轮载荷利用式（10-53）和式（10-54）转换为椭圆分布的应力载荷。

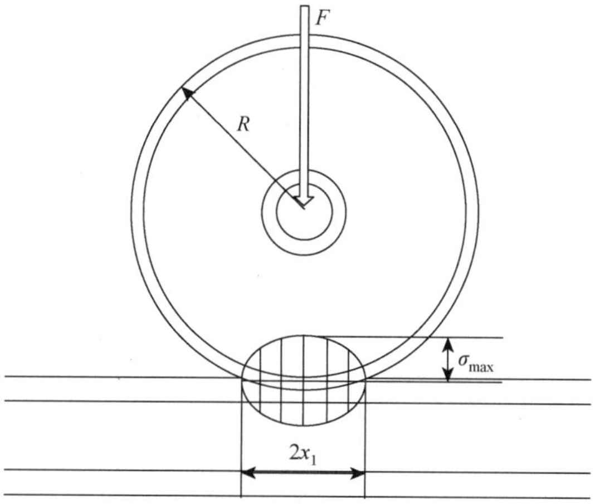

图 10-10　载荷换算示意图

表 10-5　Hertz 接触载荷换算与 ABAQUS 接触分析结果

换算参数	车轮载荷 F/N	接触线长度 L/mm	σ_{max}/MPa		x_1/mm	
			ABAQUS	Hertz	ABAQUS	Hertz
$E_1=205$GPa $E_2=207$GPa $\nu_1=\nu_2=0.3$ $R_1=420$mm $R_2=\infty$	7000	1.0	−782.3	−775.1	6.0	5.8
		0.9		−817.0		6.1
	8500	1.1	−852.5	−814.4	6.5	6.0
		1.0		−854.1		6.3
	10000	1.1	−903.6	−883.3	6.8	6.6
		1.0		−926.4		6.9
	11500	1.2	−943.7	−906.9	7.5	6.7
		1.1		−947.2		7.0
	13000	1.2	−980.2	−964.2	8.1	7.2
		1.1		−1007		7.5

通过 ABAQUS 用户自定义载荷子程序 DLOAD，可以实现椭圆形分布载荷以及移动载荷的施加。在 DLOAD 程序中，分别取不同的接触线长度 L，将最大分布压力和分布范围设为表 10-5 中对应的 Hertz 接触理论转换结果，可获得计算结果，如表 10-6 和图 10-11 所示。从表 10-6 中最大法向应力的计算结果可以看出，DLOAD 程序与接触分析所获得的最大法向应力结果相仿，相对误差均不大于 1.6%。从图 10-12 中可见，载荷换算后法向应力的分布情况也与接触分析基本相同。这说明通过改变接触线长度 L 来修正 Hertz 接触理论并进行载荷换算的方法是可行的。

表 10-6　DLOAD 工况设计及计算结果

工况编号	对应车轮载荷 F/N	DLOAD 最大分布压力设置/(N/mm)	DLOAD 分布压力半长设置/mm	σ_{max}/MPa		相对误差/%
				DLOAD	接触分析	
1	7000	−817.0	6.1	−811.4	−799	1.6
2	8500	−854.1	6.3	−848.2	−852.5	0.5

续表

工况编号	对应车轮载荷 F/N	DLOAD 最大分布压力设置/(N/mm)	DLOAD 分布压力半长设置/mm	σ_{max}/MPa		相对误差/%
				DLOAD	接触分析	
3	10000	−926.4	6.8	−920.8	−908	1.4
4	11500	−947.2	7.0	−941.3	−943.7	0.2
5	13000	−1007	7.5	−1001	−985.2	1.6

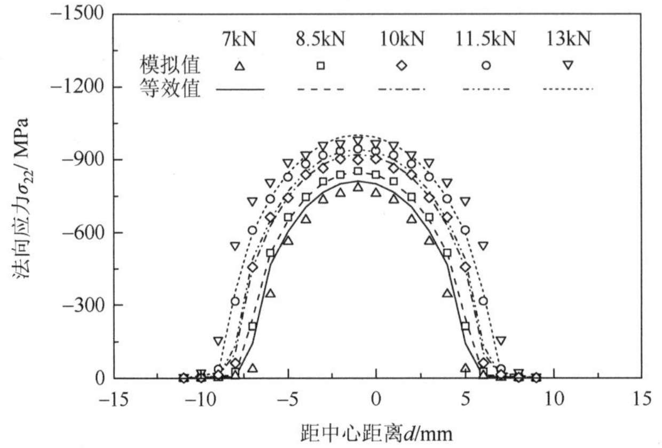

图 10-11　接触表面法向应力等效值和模拟值对比

5. 载荷步设置

在二维轮轨滚动接触有限元模型中将分析在车轮移动载荷下 U75V 轨道钢的力学响应。在分析过程中，每个载荷步时长被设置为 2s：第 1s 内载荷从钢轨左侧起始位置移动到钢轨右侧，第 2s 内载荷又从钢轨右侧平移回到钢轨左侧起始位置，如图 10-12 所示。因无法预知钢轨的损伤演化程度，故预设了 200 个载荷步，总计 400s。每个载荷步的子步长设置则采用 ABAQUS 中的自动时间步长选项，并将初始步长设置为 0.01s，最大步长设置为 0.05s。

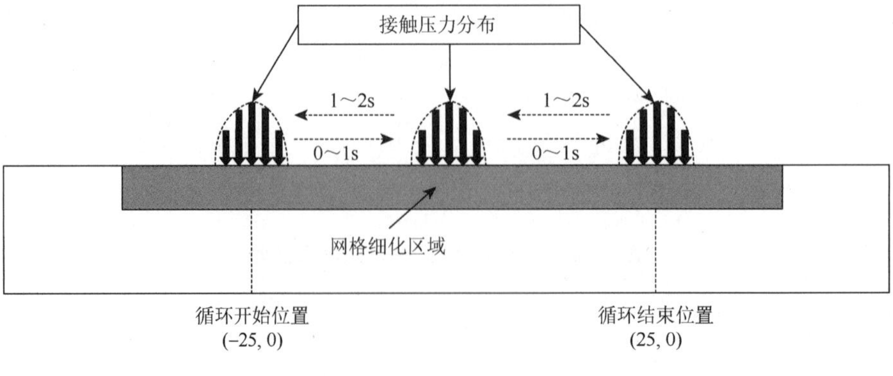

图 10-12　循环移动分布载荷施加示意图

10.5.3　结果分析

图 10-13 给出了车轮载荷为 13kN 时钢轨的等效塑性应变演化结果。从云图中可以看到，塑性变形主要发生在 DLOAD 子程序定义的加载范围内，最大值随着循环周次的增加而增加，且最大塑性变形出现在钢轨的次表面位置。

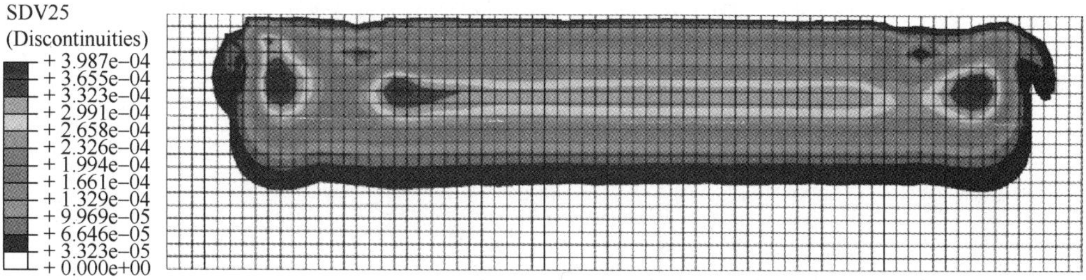

(a) 第1个循环周次时等效塑性应变云图

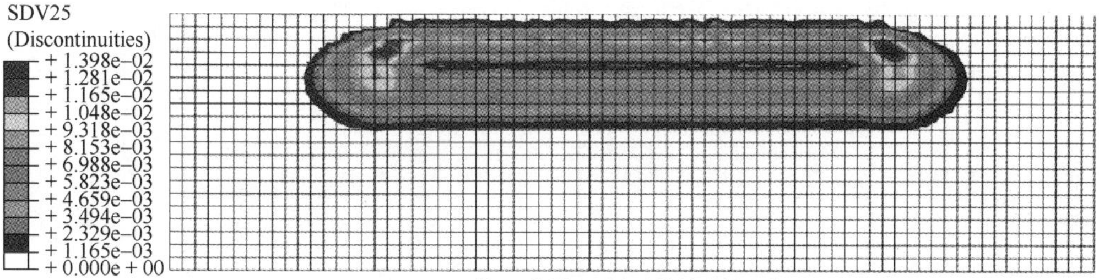

(b) 第100个循环周次时等效塑性应变云图

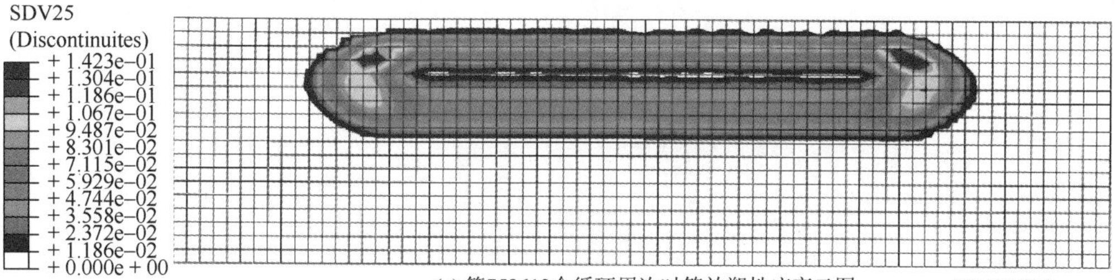

(c) 第759612个循环周次时等效塑性应变云图

图 10-13　车轮载荷为 13kN 时钢轨的等效塑性应变云图

扫一扫　看彩图

图 10-14 给出了车轮载荷为 13kN 工况下钢轨的损伤演化云图。从云图中可以看到损伤主要发生在接触区的次表面，最大值位于车轮行进方向的前缘，且随着循环周次的增加而增加。

图 10-15 给出了不同载荷下钢轨上最大等效塑性应变随循环周次的演化情况。从图 10-15 的结果来看，等效塑性应变的最大值在循环的初始阶段增长速率较快，随着循环周次增加，等效塑性应变的演化速率逐渐降低。另外，外加载荷对钢轨塑性变形的影响较为显著：相同循环周次下最大等效塑性应变的值与外加载荷大小呈明显的正相关关系。

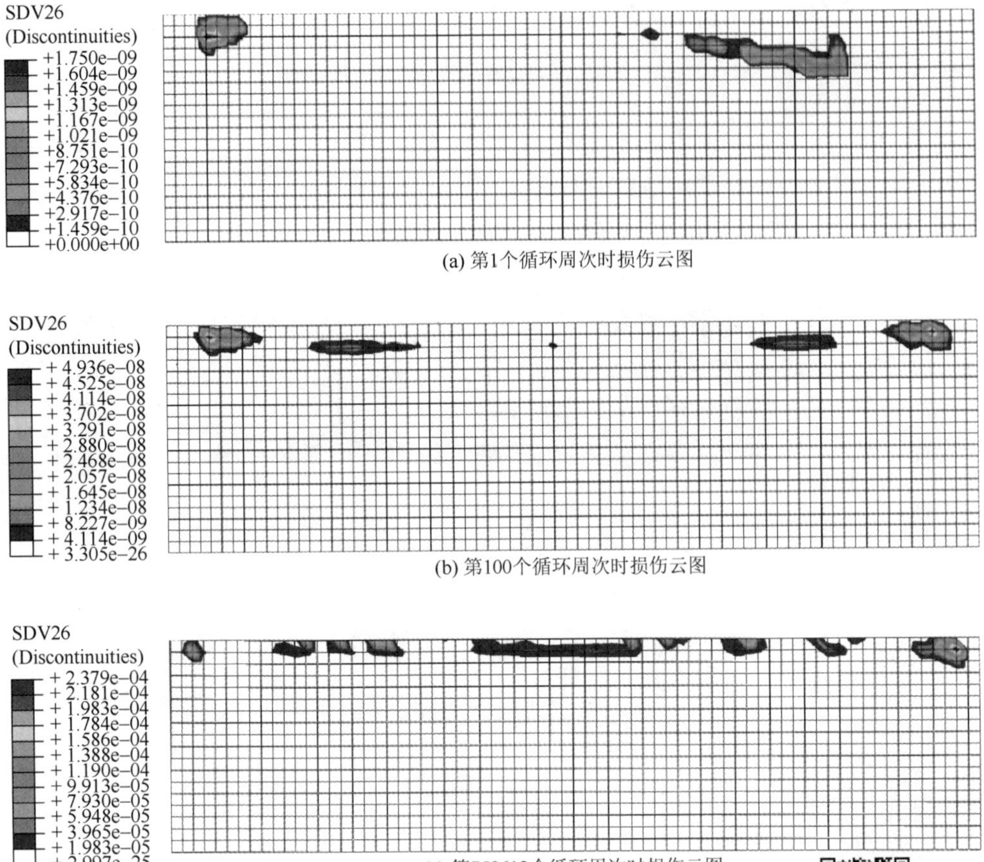

(a) 第1个循环周次时损伤云图

(b) 第100个循环周次时损伤云图

(c) 第759612个循环周次时损伤云图

扫一扫　看彩图

图 10-14　车轮载荷 13kN 时钢轨的损伤云图

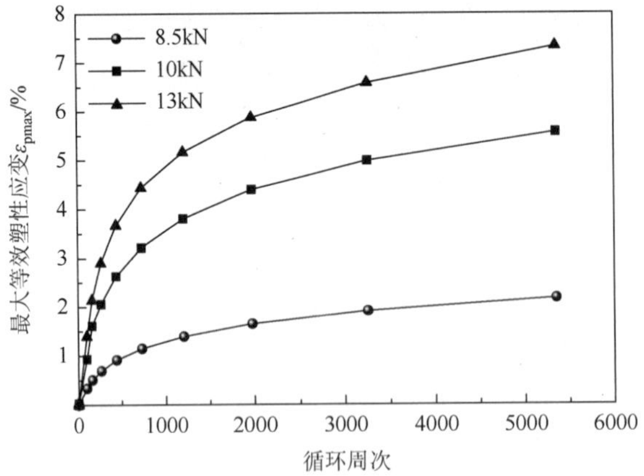

图 10-15　等效塑性应变最大值演化图

图 10-16 给出了钢轨上不同循环周次下的最大损伤值演化过程。由图可以看到，损伤的增长趋势与图 10-3 中的模拟结果一致：即初始增长较慢，后期快速增长。综上所述，在钢轨的实际服役过程中，应严格限制线路上的列车轴重，避免因轴重超标而引起的钢轨

提前失效，如此才能确保在钢轨的正常维护周期内，列车能够安全平稳地运行；在钢轨的制造加工过程中，应对钢轨表面附近位置的材料进行合理强化，这样可以抑制服役过程中钢轨过大的塑性变形累积。

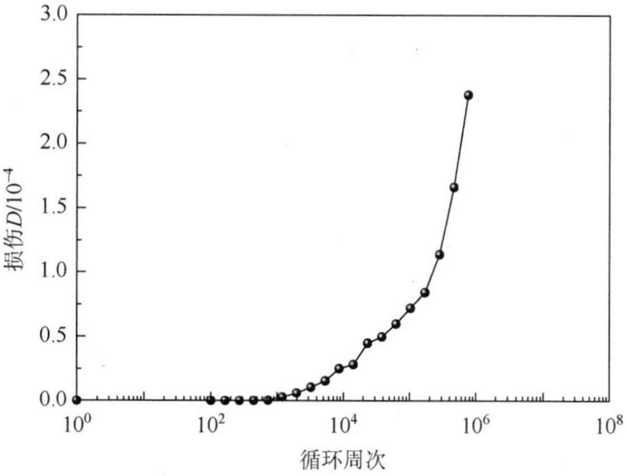

图 10-16　轴重 13kN 下最大损伤值演化过程

10.5.4　INP 文件

参 考 文 献

[1] Lemaitre J，Desmorat R. Engineering Damage Mechanics：Ductile，Creep，Fatigue and Brittle Failures. Berlin，Heidelberg：Springer，2005.

[2] Gao Q，Kang G Z，Yang X J. Uniaxial ratcheting of SS304 stainless steel at high temperatures：Visco-plastic constitutive model. Theoretical and Applied Fracture Mechanics，2003，40（1）：105-111.

[3] Shen F，Zhao B，Li L，et al. Fatigue damage evolution and lifetime prediction of welded joints with the consideration of residual stresses and porosity. International Journal of Fatigue，2017，103：272-279.

[4] Kobayashi M，Ohno N. Implementation of cyclic plasticity models based on a general form of kinematic hardening. International Journal for Numerical Methods in Engineering，2002，53（9）：2217-2238.

[5] Zhang T，Mchugh P E，Leen S B. Finite element implementation of multiaxial continuum damage mechanics for plain and fretting fatigue. International Journal of Fatigue，2012，44：260-272.

[6] Fang T，Kan Q H，Kang G Z，et al. Uniaxial ratcheting and low-cycle fatigue failure of U75V rail steel. Applied Mechanics & Materials，2016，853：246-250.

第 11 章　大变形弹塑性循环本构关系

近几十年，国内外对普通弹塑性材料的变形行为的研究主要集中在小变形框架下，然而随着材料和结构设计的发展，越来越多的弹塑性材料发生了较大的变形，亟待在大变形框架下发展循环本构模型，用于描述弹塑性材料的大变形循环变形行为。本章基于次弹性关系，采用对数应变率，在有限变形下建立循环本构模型。对数客观应力率的次弹性本构方程是严格自洽且弹性可积分的[1-3]，本构方程如下。

11.1　本 构 方 程

11.1.1　运动学关系

考虑一个均匀变形体 $\mathfrak{B}$，假设 $\boldsymbol{X}$ 为 $\mathfrak{B}$ 上任意一个材料点在参考构形下的坐标矢量，并且 $\boldsymbol{x}=\boldsymbol{x}(\boldsymbol{X},t)$ 为当前时间相应的空间坐标矢量，则对应的变形梯度张量 $\boldsymbol{F}$，速度矢量 $\boldsymbol{v}$ 及速度梯度张量 $\boldsymbol{L}$ 分别定义为

$$\boldsymbol{F}=\frac{\partial \boldsymbol{x}}{\partial \boldsymbol{X}},\quad \boldsymbol{v}=\dot{\boldsymbol{x}},\quad \boldsymbol{L}=\frac{\partial \dot{\boldsymbol{x}}}{\partial \boldsymbol{X}}=\dot{\boldsymbol{F}}\boldsymbol{F}^{-1} \tag{11-1}$$

对变形梯度张量 $\boldsymbol{F}$ 的左乘法分解可以表示如下：

$$\boldsymbol{F}=\boldsymbol{V}\boldsymbol{R},\quad \boldsymbol{R}^{\mathrm{T}}=\boldsymbol{R}^{-1},\quad \boldsymbol{B}=\boldsymbol{V}^{2}=\boldsymbol{F}\boldsymbol{F}^{\mathrm{T}} \tag{11-2}$$

其中，$\boldsymbol{R}$ 为具有正交性质的旋转张量；$\boldsymbol{V}$ 和 $\boldsymbol{B}$ 分别为左伸长和左 Cauchy-Green 张量。

通常，速度梯度张量 $\boldsymbol{L}$ 可分解为对称部分的伸长张量 $\boldsymbol{D}$ 及反对称部分的自旋张量 $\boldsymbol{W}$，即

$$\boldsymbol{L}=\boldsymbol{D}+\boldsymbol{W},\quad \boldsymbol{D}=\frac{1}{2}(\boldsymbol{L}+\boldsymbol{L}^{\mathrm{T}}),\quad \boldsymbol{W}=\frac{1}{2}(\boldsymbol{L}-\boldsymbol{L}^{\mathrm{T}}) \tag{11-3}$$

对数应变张量定义为

$$\boldsymbol{h}=\ln\boldsymbol{V} \tag{11-4}$$

11.1.2　对数应力率

在次弹性关系下构造本构方程时，$\boldsymbol{h}$ 的对数应力率与伸长张量 $\boldsymbol{D}$ 是等价的，即

$$\overset{\circ}{\boldsymbol{h}}{}^{\log}=(n\overset{\circ}{\boldsymbol{V}})^{\log}=\boldsymbol{D} \tag{11-5}$$

任意二阶张量 $\boldsymbol{A}$ 的对数应力率 $\overset{\circ}{\boldsymbol{A}}{}^{\log}$ 的形式为

$$\overset{\circ}{\boldsymbol{A}}{}^{\log}=\dot{\boldsymbol{A}}+\boldsymbol{A}\boldsymbol{\Omega}^{\log}-\boldsymbol{\Omega}^{\log}\boldsymbol{A} \tag{11-6}$$

其中，$\boldsymbol{\Omega}^{\log}$ 为对数自旋张量，定义为

$$\boldsymbol{\Omega}^{\log}=\boldsymbol{W}+\boldsymbol{N}^{\log} \tag{11-7}$$

其中

$$\boldsymbol{N}^{\log}=\begin{cases}\boldsymbol{0}, & b_1=b_2=b_3\\ \upsilon[\boldsymbol{BD}], & b_1\neq b_2=b_3\\ \upsilon_1[\boldsymbol{BD}]+\upsilon_2[\boldsymbol{B}^2\boldsymbol{D}]+\upsilon_3[\boldsymbol{B}^2\boldsymbol{DB}], & b_1\neq b_2\neq b_3\end{cases} \tag{11-8}$$

其中，运算符[]定义为

$$[\boldsymbol{B}^r\boldsymbol{DB}^s]=\boldsymbol{B}^r\boldsymbol{DB}^s-\boldsymbol{B}^s\boldsymbol{DB}^r \quad (r,s=0,1,2) \tag{11-9}$$

b_i 为 $\boldsymbol{B}$ 的特征值，定义为

$$\boldsymbol{B}=\sum_{i=1}^{3}b_i\boldsymbol{r}_i\otimes\boldsymbol{r}_i \tag{11-10}$$

其中，$\boldsymbol{r}_i$ 为特征值的主方向，是单位向量。

υ 和 υ_k 定义为

$$\upsilon=\frac{1}{b_1-b_2}\left[\frac{1+b_1/b_2}{1-b_1/b_2}+\frac{2}{\ln(b_1/b_2)}\right] \tag{11-11}$$

$$\begin{cases}\upsilon_k=-\dfrac{1}{\varDelta}\displaystyle\sum_{i=1}^{3}(-b_i)^{3-k}\left(\dfrac{1+\varsigma_i}{1-\varsigma_i}+\dfrac{2}{\ln\varsigma_i}\right) \quad (k=1,2,3)\\ \varDelta=(b_1-b_2)(b_2-b_3)(b_3-b_1)\\ \varsigma_1=b_2/b_3,\quad \varsigma_2=b_3/b_1,\quad \varsigma_3=b_1/b_2\end{cases} \tag{11-12}$$

对任意的二阶对称张量 $\boldsymbol{A}$，有如下关系：

$$\boldsymbol{A}:\overset{\circ}{\boldsymbol{A}}{}^{\log}=\boldsymbol{A}:\dot{\boldsymbol{A}} \tag{11-13}$$

上式是一个非常重要的结论，可以简化本构方程的构建。

对于对数自旋张量 $\boldsymbol{\Omega}^{\log}$，可通过一个与时间相关的正交张量 $\boldsymbol{R}^{\log}$ 来定义：

$$\dot{\boldsymbol{R}}^{\log}=\boldsymbol{\Omega}^{\log}\boldsymbol{R}^{\log} \tag{11-14}$$

其中，$\boldsymbol{R}^{\log}$ 为对数旋转张量，其初值为

$$\boldsymbol{R}^{\log}\big|_{t=0}=\boldsymbol{1} \tag{11-15}$$

$\boldsymbol{\Omega}^{\log}$ 可以通过式（11-13）和式（11-14）进行求解。

如果定义运算符 $\star$ 表示如下运算：

$$\boldsymbol{Q}\star\boldsymbol{A}=\boldsymbol{Q}^{\mathrm{T}}\boldsymbol{A}\boldsymbol{Q} \tag{11-16}$$

其中，$\boldsymbol{A}$ 为任意二阶张量；$\boldsymbol{Q}$ 为任意正交旋转张量。对式（11-16）求时间导数，根据张量的性质可得

$$\frac{\mathrm{d}}{\mathrm{d}t}(\boldsymbol{Q}\star\boldsymbol{A})=\boldsymbol{Q}\star\overset{\circ}{\boldsymbol{A}}{}^{\log} \tag{11-17}$$

该算法将大大简化本构方程的离散。

11.1.3 主控方程

描述材料的弹塑性行为，通常将应变张量分解为弹性和塑性两部分的叠加，即

$$\boldsymbol{h}=\boldsymbol{h}^{\mathrm{e}}+\boldsymbol{h}^{\mathrm{p}} \tag{11-18}$$

其中，$\boldsymbol{h}^{\mathrm{e}}$ 和 $\boldsymbol{h}^{\mathrm{p}}$ 分别为弹性应变张量和塑性应变张量。

对于大变形情形，可直接对伸长张量 $\boldsymbol{D}$ 进行加分解，即

$$\boldsymbol{D}=\boldsymbol{D}^{\mathrm{e}}+\boldsymbol{D}^{\mathrm{p}} \tag{11-19}$$

其中，$\boldsymbol{D}^{\mathrm{e}}$ 和 $\boldsymbol{D}^{\mathrm{p}}$ 分别为弹性伸长张量和塑性伸长张量。

对于弹性伸长张量 $\boldsymbol{D}^{\mathrm{e}}$，由次弹性关系可得

$$\boldsymbol{D}^{\mathrm{e}}=\frac{1+\nu}{E}\overset{\circ}{\boldsymbol{\tau}}{}^{\log}-\frac{\nu}{E}\mathrm{tr}(\dot{\boldsymbol{\tau}})\boldsymbol{1} \tag{11-20}$$

其中，E 和 ν 分别为弹性模量和泊松比，$\boldsymbol{\tau}$ 为 Kirchhoff 应力张量。

式（11-20）的逆形式为

$$\boldsymbol{\tau}^{\log}=2\mu\boldsymbol{D}^{\mathrm{e}}+\lambda\mathrm{tr}(\boldsymbol{D}^{\mathrm{e}})=\boldsymbol{C}:\boldsymbol{D}^{\mathrm{e}} \tag{11-21}$$

其中，$\boldsymbol{C}$ 为四阶弹性张量；μ 和 λ 为拉梅常数，如：

$$\mu=\frac{E}{2(1+\nu)},\quad \lambda=\frac{\nu E}{(1+\nu)(1-2\nu)} \tag{11-22}$$

基于关联塑性流动假设，塑性伸长张量 $\boldsymbol{D}^{\mathrm{p}}$ 可由如下流动方程给出：

$$\boldsymbol{D}^{\mathrm{p}}=\dot{p}\frac{\partial F_y}{\partial\boldsymbol{\tau}}=\sqrt{\frac{3}{2}}\dot{p}\boldsymbol{n} \tag{11-23}$$

其中，$\dot{p}=\sqrt{\frac{2}{3}\boldsymbol{D}^{\mathrm{p}}:\boldsymbol{D}^{\mathrm{p}}}$ 为累积塑性应变率；F_y 为屈服函数；$\boldsymbol{n}$ 为屈服面的法向张量；$\dot{p}$ 可由一致性条件给出，即

$$\dot{p}\geqslant 0,\ F_y\leqslant 0,\ \dot{p}F_y=0\quad (F_y=0) \tag{11-24}$$

采用 von Mises 屈服准则，屈服函数 F_y 有如下表达式：

$$F_y = \sqrt{\frac{3}{2}}\|\boldsymbol{\tau}'\| - Q \tag{11-25}$$

其中，Q 为各向同性变形抗力，体现屈服面的扩张/缩小；$\boldsymbol{\tau}'$ 为偏 Kirchhoff 应力张量，其对数客观率形式为

$$\mathring{\boldsymbol{\tau}}'^{\log} = 2\mu \boldsymbol{D}^{\mathrm{e}} \tag{11-26}$$

11.1.4　演化方程

在小变形框架下，Abdel-Karim 和 Ohno[4]提出了一个叠加型的随动硬化律（Ohno-Abdel-Karim 随动硬化律），Kang[5]和 Guo[6, 7]已证实该随动硬化律可以对材料的单轴和多轴棘轮行为给出很好的描述。因此，本章将对 Ohno-Abdel-Karim 随动硬化律进行有限变形框架下的拓展。

背应力张量 $\boldsymbol{\alpha}$ 被分解为 m（$m \geqslant 1$）个分量，即

$$\boldsymbol{\alpha} = \sum_{i=1}^{m} \boldsymbol{\alpha}_i \tag{11-27}$$

每个分量都遵循如下的演化律：

$$\mathring{\boldsymbol{\alpha}}_i^{\log} = \zeta_i \left(\frac{2}{3} r_i \boldsymbol{D}^{\mathrm{p}} - \mu_i \dot{p} \boldsymbol{\alpha}_i - H(f_i)\boldsymbol{\alpha}_i \left\langle \boldsymbol{D}^{\mathrm{p}} : \frac{\boldsymbol{\alpha}_i}{\bar{\boldsymbol{\alpha}}_i} - \mu_i \dot{p} \right\rangle \right) \tag{11-28}$$

其中，ζ_i 和 r_i 为硬化相关的材料参数；μ_i 为棘轮参数；H 和 $\langle\ \rangle$ 分别为 Heaviside 函数和 McCauley 算子；$\bar{\boldsymbol{\alpha}}_i = \sqrt{\frac{3}{2}}\|\boldsymbol{\alpha}_i\|$ 为背应力分量 $\boldsymbol{\alpha}_i$ 的模；$f_i = \bar{\boldsymbol{\alpha}}_i - r_i$ 为动态恢复的临界面。

为了描述材料的循环软/硬化行为，考虑各向同性硬化的影响，各向同性抗力 Q 的演化方程为[8, 9]

$$\dot{Q} = \beta(Q_{\mathrm{sa}} - Q)\dot{p}, \quad Q\big|_{t=0} = Q_0 \tag{11-29}$$

其中，Q_{sa} 为材料在循环载荷下各向同性变形抗力的饱和值，在不考虑应变幅值效应的情况下，通常可假定为常数；β 用来控制 Q 的演化速率；Q_0 为 Q 的初值。

11.2　有限元实现格式

11.2.1　本构方程离散

考虑第 n 步到第（$n+1$）步的时间间隔为 $\Delta t_{n+1} = t_{n+1} - t_n$，然后利用向后欧拉法对本构方程进行离散，具体的离散情况如下。

1. 变形分解方程的离散

$$\boldsymbol{L}_{n+1}=\frac{(\boldsymbol{F}_{n+1}-\boldsymbol{F}_{n})}{\Delta t}\boldsymbol{F}_{n+1}^{-1} \tag{11-30}$$

$$\boldsymbol{D}_{n+1}=\frac{1}{2}(\boldsymbol{L}_{n+1}+\boldsymbol{L}_{n+1}^{\mathrm{T}}),\quad \boldsymbol{W}_{n+1}=\frac{1}{2}(\boldsymbol{L}_{n+1}-\boldsymbol{L}_{n+1}^{\mathrm{T}}) \tag{11-31}$$

$$\boldsymbol{D}_{n+1}=\boldsymbol{D}_{n+1}^{\mathrm{e}}+\boldsymbol{D}_{n+1}^{\mathrm{p}} \tag{11-32}$$

$$\boldsymbol{h}_{n+1}=\boldsymbol{h}_{n+1}^{\mathrm{e}}+\boldsymbol{h}_{n+1}^{\mathrm{p}} \tag{11-33}$$

并且，第（$n+1$）步的左 Cauchy-Green 张量 $\boldsymbol{B}$ 也可以由下式给出：

$$\boldsymbol{B}_{n+1}=\boldsymbol{F}_{n+1}\boldsymbol{F}_{n+1}^{\mathrm{T}} \tag{11-34}$$

对式（11-34）进行谱分解，可获得 $\boldsymbol{B}_{n+1}$ 的特征值 $b_{i(n+1)}$：

$$\boldsymbol{B}_{n+1}=\sum_{i=1}^{3}(b_{i(n+1)}\boldsymbol{r}_{i(n+1)}\otimes\boldsymbol{r}_{i(n+1)}) \tag{11-35}$$

2. 对数应力率相关方程的离散

结合式（11-7）、式（11-31）和式（11-35）可获得第（$n+1$）步的旋转张量 $\boldsymbol{\Omega}_{n+1}^{\log}$，即

$$\boldsymbol{\Omega}_{n+1}^{\log}=\boldsymbol{W}_{n+1}+\boldsymbol{N}_{n+1}^{\log} \tag{11-36}$$

其中，

$$\boldsymbol{N}_{n+1}^{\log}=\begin{cases}\boldsymbol{0} & (b_1=b_2=b_3)_{n+1}\\ (\upsilon[\boldsymbol{BD}])_{n+1} & (b_1\neq b_2=b_3)_{n+1}\\ (\upsilon_1[\boldsymbol{BD}]+\upsilon_2[\boldsymbol{B}^2\boldsymbol{D}]+\upsilon_3[\boldsymbol{B}^2\boldsymbol{DB}])_{n+1} & (b_1\neq b_2\neq b_3)_{n+1}\end{cases} \tag{11-37}$$

其中，

$$\upsilon_{n+1}=\left(\frac{1}{b_1-b_2}\left(\frac{1+b_1/b_2}{1-b_1/b_2}+\frac{2}{\ln(b_1/b_2)}\right)\right)_{n+1} \tag{11-38}$$

$$\begin{cases}\upsilon_{k(n+1)}=\left(-\dfrac{1}{\varDelta}\displaystyle\sum_{i=1}^{3}(-b_i)^{3-k}\left(\dfrac{1+\varsigma_i}{1-\varsigma_i}+\dfrac{2}{\ln\varsigma_i}\right)\right)_{n+1} \quad (k=1,2,3)\\ \varDelta_{n+1}=((b_1-b_2)(b_2-b_3)(b_3-b_1))_{n+1}\\ \varsigma_{1(n+1)}=(b_2/b_3)_{n+1},\quad \varsigma_{2(n+1)}=(b_3/b_1)_{n+1},\quad \varsigma_{3(n+1)}=(b_1/b_2)_{n+1}\end{cases} \tag{11-39}$$

对式（11-14）积分可得

$$\boldsymbol{R}_{n+1}^{\log}=\exp(\boldsymbol{\Omega}_{n+1}^{\log}\Delta t)\boldsymbol{R}_{n}^{\log} \tag{11-40}$$

根据式（11-17），对任意的二阶张量 $\boldsymbol{A}$，有如下表达式：

$$\boldsymbol{A}_{n+1}=\overset{\circ}{\boldsymbol{A}}{}_{n+1}^{\log}\Delta t+\boldsymbol{R}_{n+1}^{\log}(\boldsymbol{R}_{n}^{\log})^{\mathrm{T}}\boldsymbol{A}_{n}\boldsymbol{R}_{n}^{\log}(\boldsymbol{R}_{n+1}^{\log})^{\mathrm{T}} \tag{11-41}$$

若令 $\Delta\boldsymbol{R}_{n+1}=\boldsymbol{R}_{n+1}^{\log}(\boldsymbol{R}_n^{\log})^{\mathrm{T}}$，则式（11-41）可简化为

$$\boldsymbol{A}_{n+1}=\overset{\circ}{\boldsymbol{A}}{}_{n+1}^{\log}\Delta t+\Delta\boldsymbol{R}_{n+1}\boldsymbol{A}_n\Delta\boldsymbol{R}_{n+1}^{\mathrm{T}} \tag{11-42}$$

显然，第（$n+1$）步的 Kirchhoff 应力张量 $\boldsymbol{\tau}_{n+1}$ 可表示为

$$\boldsymbol{\tau}_{n+1}=\overset{\circ}{\boldsymbol{\tau}}{}_{n+1}^{\log}\Delta t+\Delta\boldsymbol{R}_{n+1}\boldsymbol{\tau}_n\Delta\boldsymbol{R}_{n+1}^{\mathrm{T}} \tag{11-43}$$

$$\boldsymbol{\alpha}_{i(n+1)}=\theta_{n+1}\left(\Delta\boldsymbol{R}_{n+1}\boldsymbol{\alpha}_{i(n)}\Delta\boldsymbol{R}_{n+1}^{\mathrm{T}}+\frac{2}{3}\hbar_i\boldsymbol{D}_{n+1}^{p}\Delta t\right) \tag{11-44}$$

其中，

$$\theta_{n+1}=\frac{1}{1+\zeta_i\Delta p_{i(n+1)}} \tag{11-45}$$

$$\Delta p_{i(n+1)}=p_{i(n+1)}-p_{i(n)} \tag{11-46}$$

$$\hbar_i=r_i\zeta_i \tag{11-47}$$

3. 主控方程的离散

应力应变关系可离散为

$$\boldsymbol{\tau}_{n+1}^{\log}=\boldsymbol{C}:\boldsymbol{D}_{n+1}^{\mathrm{e}}\Delta t \tag{11-48}$$

塑性伸长张量可离散为

$$\boldsymbol{D}_{n+1}^{\mathrm{p}}\Delta t=\sqrt{\frac{3}{2}}\Delta p_{n+1}\boldsymbol{n}_{n+1} \tag{11-49}$$

$$F_{y(n+1)}=\sqrt{\frac{3}{2}}\left\|\boldsymbol{\tau}'_{n+1}-\boldsymbol{\alpha}_{n+1}\right\|-Q_{n+1} \tag{11-50}$$

其中，

$$\boldsymbol{n}_{n+1}=\sqrt{\frac{3}{2}}\frac{\boldsymbol{\tau}'_{n+1}-\boldsymbol{\alpha}_{n+1}}{Q_{n+1}},\quad \left\|\boldsymbol{n}_{n+1}\right\|=1\quad (F_{y(n+1)}=0) \tag{11-51}$$

$$Q_{n+1}=\frac{\beta\Delta p_{n+1}Q_{\mathrm{sa}}+Q_n}{1+\beta\Delta p_{n+1}} \tag{11-52}$$

11.2.2　隐式应力积分

假定 t_n 时刻的所有变量都已知，并给定了第（$n+1$）步的增量 Δt_{n+1} 和 $\Delta\boldsymbol{F}_{n+1}$，由此可通过弹性预测-塑性校正法获取第（$n+1$）步的值。

1. 弹性预测

假定 $\Delta\boldsymbol{F}_{n+1}$ 仅由弹性应变构成，则有

$$\boldsymbol{D}_{n+1}^{\mathrm{e}}=\boldsymbol{D}_{n+1} \tag{11-53}$$

则可定义第 $n+1$ 步的试弹性应力状态：

$$\boldsymbol{\tau}_{n+1}^{*}=\boldsymbol{C}:\boldsymbol{D}_{n+1}\Delta t+\Delta\boldsymbol{R}_{n+1}\boldsymbol{\tau}_{n}\Delta\boldsymbol{R}_{n+1}^{\mathrm{T}} \tag{11-54}$$

$$\boldsymbol{\alpha}_{i(n+1)}^{*}=\Delta\boldsymbol{R}_{n+1}\boldsymbol{\alpha}_{i(n)}\Delta\boldsymbol{R}_{n+1}^{\mathrm{T}} \tag{11-55}$$

$$Q_{n+1}^{*}=Q_{n} \tag{11-56}$$

$\boldsymbol{\alpha}_{i(n+1)}^{*}$ 为试状态的弹性应力，其相对应的屈服条件为

$$F_{y(n+1)}^{*}=\sqrt{\frac{3}{2}}\left\|\boldsymbol{\tau}_{n+1}'^{*}-\boldsymbol{\alpha}_{i(n+1)}^{*}\right\|-Q_{n} \tag{11-57}$$

如果 $F_{n+1}^{*}\leqslant 0$，则可认为给定的试状态为真实的状态，即弹性状态，故有

$$(\bullet)_{n+1}=(\bullet)_{n+1}^{*} \tag{11-58}$$

如果 $F_{n+1}^{*}>0$，则说明发生了塑性变形，需要进行塑性校正。

2. 塑性校正

当 $F_{n+1}^{*}>0$ 时，发生了塑性屈服，与普通的塑性校正不一样，给定的变形伸长增量 $\Delta\boldsymbol{D}_{n+1}$ 中包含了一部分的塑性应变增量 $\Delta\boldsymbol{D}_{n+1}^{\mathrm{p}}$，由式（11-43）可得

$$\boldsymbol{\tau}_{n+1}=\boldsymbol{C}:(\boldsymbol{D}_{n+1}-\boldsymbol{D}_{n+1}^{\mathrm{p}})\Delta t+\Delta\boldsymbol{R}_{n+1}\boldsymbol{\tau}_{n}\Delta\boldsymbol{R}_{n+1}^{\mathrm{T}} \tag{11-59}$$

将式（11-54）代入式（11-59）中，可得

$$\boldsymbol{\tau}_{n+1}=\boldsymbol{\tau}_{n+1}^{*}-\boldsymbol{C}:\boldsymbol{D}_{n+1}^{\mathrm{p}}\Delta t \tag{11-60}$$

其中，$\boldsymbol{C}:\boldsymbol{D}_{n+1}^{\mathrm{p}}\Delta\boldsymbol{t}$ 为塑性校正因子。

根据塑性校正因子，需获得 $\boldsymbol{D}_{n+1}^{\mathrm{p}}$ 即可校正，而根据式（11-49）可知，只要求得标量 Δp_{n+1}，即可获得塑性校正因子。

3. 非线性标量方程

已有研究表明[10]：对各向同性弹性、小变形和相关联流动塑性问题，即使是非线性随动硬化规律具有多方面的特征，上述问题也都可以退化为求解一个非线性标量方程，下面将对此描述的标量方程进行推导。根据式（11-60），可获得其偏量形式为

$$\boldsymbol{\tau}_{n+1}'=\boldsymbol{\tau}_{n+1}'^{*}-2G\boldsymbol{D}_{n+1}^{\mathrm{p}}\Delta t \tag{11-61}$$

利用式（11-43）、式（11-49）～式（11-51）和式（11-55），将 Δp_{n+1} 消去，可得

$$\boldsymbol{\tau}_{n+1}'-\boldsymbol{\alpha}_{n+1}=\frac{Q_{n+1}\left(\boldsymbol{\tau}_{n+1}^{*}-\sum\limits_{i=1}^{m}(\theta_{i(n+1)}\boldsymbol{\alpha}_{i(n+1)}^{*})\right)}{Q_{n+1}+\left(3G+\sum\limits_{i=1}^{m}(\theta_{i(n+1)}\hbar_{i})\right)\Delta p_{n+1}} \tag{11-62}$$

将式（11-62）代入屈服条件 $F_{y(n+1)}=0$ 中，可以推得

$$\Delta p_{n+1}=\frac{\sqrt{\frac{2}{3}}\left\|\boldsymbol{\tau}_{n+1}^{*}-\sum_{i=1}^{m}(\theta_{i(n+1)}\boldsymbol{\alpha}_{i(n+1)}^{*})\right\|-Q_{n+1}}{3G+\sum_{i=1}^{m}(\theta_{i(n+1)}\hbar_i)} \tag{11-63}$$

据此，Δp_{n+1} 的表达式已经推导出来，即可求得塑性矫正因子。但 $\theta_{i(n+1)}$ 和 Q_{n+1} 仍是 Δp_{n+1} 的函数，需要迭代求解。

11.2.3　一致性切线模量

采用隐式积分算法求得 t_{n+1} 时刻的 $\boldsymbol{\tau}_{n+1}$、$\boldsymbol{\alpha}_{i(n+1)}$ 和 Q_{n+1} 后，为了确保有限元程序的整体收敛性，还需要给出积分点在当前时刻的一致性切线刚度矩阵 $\dfrac{\mathrm{d}\Delta\boldsymbol{\tau}_{n+1}}{\mathrm{d}\Delta\boldsymbol{h}_{n+1}}$。

首先对式（11-33）微分，可得

$$\mathrm{d}\Delta\boldsymbol{h}_{n+1}=\mathrm{d}\Delta\boldsymbol{h}_{n+1}^{\mathrm{e}}+\mathrm{d}\Delta\boldsymbol{h}_{n+1}^{\mathrm{p}} \tag{11-64}$$

其中，

$$\mathrm{d}\Delta\boldsymbol{h}_{n+1}=\mathrm{d}(\boldsymbol{D}_{n+1}\Delta t) \tag{11-65}$$

结合式（11-32）和式（11-65）可改写为

$$\mathrm{d}\Delta\boldsymbol{h}_{n+1}=\mathrm{d}(\boldsymbol{D}_{n+1}^{\mathrm{e}}\Delta t)+\mathrm{d}(\boldsymbol{D}_{n+1}^{\mathrm{p}}\Delta t) \tag{11-66}$$

进一步，对式（11-48）、式（11-49）和式（11-51）微分，并结合式（11-66）可得到

$$\mathrm{d}\Delta\boldsymbol{\tau}_{n+1}=\boldsymbol{C}:(\mathrm{d}\Delta\boldsymbol{h}_{n+1}-\mathrm{d}(\boldsymbol{D}_{n+1}^{\mathrm{p}}\Delta t)) \tag{11-67}$$

$$\mathrm{d}(\boldsymbol{D}_{n+1}^{\mathrm{p}}\Delta t)=\sqrt{\frac{3}{2}}(\mathrm{d}\Delta p_{n+1}\boldsymbol{N}_{n+1}+\Delta p_{n+1}\mathrm{d}\boldsymbol{N}_{n+1}) \tag{11-68}$$

$$\mathrm{d}\boldsymbol{n}_{n+1}=\sqrt{\frac{3}{2}}\frac{\mathrm{d}\Delta\boldsymbol{\tau}_{n+1}'-\mathrm{d}\Delta\boldsymbol{\alpha}_{n+1}}{Q_{n+1}}-\frac{\boldsymbol{n}_{n+1}}{Q_{n+1}}\left(\frac{\mathrm{d}Q}{\mathrm{d}p}\right)_{n+1}\mathrm{d}\Delta p_{n+1} \tag{11-69}$$

$$\boldsymbol{n}_{n+1}:\mathrm{d}\boldsymbol{n}_{n+1}=0 \tag{11-70}$$

对式（11-67）取偏量，并结合偏张量的性质，$\boldsymbol{C}:\mathrm{d}\Delta\boldsymbol{h}_{n+1}=2G\mathrm{d}\Delta\boldsymbol{h}_{n+1}$，可得到

$$\mathrm{d}\Delta\boldsymbol{\tau}_{n+1}'=2G(\boldsymbol{I}_{\mathrm{d}}:\mathrm{d}\Delta\boldsymbol{h}_{n+1}-\mathrm{d}(\boldsymbol{D}_{n+1}^{\mathrm{p}}\Delta t)) \tag{11-71}$$

其中，$\boldsymbol{I}_{\mathrm{d}}=\boldsymbol{I}-\frac{1}{3}(\mathbf{1}\otimes\mathbf{1})$ 为四阶偏量运算张量，$\boldsymbol{I}$ 为四阶单位张量。

对式（11-68）两边同乘 $\boldsymbol{n}_{n+1}$，并结合式（11-70），可得

$$\mathrm{d}\Delta p_{n+1}=\sqrt{\frac{2}{3}}\boldsymbol{n}_{n+1}:\mathrm{d}(\boldsymbol{D}_{n+1}^{\mathrm{p}}\Delta t) \tag{11-72}$$

联立式（11-68）、式（11-69）和式（11-72），并整理得到

$$\begin{aligned}\mathrm{d}(\boldsymbol{D}_{n+1}^{\mathrm{p}}\Delta t)=&\left[1-\frac{\Delta p_{n+1}}{Q_{n+1}}\left(\frac{\mathrm{d}Q}{\mathrm{d}p}\right)_{n+1}\right]\boldsymbol{n}_{n+1}\otimes\boldsymbol{n}_{n+1}:\mathrm{d}(\boldsymbol{D}_{n+1}^{\mathrm{p}}\Delta t)\\&+\frac{3}{2}\frac{\Delta p_{n+1}}{Q_{n+1}}(\mathrm{d}\Delta\boldsymbol{\tau}_{n+1}'-\mathrm{d}\Delta\boldsymbol{\alpha}_{n+1})\end{aligned} \tag{11-73}$$

参照 Kobayashi 和 Ohno[11]的工作，可以假设如下表达式：

$$\mathrm{d}\Delta\boldsymbol{\alpha}_{n+1}=\sum_{i=1}^{m}\boldsymbol{H}_{i(n+1)}:\mathrm{d}(\boldsymbol{D}_{n+1}^{\mathrm{p}}\Delta t) \tag{11-74}$$

其中，$\boldsymbol{H}_{i(n+1)}$为四阶随动硬化张量，可以假设如下表达式：

$$\boldsymbol{H}_{i(n+1)}=\frac{2}{3}\theta_{i(n+1)}\hbar_i[\boldsymbol{I}-\mu_i\boldsymbol{m}_{i(n+1)}\otimes\boldsymbol{n}_{n+1}-H(f_{i(n+1)}^{\#})(\boldsymbol{m}_{i(n+1)}\otimes\boldsymbol{m}_{i(n+1)}-\mu_i\boldsymbol{m}_{i(n+1)}\otimes\boldsymbol{n}_{n+1})] \tag{11-75}$$

其中，

$$\boldsymbol{m}_{i(n+1)}=\sqrt{\frac{3}{2}}\frac{\boldsymbol{\alpha}_{i(n+1)}}{r_i} \tag{11-76}$$

根据式（11-29）可推得

$$\left(\frac{\mathrm{d}Q}{\mathrm{d}p}\right)_{n+1}=\beta(Q_{\mathrm{sa}}-Q_n) \tag{11-77}$$

合并式（11-71）、式（11-73）、式（11-75）和式（11-77），可得

$$\boldsymbol{L}_{n+1}:\mathrm{d}(\boldsymbol{D}_{n+1}^{\mathrm{p}}\Delta t)=2G\boldsymbol{I}_{\mathrm{d}}:\mathrm{d}\Delta\boldsymbol{h}_{n+1} \tag{11-78}$$

其中，

$$\begin{aligned}\boldsymbol{L}_{n+1}=&2G\boldsymbol{I}+\sum_{i=1}^{N}\boldsymbol{H}_{i(n+1)}+\frac{2}{3}\beta(Q_{\mathrm{sa}}-Q_n)\boldsymbol{n}_{n+1}\otimes\boldsymbol{n}_{n+1}\\&+\frac{2}{3}\frac{\beta\Delta p_{n+1}Q_{\mathrm{sa}}+Q_n}{(1+\beta\Delta p_{n+1})\Delta p_{n+1}}(\boldsymbol{I}-\boldsymbol{n}_{n+1}\otimes\boldsymbol{n}_{n+1})\end{aligned} \tag{11-79}$$

最后，联立式（11-67）和式（11-78）可求得一致性切线模量为

$$\frac{\mathrm{d}\Delta\boldsymbol{\tau}_{n+1}}{\mathrm{d}\Delta\boldsymbol{h}_{n+1}}=\boldsymbol{D}-\boldsymbol{L}_{n+1}^{-1}:4G^2\boldsymbol{I}_{\mathrm{d}} \tag{11-80}$$

11.3 模 型 验 证

11.3.1 有限元模型

建立一个单元的有限元模型，采用 C3D8 单元划分网格，在三个方向分别施加垂向约

束，再在一个自由面施加垂向的位移载荷，施加位移为 0.3，加载时间为 300s，施加约束和载荷情况，如图 11-1 所示。

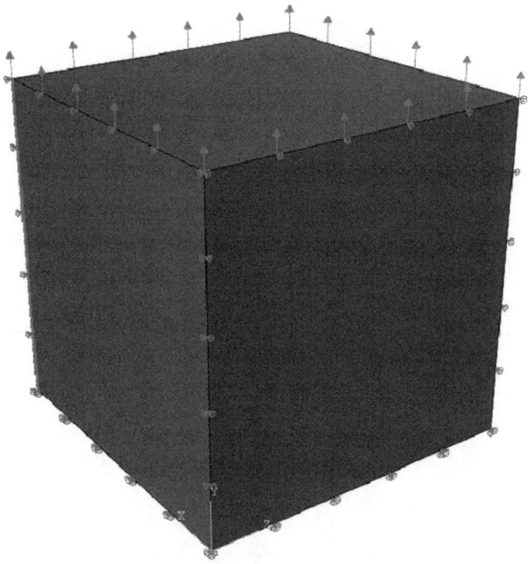

图 11-1　有限元模型、边界条件和载荷情况

11.3.2　材料参数

实验材料为退火处理的 OFHC 铜[12]，材料参数如表 11-1 所示。表中 E、Q_0 和 Q_{sa} 三个参数单位为 MPa，但其他参数确定时单位采用 psi 制，换算时需要乘以系数 6.895×10^{-3}。

表 11-1　材料参数

$N=10$，$E=96.53$ GPa，$\nu=0.33$，$Q_0=15.17$MPa，$Q_{sa}=151.727$MPa，$\beta=1.85$，$\mu=0.05$
$\zeta^{(1)}=2816.43$，$\zeta^{(2)}=915.00$，$\zeta^{(3)}=321.65$，$\zeta^{(4)}=165.23$，$\zeta^{(5)}=88.85$，$\zeta^{(6)}=52.50$
$\zeta^{(7)}=32.47$，$\zeta^{(8)}=20.79$，$\zeta^{(9)}=13.76$，$\zeta^{(10)}=10.09$
$r^{(1)}=3.56$，$r^{(2)}=2.47$，$r^{(3)}=1.93$，$r^{(4)}=3.69$，$r^{(5)}=5.72$，$r^{(6)}=7.35$，$r^{(7)}=8.53$，$r^{(8)}=13.43$，$r^{(9)}=9.52$
$r^{(10)}=20.28$（psi）

同时，给出材料参数在程序中的声明以及状态变量声明，分别如表 11-2 和表 11-3 所示。

表 11-2　材料参数声明

参数名称	参数含义	变量名称	单位	可能取值范围
yg	弹性模量	E	MPa	10000～210000
pn	泊松比	ν	/	0.3～0.33
qiso	弹性极限应力	Q_0	MPa	0～2000
mah	背应力分项个数	M	/	1～24

续表

参数名称	参数含义	变量名称	单位	可能取值范围
zi（1～mah）	背应力硬化参数	ζ_i	/	$<E$
ri（1～mah）	背应力硬化参数	r_i	MPa	>1
owaf	棘轮参数	μ_i	/	0～1
qsa	饱和各向同性抗力	Q_{sa}	MPa	0～2000
gm	各向同性变形抗力演化参数	β	/	0～1000
Thta	回退映射初始参数	θ	/	1

表 11-3　状态变量声明

材料参数编号	参数含义	变量名称
Statev（1）	累积塑性应变	p
Statev（2～7）	塑性应变 1～6 个分量	ε_{11}^{p}，ε_{22}^{p}，ε_{33}^{p}，ε_{12}^{p}，ε_{13}^{p}，ε_{23}^{p}
Statev（8～13）	对数应变 1～6 个分量	$\mathring{\boldsymbol{h}}_{11}^{\log}$，$\mathring{\boldsymbol{h}}_{22}^{\log}$，$\mathring{\boldsymbol{h}}_{33}^{\log}$，$\mathring{\boldsymbol{h}}_{12}^{\log}$，$\mathring{\boldsymbol{h}}_{13}^{\log}$，$\mathring{\boldsymbol{h}}_{23}^{\log}$
Statev（14～73）	60 个背应力分量（10 项背应力，每个背应力有 6 个分量）	$\boldsymbol{\alpha}^{(k)}(k=1,2,\cdots,M)$
Statev（74～82）	对数率旋转张量的 9 个分量	$\boldsymbol{R}_{ij}^{\log}(i=1,2,3;j=1,2,3)$
Statev（83）	弹性极限应力	Q_0

11.3.3　单轴拉伸真应力应变曲线模拟

一个单元的单轴拉伸真应力应变曲线如图 11-2 所示，从模拟结果中获取的弹性模量和屈服应力与输入的参数一致，说明该模型模拟的单调拉伸结果可行。

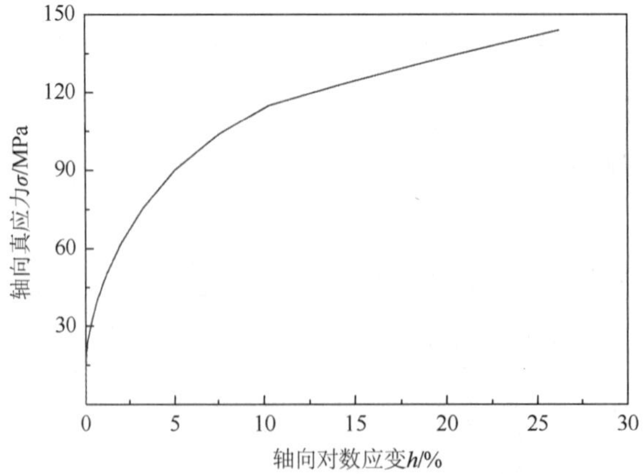

图 11-2　模拟的轴向真应力-轴向对数应变曲线

11.4　循环应力应变曲线模拟

11.4.1　有限元模型

循环扭转载荷的循环变形行为所用试样为圆筒，其内、外直径分别为 12.7mm 和 15.24mm，工作段长度为 25mm。建立有限元模型如图 11-3 所示，采用 CGAX4 单元，模型的左端施加固定约束，即 $U_y = UR_y = 0$；循环载荷施加在模型的右端，扭转角度为 ±0.41（弧度）。

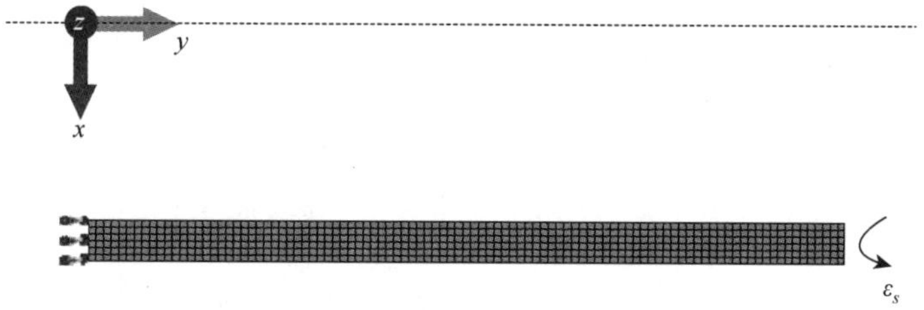

图 11-3　应变控制循环有限元模型

11.4.2　模拟结果

该模型能够描述应变控制的大变形循环硬化行为，模拟结果如图 11-4 所示。

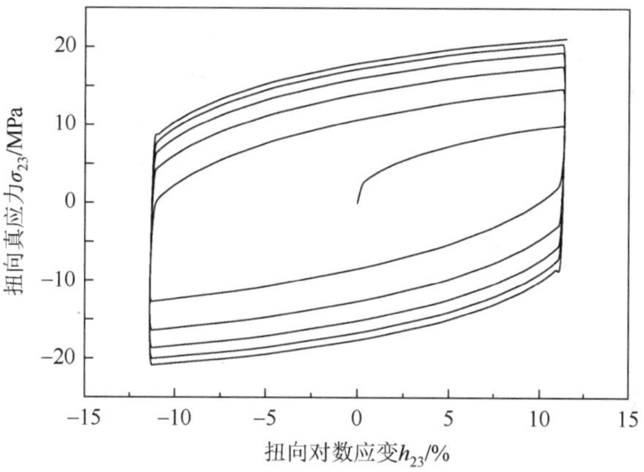

图 11-4　模拟应变控制循环下的应力应变响应

11.4.3 UMAT 代码和 INP 文件

参 考 文 献

[1] Xiao H，Bruhns O T，Meyers A. Logarithmic strain，logarithmic spin and logarithmic rate. Acta Mechanica，1997，124（1/2/3/4）：89-105.

[2] Xiao H，Bruhns O T，Meyers A. On objective corotational rates and their defining spin tensors. International Journal of Solids and Structures，1998，35（30）：4001-4014.

[3] Bruhns O T，Xiao H，Meyers A. Self-consistent Eulerian rate type elasto-plasticity models based upon the logarithmic stress rate. International Journal of Plasticity，1999，15（5）：479-520.

[4] Abdel-Karim M，Ohno N. Kinematic hardening model suitable for ratchetting with steady-state. International Journal of Plasticity，2000，16（3）：225-240.

[5] Kang G Z. A visco-plastic constitutive model for ratcheting of cyclically stable materials and its finite element implementation. Mechanics of Materials，2004，36（4）：299-312.

[6] Guo S J，Kang G Z，Zhang J. Meso-mechanical constitutive model for ratchetting of particle-reinforced metal matrix composites. International Journal of Plasticity，2011，27（12）：1896-1915.

[7] Guo S J，Kang G Z，Zhang J. A cyclic visco-plastic constitutive model for time-dependent ratchetting of particle-reinforced metal matrix composites. International Journal of Plasticity，2013，40：101-125.

[8] Chaboche J L. Viscoplastic constitutive equations for the description of cyclic and anisotropic behaviour of metals. Bulletin de Lacadémie Polonaise des Sciences：Série des Sciences Chimiques，1977，25（1）：33-42.

[9] Lee D，Zaverl F. A generalized strain rate dependent constitutive equation for anisotropic metals. Acta Metallurgica，1978，26（11）：1771-1780.

[10] Hartmann S，Lührs G，Haupt P. An efficient stress algorithm with applications in viscoplasticity and plasticity. International Journal for Numerical Methods in Engineering，1997，40（6）：991-1013.

[11] Kobayashi M，Ohno N. Implementation of cyclic plasticity models based on a general form of kinematic hardening. International Journal for Numerical Methods in Engineering，2002，53（9）：2217-2238.

[12] Khan A S，Chen X，Abdel-Karim M. Cyclic multiaxial and shear finite deformation response of OFHC：Part I，experimental results. International Journal of Plasticity，2007，23（8）：1285-1306.

第 12 章　晶体塑性循环本构关系

前述章节主要从宏观尺度，针对常见材料本构关系进行了有限元实现。此类宏观唯象本构模型不能从微结构尺度上来阐述材料塑性变形的内在原因。由于大量金属多晶材料在工程结构中被用作承受循环载荷的构件，而当前大多数描述材料循环变形行为的本构模型都是单纯的唯象模型，在揭示材料塑性变形的内在物理机制方面尚不够成熟。因此，本构模型的进一步发展需要从细微观层次上深入挖掘材料塑性变形的内在原因。事实上，材料的微结构对塑性变形具有不可忽视的影响。晶体塑性理论就是从晶体材料微结构的角度出发，分析材料在宏微观载荷下晶体结构的变形及演化方式，从而将微结构的变形与宏观塑性变形联系起来，可以对颈缩、各向异性塑性变形、应力集中等非均匀现象进行描述。从位错滑移理论出发，能够更进一步地揭示材料变形的内在物理机制，这对于力学与材料等交叉学科的发展具有重要的理论意义。同时，在新发展的本构模型基础上，可以使用通用的大型有限元结构分析软件，对工程构件的循环硬软化特性、棘轮行为等现象进行合理的数值模拟，为工程结构的设计、安全评定和寿命估计提供分析基础，具有较高的工程应用价值。

在细观尺度上，金属的塑性变形方式主要包含滑移、孪生、晶界滑移等。目前的经典晶体塑性理论大都是以研究滑移为主的塑性变形行为。经典晶体塑性理论是在 20 世纪 20 年代由 Taylor 发展起来的。Hill[1]和 Rice[2]后来对经典晶体塑性理论展开了严密的数学论证，并且发展了一套描述单晶体率无关塑性变形的理论架构。但率无关本构理论中独立开动的滑移系及滑移系数存在不唯一性，其数值实现较为困难。20 世纪 80 年代，Peirce 等[3]发展了一套基于晶体塑性的率相关有限变形理论框架。率相关理论考虑了加载率的影响，并且很好地解决了滑移系判定的问题，易于数值实现，因而在晶体塑性本构研究中得到了广泛的应用。

在单晶循环塑性本构模型研究方面，Kang 和 Bruhns 在文献[4]发展的模型上加以修改，提出一种循环单晶黏塑性本构模型[5]。该模型采用简化的 Bassani-Wu 潜在硬化准则[6]来表征位错之间的相互作用，并引入一种类似于 Ohno-Abdel-Karim 模型[7]的非线性随动硬化准则来描述背应力的演化规律，铜单晶在单轴拉伸及应变控制循环加载下力学响应的改进模型模拟结果与实验结果相当吻合，并且模型也表现出对棘轮行为较强的预测能力。在多晶循环本构模型研究方面，Kang 等[8]将硬化模型进行简化，采用显式的尺度转换准则，针对 316L 不锈钢建立了一种循环多晶黏塑性本构模型，并对 316L 不锈钢在单晶和多晶尺度上的棘轮行为进行了合理的预测。本章基于晶体塑性理论，对多晶循环本构关系进行有限元实现。

12.1　晶体学相关概念

在本章的开始，先对一些基本晶体学概念进行简单介绍。晶体塑性理论的研究对象主要是晶体材料，即材料的绝大多数原子按照一种周期性重复的方式（称为布拉格点阵）进行排列，晶体结构则是由布拉格点阵和占据点阵的原子构成的，常见的有面心立方（face centered cubic，FCC）、体心立方(body centered cubic，BCC)和密排六方(hexagonal close packing，HCP)结构，如图 12-1 所示[9]。

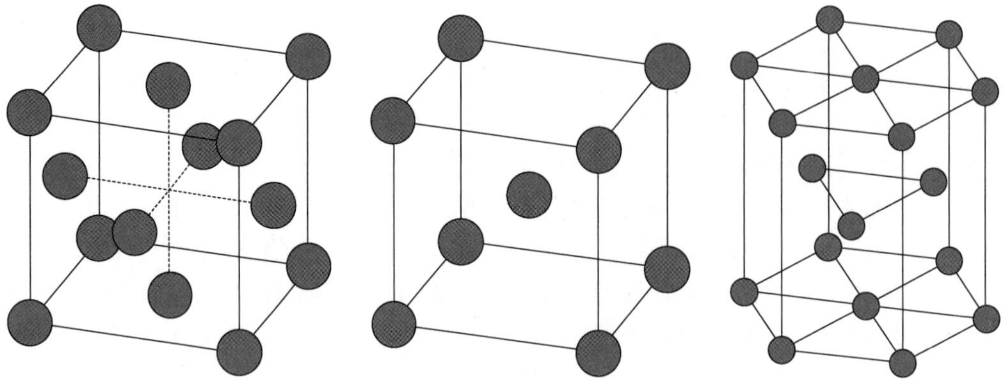

(a) FCC　(b) BCC　(c) HCP

图 12-1　典型金属晶体结构

12.1.1　晶体取向

要了解这些晶体结构，首先必须了解晶体取向。晶体取向表征的是该晶体的晶体坐标系在宏观样品坐标系中的位向关系，如图 12-2 所示，x，y，z 三个互相垂直的坐标轴组成宏观样品坐标系，立方晶胞中[100]、[010]和[001]三个互相垂直的方向构成晶体学坐标系，晶体取向描述了这两个坐标系之间的位向关系。通常把[100]平行于 x 轴，[010]平行于 y 轴及[001]平行于 z 轴的晶体排布方式称为参考取向，如图 12-2（a）所示；实际多晶体材料中晶粒取向往往不是这样排列的，其取向是随机分布的，如图 12-2（b）所示。针对这一情况，需要经过一定的转动才能回到参考取向。这种转动在数学上可以用一个从晶体坐标系到样品坐标系的旋转矩阵 $\boldsymbol{g}$ 来表示，即

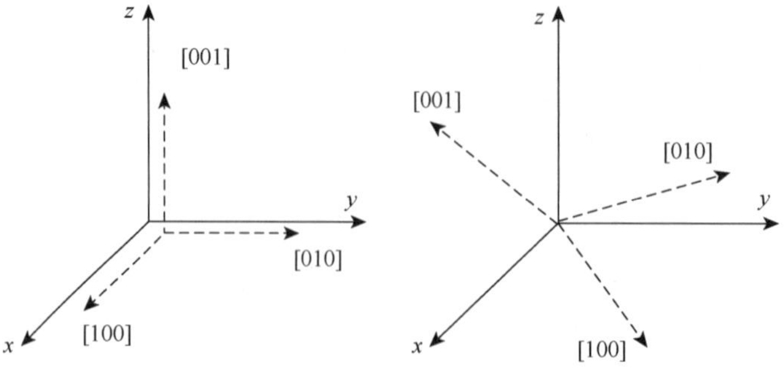

(a) 参考取向　(b) 随机取向

图 12-2　晶体取向的定义

$$g = \begin{bmatrix} g_{11} & g_{12} & g_{13} \\ g_{21} & g_{22} & g_{23} \\ g_{31} & g_{32} & g_{33} \end{bmatrix} \tag{12-1}$$

式（12-1）的右边作为旋转矩阵是一正交单位矩阵，只有三个独立的变量，因而表示一个晶体取向只需要三个自由参量。

12.1.2　晶面指数和晶向指数

除了晶体取向，还应该考虑晶面指数和晶向指数，即在晶体结构中，不同面内的原子是不同的，并且构成了不同的晶面；同时，在不同的方向上原子的间距也不一样，也存在晶向的定义。不同的晶面和晶向可以由晶面指数和晶向指数给出。在一个以晶胞中任一顶点为原点，三个棱边为单位轴的晶体参考坐标系中，可以将晶面指数和晶向指数表示出来。

晶面指数（密勒指数）用（$h\ k\ l$）表示，三个数字 h、k、l 分别与 x、y、z 晶轴相对应，通过将晶面截距的倒数化为互质整数而得到。晶向指数用[$u\ v\ w$]表示，通过将过原点平行于晶向的直线上任一点的坐标化为互质的整数而得到。

事实上，立方晶体中具有多组等价晶面，每组等价晶面的指数数字相同，符号和排列次序不同。这一组具有“类似的指数”的等价晶面被称为一个晶面族，用{$h\ k\ l$}表示。与晶面族类似，具有“类似的指数”的等价晶向被称为一个晶向族，用〈$u\ v\ w$〉表示。通过这样的晶面族和晶向族指数，就可以表征立方晶体的变形特征。

12.1.3　滑移系

晶体塑性变形主要包含滑移和孪生两种方式，其中滑移又是最主要和基础的。实验观察表明滑移与晶体结构密切相关，其通常沿着晶体结构的特定的结晶学平面和结晶学方向发生，而不受外加载荷的影响。滑移系是由滑移面及在其上的滑移方向构成的。滑移系可以用晶面指数和晶向指数来表示。大多数金属的主要滑移系服从最紧密堆积原理，即通常在最密排面的最密排方向上。对于不同的晶体结构，显然其滑移系是不同的。

面心立方晶体的主滑移面为晶面族{111}，滑移方向是晶向族〈011〉，因而面心立方晶体的主滑移系是{111}〈011〉，包含 12 个滑移系。体心立方晶体的主滑移面为{011}，滑移方向为〈111〉，主滑移系{011}〈111〉包含 12 个滑移系。除此之外，体心立方晶体还具有次滑移面{211}和{321}，而次滑移系{211}〈111〉和{321}〈111〉分别包含 12 和 24 个滑移系，因此体心立方晶体一般包含 48 个滑移系。密排六方晶体常以滑移和孪生两种方式变形。孪生的临界分解切应力通常比滑移的高，孪生变形使得晶体的一部分相对于另一部分作均匀切变，晶体孪生系的位向将发生改变。对密排六方金属而言，孪生比滑移对塑性变形的贡献小得多，但当滑移困难时，孪生能够改变晶体位向使滑移系转动到有利方向，从而使晶体继续变形。

12.1.4　单晶体的滑移定律

以单个柱状晶体为例，在只有一个滑移系启动的情况下，其模型如图 12-3 所示。其中的 λ,ϕ 分别为加载轴方向及滑移面法向之间的夹角，轴向外力为 P，圆柱形晶体截面面积为 A。

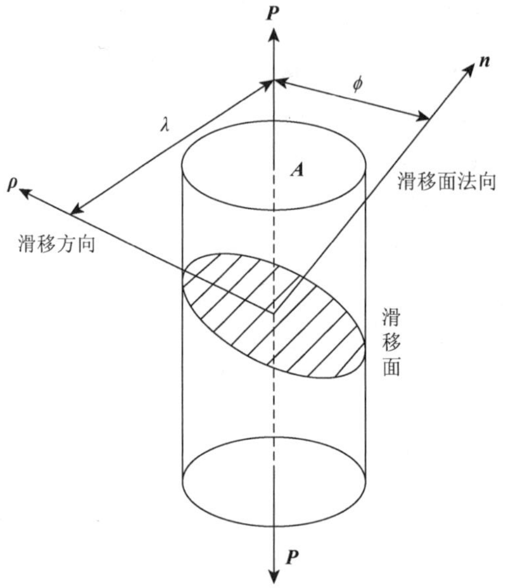

图 12-3　单一滑移系启动模型

滑移方向的分力为 $P\cos\lambda$，滑移面的面积为 $A/\cos\phi$，由此求解驱动滑移系开动的驱动力，表达形式如下：

$$\tau=(P/A)\cos\phi\cos\lambda \tag{12-2}$$

其中，$\cos\phi\cos\lambda$ 称为取向因子（Schmid 因子）。当 $\cos\phi\cos\lambda=\frac{1}{2}$ 时，滑移系容易开动，取向为软取向；当 $\cos\phi\cos\lambda=0$ 时，滑移系无法开动，取向为硬取向。也就是说，每个滑移系都对应一个最佳方位轴，在此方向上加载时获得的分解切应力最大。最佳方位轴位于滑移面法向和滑移方向组成的平面内，且平分二者组成的直角。

晶体中有些滑移系方向与外力轴方向远远偏离 45°，滑移系激活所需的表观屈服应力很大，这些滑移系处于硬取向；而有些滑移系方向则与外力轴方向接近 45°，所需的表观屈服应力较小，这些滑移系处于易滑移的位向，也就是软取向。一般软取向的滑移系先开动。大量实验表明，取向不同的同一类单晶体具有完全不同的屈服强度，但沿着其滑移系的滑移方向上的临界分解切应力却是相同的。也就是说，在晶体结构和其他条件不变的情况下，晶体的临界初始分解切应力是不变的。这就是 Schmid 定律，或称临界分解切应力定律。

12.2　面心立方多晶循环塑性本构模型

多晶循环塑性本构模型是在单晶循环本构模型的基础上，通过确定的尺度过渡法则 β-准则和微观晶粒的平均化（均匀场理论）建立的，其数值实现过程如图 12-4 所示[10]。

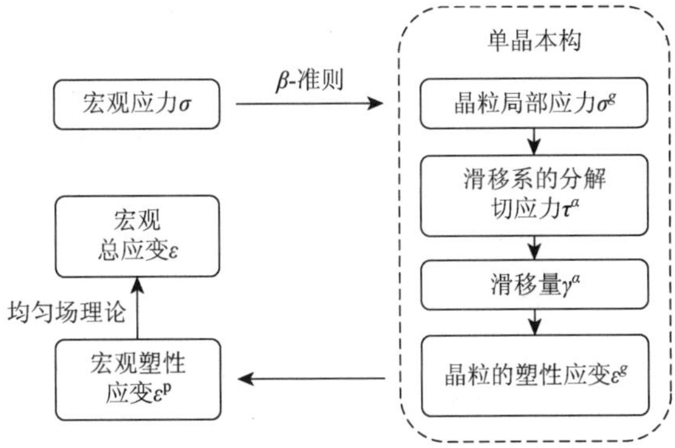

图 12-4　多晶循环塑性本构模型数值实现过程

12.2.1　晶体塑性单晶循环塑性本构模型

多晶循环塑性本构模型是在单晶循环塑性模型的基础上基于一种宏观-微观的尺度转换方法而建立的，而单晶循环塑性本构模型对单晶材料循环塑性行为的描述是通过考察晶粒内部尺度上的滑移来实现的。单晶循环塑性本构模型的框架如下。

1. 主控方程

模型是在小变形框架下建立的，弹性应变和黏塑性应变张量满足加分解关系：

$$\boldsymbol{\varepsilon} = \boldsymbol{\varepsilon}^{\mathrm{e}} + \boldsymbol{\varepsilon}^{\mathrm{vp}} \tag{12-3}$$

其中，$\boldsymbol{\varepsilon}^{\mathrm{e}}$ 表征材料的弹性应变；$\boldsymbol{\varepsilon}^{\mathrm{vp}}$ 为黏塑性应变。

可由胡克定律求出材料的弹性应变：

$$\boldsymbol{\varepsilon}^{\mathrm{e}} = \boldsymbol{C}^{-1} : \boldsymbol{\sigma}^{g} \tag{12-4}$$

其中，$\boldsymbol{C}$ 为四阶弹性张量；$\boldsymbol{\sigma}^{g}$ 为作用于晶粒的应力张量。

由 Schmid 定律可知，只有当某滑移系的分解切应力大于其临界分解切应力时，滑移系才会开动。而作用于滑移面的滑移方向上的分解切应力可以通过取向因子求得

$$\tau^{\alpha} = \boldsymbol{\sigma}^{g} : \boldsymbol{p}^{\alpha} \tag{12-5}$$

其中，τ^{α} 为第 α 滑移系的分解切应力；$\boldsymbol{p}^{\alpha}$ 为第 α 滑移系的方向因子张量。由于位错的滑移系只能在解理面原子排列最密的方向上，所以 $\boldsymbol{p}^{\alpha}$ 的表达式可以写为

$$\boldsymbol{p}^{\alpha} = \frac{1}{2}(\boldsymbol{m}^{\alpha} \otimes \boldsymbol{n}^{\alpha} + \boldsymbol{n}^{\alpha} \otimes \boldsymbol{m}^{\alpha}) \tag{12-6}$$

其中，$\boldsymbol{m}^\alpha$ 为 α 滑移系滑移方向的单位矢量；$\boldsymbol{n}^\alpha$ 为滑移面的法向矢量。

单晶体的塑性变形是所有开动的滑移系过程的综合结果，即

$$\dot{\boldsymbol{\varepsilon}}^{\mathrm{vp}}=\sum_{\alpha=1}^{N}\boldsymbol{p}^\alpha\dot{\gamma}^\alpha \tag{12-7}$$

其中，$\dot{\gamma}^\alpha$ 表示 α 滑移系上的滑移率；N 为开动的滑移系总数，对于面心立方晶体，N 最大值为 12。面心立方晶体的 12 个滑移系如表 12-1 所示。

表 12-1　面心立方晶体滑移系

滑移面	(111)	$(\bar{1}\bar{1}1)$	$(\bar{1}11)$	$(1\bar{1}1)$
滑移方向	$[0\bar{1}1]$	$[011]$	$[0\bar{1}1]$	$[011]$
	$[10\bar{1}]$	$[\bar{1}0\bar{1}]$	$[\bar{1}0\bar{1}]$	$[10\bar{1}]$
	$[\bar{1}10]$	$[1\bar{1}0]$	$[110]$	$[\bar{1}\bar{1}0]$

位错的塞积等因素导致晶体表现出包辛格效应，同时由于位错运动障碍等以及晶体中杂质原子的阻碍作用，晶体发生等向强化。因此，位错的滑移抗力可以分为两项，则位错滑移率可以写成下列形式：

$$\dot{\gamma}^\alpha=\left\langle\frac{|\tau^\alpha-x^\alpha|-Q^\alpha}{K}\right\rangle^n\mathrm{sgn}(\tau^\alpha-x^\alpha) \tag{12-8}$$

其中，x^α 为等效背应力，用来描述材料的包辛格效应；Q^α 为各向同性变形抗力，用来描述材料的等向强化；K 和 n 为控制材料黏性的参数，n 或 $1/K$ 的值越大，率相关流动准则越逼近于率无关流动准则。在理想情况下（位错在驱动力作用下自由滑动），每个滑移系的滑移情况应该一致。因此，K 和 n 在不同滑移系之间可以保持一致。“〈 〉”为 McCauley 括号，表示当括号中的值大于 0 时，结果等于该值；反之，结果为 0。“sgn（）”为符号运算，表示当括号中的值大于 0 时，结果为 1；否则，结果为−1。在随动硬化和各向同性硬化同时存在的情况下，只有当前加载步的分解切应力满足当前屈服条件，才会激活该滑移系。也就是说，对于每个滑移系，引入了一些内变量来描述材料的硬化，即各向同性硬化变量 Q^α 和随动硬化变量 x^α 。

2. 随动硬化和各向同性硬化律

单晶材料循环塑性本构模型对每个滑移系引入一种类似于 Ohno-Abdel-Karim 模型的随动硬化准则，该准则采用了叠加的非线性随动硬化律，表达式为

$$\boldsymbol{x}^\alpha=\sum_{i=1}^{M}x_i^\alpha \tag{12-9}$$

$$\dot{x}_i^\alpha=\xi_i r_i\dot{\gamma}^\alpha-\xi_i[\mu_i+H(f_i)(1-\mu_i)]x_i^\alpha|\dot{\gamma}^\alpha| \tag{12-10}$$

其中，每个滑移系共有 M 项背应力参数，ξ_i 和 r_i 为材料参数，对于所有滑移系均相同；

$H(f_i)$ 为 Heaviside 函数；$f_i = |x_i^\alpha| - r_i = 0$ 表示动态恢复项的临界面。在应力空间中，围绕着空间的坐标原点有一个弹性区域，当应力在此空间变化时，只有弹性变形产生，但是，当应力到达或超过屈服面时，材料就会进入塑性状态。μ_i 是由 Ohno 和 Abdel-Karim 定义的棘轮参数，用来控制棘轮应变的演化。

当棘轮参数 $\mu_i = 0$ 时，单晶黏塑性本构模型使用的非线性随动硬化准则与 Ohno-Wang 模型一致，式中动态恢复项只有在 $f_i = |x_i^\alpha| - r_i \geqslant 0$ 时才能激活；当 $\mu_i = 1$ 时，硬化准则与 Armstrong-Frederick 模型一致，式中动态恢复项任何时候均激活；当 $0 < \mu_i < 1$ 时，模型的叠加使得棘轮参数对材料力学行为的模拟更加灵活。

滑移系 α 的各向同性硬化变形抗力 Q^α，即该滑移系的滑移阻力，代表了在塑性变形的过程中位错的累积对位错滑移继续运动的阻碍作用。Q^α 的演化涉及硬化矩阵 $H^{\alpha\beta}$：

$$Q^\alpha = \tau_0 + Q\sum_{\beta=1}^{N} H^{\alpha\beta}(\mathbf{1} - \mathrm{e}^{-b\gamma_c^\beta}) \tag{12-11}$$

其中，τ_0 是每个滑移系的初始屈服剪应力，假定所有滑移系滑移同时进行；$H^{\alpha\beta}$ 为混合硬化矩阵；Q 和 b 分别为硬化大小和硬化饱和率参数；γ_c^β 为 β 滑移系的累积滑移量。

3. 自硬化和潜硬化

$H^{\alpha\beta}$ 为硬化参数，它是将各滑移系中的剪应变与硬化变量联系起来的关键，分为自硬化系数和潜硬化系数。自硬化系数表征某个滑移系的位错滑移对自身滑移系的应变硬化影响，而潜硬化系数表征该滑移系的位错滑移对其他滑移系的应变硬化影响。这些硬化系数通常依赖于晶格结构、加载历史以及当前的位错组态等。硬化系数的确定常常需要引进某些假设，比如，Taylor 提出的各向同性硬化假设，$H^{\alpha\beta} = H$，这是最简单的假设。Bassani 和 Wu 在对现有细观实验进行研究分析的基础上，提出了一个新的硬化公式，并且其对铜单晶在单轴应力加载下力学行为的模拟结果与实验结果非常吻合。针对面心立方晶格金属，采用了 Bassani-Wu 模型的简化形式：

$$H^{\alpha\alpha} = 1 + \sum_{\beta=1}^{N} f^{\alpha\beta} \tanh\left(\frac{\gamma_c^\beta}{\gamma_0}\right) \quad (\alpha\text{不求和}) \tag{12-12}$$

$$H^{\alpha\beta} = q_0 H^{\alpha\alpha} \quad (\alpha \neq \beta, \alpha\text{不求和}) \tag{12-13}$$

其中，$H^{\alpha\alpha}$ 为自硬化系数；$H^{\alpha\beta}$ 为潜硬化系数；N 为可能的滑移系总数；γ_0 为 α 和 β 滑移系的交互影响达到峰值时的饱和滑移量；$f^{\alpha\beta}$ 为每一种特定的滑移系交互作用的影响系数，它表征了不同的滑移系对硬化效应的影响。

Bassani 和 Wu 指出，面心立方晶格单晶体中有 5 种不同的滑移系交互作用，$f^{\alpha\beta}$ 系数可用 5 个常数来表示，如表 12-2 所示。其中，N 表征共向交截（no junction）；H 表征自锁（hirth lock）；C 表征共面交截（coplanar junction）；G 表征横滑交截（glissile junction）；S 表征不可动交截（sessile junction）。

表 12-2　面心立方硬化矩阵影响因子（$N=H=C=8$，$G=15$，$S=25$）

	1	2	3	4	5	6	7	8	9	10	11	12
1	0											
2	*C*	0										
3	*C*	*C*	0									
4	*S*	*G*	*H*	0								
5	*G*	*N*	*G*	*C*	0							
6	*H*	*G*	*S*	*C*	*C*	0						
7	*N*	*G*	*G*	*G*	*S*	*H*	0					
8	*G*	*S*	*H*	*N*	*G*	*G*	*C*	0				
9	*G*	*H*	*D*	*G*	*H*	*S*	*C*	*C*	0			
10	*H*	*S*	*G*	*G*	*G*	*N*	*H*	*S*	*G*	0		
11	*S*	*H*	*G*	*S*	*H*	*G*	*G*	*G*	*N*	*C*	0	
12	*G*	*G*	*N*	*H*	*S*	*G*	*S*	*H*	*H*	*C*	*C*	0

12.2.2　尺度过渡准则

有了单晶循环塑性本构模型，下一个关键问题就是如何将单晶和多晶的循环塑性行为联系起来，这就涉及尺度过渡问题。在多晶循环塑性变形预测过程中，过渡准则的不同会导致获得的局部应力和应变完全不同。尺度过渡的思想最终都是通过塑性应变引入一个有效的表达式来计算局部残余应力的。Cailletaud 等在均匀各向同性弹性的假设下发展了一种显式的尺度过渡准则（β-准则），用来计算局部应力和应变张量。β-准则引入了一个晶内非线性变量 $\boldsymbol{\beta}^g$ 及其在宏观聚合体上的平均 $\boldsymbol{\beta}$，来获得局部残余应力。β-准则演化律如下：

$$\boldsymbol{\sigma}^g=\boldsymbol{\sigma}+C(\boldsymbol{\beta}-\boldsymbol{\beta}^g) \tag{12-14}$$

$$\dot{\boldsymbol{\beta}}^g=\dot{\varepsilon}^g-D\boldsymbol{\beta}^g\|\dot{\varepsilon}^g\| \tag{12-15}$$

其中，$\boldsymbol{\sigma}$ 表示宏观应力张量；上标 g 代表晶粒内部的局部变量；C 和 D 是控制尺度过渡的材料参数，通过参数优化来确定；宏观张量 $\boldsymbol{\beta}$ 由各晶粒内部的 $\boldsymbol{\beta}^g$ 在多晶聚合体上的体积平均得到。

变量 $\boldsymbol{\beta}^g$ 反映了相对于累积塑性应变的非线性演化过程。除了在晶粒内部层次上的随动硬化准则，尺度过渡准则中的协调参数对于多晶的棘轮行为亦有着显著的影响。如果只考虑晶粒内部的随动硬化（$C=0$），将获得相当高的棘轮应变；如果只考虑 $\boldsymbol{\beta}^g$ 的线性演化（$D=0$），模拟出的棘轮应变将变得很小。

多晶体的宏观塑性应变张量 ε^{p} 通过每个晶粒的塑性应变张量 ε^g 在多晶聚合体上的体积平均而得到，即

$$\boldsymbol{\varepsilon}^{\mathrm{p}}=\sum_{g=1}^{m}\boldsymbol{\varepsilon}^g f^g \tag{12-16}$$

其中，f^g 是第 g 个晶粒在多晶体聚合体中所占的体积因子；m 为晶粒总数；$\boldsymbol{\varepsilon}^{\mathrm{p}}$ 表示宏观应变张量。

12.3　本构模型的有限元实现

为了便于晶体塑性循环本构模型的有限元实现以及工程应用，本章将在前述工作的基础上，引入一种简化的单晶循环塑性本构模型，将本构模型移植到有限元软件 ABAQUS 中，并对面心立方多晶材料轧制 5083H111 铝合金板材的单轴拉伸和循环变形实验结果进行模拟。

12.3.1　简化晶体塑性本构模型

由于本章重点在于研究多晶金属材料的棘轮行为，故模型仍是在小变形框架下建立的，总塑性应变由弹性应变和非弹性应变加分解得到的。在晶体塑性框架下，对于以滑移变形为主的面心立方单晶体，其塑性变形仍归结为特定晶面的特定晶向上的位错滑移运动，该特定方向上的分解切应力是驱动滑移开动的内在动力，而分解切应力通过 Schmid 定律由位向因子求得。由于率无关模型中存在滑移系开动的不确定性和塑性剪切率的不确定性的问题，模型仍采用率相关的塑性流动准则。式（12-8）中，对每个滑移系，引入了两个内变量来描述材料的循环变形特性，二者的演化共同决定了当前滑移系的开动情况以及滑移量的大小。各向同性硬化变量 Q^α 反映了晶体的应变硬化状态，通常认为它是各滑移系滑移量的函数，此处采用如下一种简单的增量关系进行描述：

$$\dot{Q}^\alpha=\sum_{\beta=1}^{N}H^{\alpha\beta}\,|\,\dot{\gamma}^\beta\,| \tag{12-17}$$

其中，$\dot{\gamma}^\beta$ 为第 β 个滑移系的滑移剪切率。当各滑移系的滑移量均为 0 时，Q^α 具有初值 τ_0，此即各滑移系的初始屈服剪应力。N 为滑移系综述，对面心立方 N 为 12。$H^{\alpha\beta}$ 是硬化模型矩阵 $\boldsymbol{H}$ 中的元素，即自硬化和潜硬化系数，此处简化为如下表达式：

$$H^{\alpha\beta}=qH+(1-q)H\delta_{\alpha\beta} \tag{12-18}$$

其中，$\delta_{\alpha\beta}$ 为 Kronecker 符号；H 为硬化常数；q 为自、潜硬化比值系数。

为了描述单晶的棘轮行为，在每个滑移系上引入了具有非线性动态恢复项的随动硬化准则，在经典的 A-F 随动硬化的基础上，对动态恢复项进行了改进：

$$x^\alpha=c\dot{\gamma}^\alpha-bx^\alpha\,|\,\dot{\gamma}^\alpha\,| \tag{12-19}$$

$$b=b_0+(b_{\mathrm{sat}}-b_0)\left[1-\exp\left(-\frac{\gamma}{\gamma_0}\right)\right] \tag{12-20}$$

其中，c、b_{sat}、b_0、γ_0 为材料参数。动态恢复项 $bx^\alpha\,|\,\dot{\gamma}^\alpha\,|$ 的引入使得模型能够在单晶层次上模拟材料的棘轮行为。而式（12-19）中 b 成为与累积滑移量相关的指数函数，这使得模型模拟的棘轮应变随着累积滑移量的增大呈非线性变化趋势，以期改善 A-F 模型过高预

测棘轮应变的不足。b_0 和 b_{sat} 分别代表 b 的初值和饱和值，γ_0 为所有滑移系累积滑移量的参考值，用来控制 b 的演化速度。γ 为所有滑移系的累积总滑移量，由下式求得：

$$\gamma=\sum_{\alpha=1}^{N}\int_0^t|\dot{\gamma}^{\alpha}|\,\mathrm{d}t \tag{12-21}$$

12.3.2　本构模型的有限元离散

此部分将晶体塑性循环本构模型进行有限元实现，需要完成两个方面的内容：一是采用一定的积分方法，通过给定的应变增量推导求得相应的应力增量和非弹性应变增量，更新当前时刻的状态；二是推导相应的一致性切线模量。

1. 本构方程的离散

定义 α 滑移系在 t 时刻到 $t+\Delta t$ 时刻的时间间隔 Δt 内的滑移增量为

$$\Delta\gamma^{\alpha}=\gamma_{t+\Delta t}^{\alpha}-\gamma_t^{\alpha} \tag{12-22}$$

其中，γ_t^{α}、$\gamma_{t+\Delta t}^{\alpha}$ 为第 α 滑移系在上一时刻和当前时刻的滑移量。

考虑广义中点法则的单参数类积分算法：

$$\Delta\gamma^{\alpha}=\Delta t[(1-\theta)\dot{\gamma}_t^{\alpha}+\theta\dot{\gamma}_{t+\Delta t}^{\alpha}] \tag{12-23}$$

式中，参数 θ 的取值在 0 到 1 之间，通常将 θ 在 0.5 到 1 之间取值，以保证较高的精度和计算稳定性，并适当提高计算效率。

依此，可将上述本构转化为增量的表达形式：

$$\boldsymbol{\varepsilon}_{t+\Delta t}=\boldsymbol{\varepsilon}_{t+\Delta t}^{\mathrm{e}}+\boldsymbol{\varepsilon}_{t+\Delta t}^{\mathrm{vp}} \tag{12-24}$$

$$\boldsymbol{\varepsilon}_{t+\Delta t}^{\mathrm{vp}}=\boldsymbol{\varepsilon}_t^{\mathrm{vp}}+\Delta\boldsymbol{\varepsilon}^{\mathrm{vp}} \tag{12-25}$$

$$\boldsymbol{\sigma}_{t+\Delta t}=\boldsymbol{C}:(\boldsymbol{\varepsilon}_{t+\Delta t}-\boldsymbol{\varepsilon}_{t+\Delta t}^{\mathrm{vp}}) \tag{12-26}$$

$$\Delta\boldsymbol{\varepsilon}^{\mathrm{vp}}=\sum_{\alpha=1}^{N}\boldsymbol{P}^{\alpha}\Delta\gamma^{\alpha} \tag{12-27}$$

$$\Delta\boldsymbol{\sigma}=\boldsymbol{C}:(\Delta\boldsymbol{\varepsilon}-\Delta\boldsymbol{\varepsilon}^{\mathrm{vp}}) \tag{12-28}$$

可见 $\Delta\boldsymbol{\sigma}$ 可以写成

$$\Delta\boldsymbol{\sigma}=\boldsymbol{C}:\left(\Delta\boldsymbol{\varepsilon}-\sum_{\beta=1}^{N}\boldsymbol{P}^{\beta}\Delta\gamma^{\beta}\right) \tag{12-29}$$

对 Schmid 定律进行离散有

$$\Delta\tau^{\alpha}=\Delta\boldsymbol{\sigma}:\boldsymbol{P}^{\alpha} \tag{12-30}$$

将式（12-29）代入式（12-30），并注意四阶弹性张量的对称性，可得

$$\Delta\tau^{\alpha}=\boldsymbol{C}:\boldsymbol{P}^{\alpha}:\left(\Delta\boldsymbol{\varepsilon}-\sum_{\beta=1}^{N}\boldsymbol{P}^{\beta}\Delta\gamma^{\beta}\right) \tag{12-31}$$

分量形式有

$$\Delta\tau^{\alpha}=C_{ijkl}:P_{kl}^{\alpha}:\left(\Delta\varepsilon_{ij}-\sum_{\beta=1}^{N}P_{ij}^{\beta}\Delta\gamma^{\beta}\right) \tag{12-32}$$

实际计算时为保证精度 θ 一般取在[0.5, 1]区间（隐式算法），此时将随动硬化方程中 b 的演化取作显式的，这种显式-隐式结合的算法综合考虑了收敛稳定性与计算代价。因此，对随动硬化变量离散可得

$$\Delta x^{\alpha}=c\gamma^{\alpha}-bx_{t+\Delta t}^{\alpha}\,|\,\Delta\gamma^{\alpha}\,| \tag{12-33}$$

各向同性硬化变量离散为

$$\Delta Q^{\alpha}=\sum_{\beta=1}^{N}H^{\alpha\beta}\,|\,\Delta\gamma^{\beta}\,| \tag{12-34}$$

2. 显式初解

由于每个滑移系的剪应变率是 τ^{α} 、 x^{α} 和 Q^{α} 的函数，利用泰勒公式将其进行一阶展开可得

$$\dot{\gamma}_{t+\Delta t}^{\alpha}=\dot{\gamma}_{t}^{\alpha}+\left.\frac{\partial\dot{\gamma}^{\alpha}}{\partial\tau^{\alpha}}\right|_{t}\Delta\tau^{\alpha}+\left.\frac{\partial\dot{\gamma}^{\alpha}}{\partial x^{\alpha}}\right|_{t}\Delta x^{\alpha}+\left.\frac{\partial\dot{\gamma}^{\alpha}}{\partial Q^{\alpha}}\right|_{t}\Delta Q^{\alpha} \tag{12-35}$$

代入广义中点法则，可得其增量形式：

$$\Delta\gamma^{\alpha}=\Delta t\left[\dot{\gamma}_{t}^{\alpha}+\theta\left.\frac{\partial\dot{\gamma}^{\alpha}}{\partial\tau^{\alpha}}\right|_{t}\Delta\tau^{\alpha}+\theta\left.\frac{\partial\dot{\gamma}^{\alpha}}{\partial x^{\alpha}}\right|_{t}\Delta x^{\alpha}+\theta\left.\frac{\partial\dot{\gamma}^{\alpha}}{\partial Q^{\alpha}}\right|_{t}\Delta Q^{\alpha}\right] \tag{12-36}$$

此时随动硬化变量的增量近似为

$$\Delta x^{\alpha}=c\Delta\gamma^{\alpha}-bx_{t}^{\alpha}\,|\,\Delta\gamma^{\alpha}\,| \tag{12-37}$$

将之前的表达式代入式（12-36），可得

$$\begin{aligned}\Delta\gamma^{\alpha}=\Delta t\Bigg[&\dot{\gamma}_{t}^{\alpha}+\theta\left.\frac{\partial\dot{\gamma}^{\alpha}}{\partial\tau^{\alpha}}\right|_{t}C_{ijkl}:P_{kl}^{\alpha}:\left(\Delta\varepsilon_{ij}-\sum_{\beta=1}^{N}P_{ij}^{\beta}\Delta\gamma^{\beta}\right)+\theta\left.\frac{\partial\dot{\gamma}^{\alpha}}{\partial x^{\alpha}}\right|_{t}\\&\times(c\gamma^{\alpha}-bx_{t+\Delta t}^{\alpha}\,|\,\Delta\gamma^{\alpha}\,|)+\theta\left.\frac{\partial\dot{\gamma}^{\alpha}}{\partial Q^{\alpha}}\right|_{t}\sum_{\beta=1}^{N}H^{\alpha\beta}\Delta\gamma^{\beta}\,\mathrm{sgn}(\Delta\gamma^{\beta})\Bigg]\end{aligned} \tag{12-38}$$

由本构方程可知：

$$\left.\frac{\partial\dot{\gamma}^{\alpha}}{\partial\tau^{\alpha}}\right|_{t}=\frac{n}{K}\left(\frac{|\,\tau_{t}^{\alpha}-x_{t}^{\alpha}\,|-Q_{t}^{\alpha}}{K}\right)^{n-1} \tag{12-39}$$

$$\left.\frac{\partial\dot{\gamma}^{\alpha}}{\partial x^{\alpha}}\right|_{t}=-\frac{n}{K}\left(\frac{|\,\tau_{t}^{\alpha}-x_{t}^{\alpha}\,|-Q_{t}^{\alpha}}{K}\right)^{n-1} \tag{12-40}$$

$$\left.\frac{\partial\dot{\gamma}^{\alpha}}{\partial Q^{\alpha}}\right|_{t}=-\frac{n}{K}\left(\frac{|\,\tau_{t}^{\alpha}-x_{t}^{\alpha}\,|-Q_{t}^{\alpha}}{K}\right)^{n-1}\mathrm{sgn}(\tau_{t}^{\alpha}-x_{t}^{\alpha}) \tag{12-41}$$

将上式代入式（12-38）：

$$\sum_{\beta=1}^{N}\left\{\delta_{\alpha\beta}+\theta\Delta t\frac{n}{K}\left(\frac{|\tau_t^\alpha-x_t^\alpha|-Q_t^\alpha}{K}\right)^{n-1}C_{ijkl}P_{kl}^\alpha P_{ij}^\beta+\theta\Delta t\frac{n}{K}\left(\frac{|\tau_t^\alpha-x_t^\alpha|-Q_t^\alpha}{K}\right)^{n-1}\right.$$
$$\left.\times[c-bx_t^\alpha\operatorname{sgn}(\Delta\gamma^\beta)]+\theta\Delta t\frac{n}{K}\left(\frac{|\tau_t^\alpha-x_t^\alpha|-Q_t^\alpha}{K}\right)^{n-1}\operatorname{sgn}(\tau_t^\alpha-x_t^\alpha)H^{\alpha\beta}\operatorname{sgn}(\Delta\gamma^\beta)\right\}\Delta\gamma^\beta \tag{12-42}$$
$$=\dot{\gamma}_t^\alpha\Delta t+\theta\Delta t\frac{n}{K}\left(\frac{|\tau_t^\alpha-x_t^\alpha|-Q_t^\alpha}{K}\right)^{n-1}C_{ijkl}P_{kl}^\alpha\Delta\varepsilon_{ij}$$

式（12-42）是 N 维线性方程组，一旦确定 $\Delta\boldsymbol{\varepsilon}$ 和 Δt，通过求解式（12-42），即可求得 $\Delta\gamma^\alpha$ 的线性近似解，此解可作为后续迭代求解非线性方程组的初值，将极大地提高计算收敛速度。

3. 隐式终解

此部分将介绍如何求解隐式非线性方程的解 $\Delta\gamma^\alpha$。定义函数：

$$F^\alpha \triangleq F(\Delta\gamma^\alpha)=\Delta\gamma^\alpha-\Delta t(1-\theta)\dot{\gamma}_t^\alpha-\theta\Delta t\dot{\gamma}_{t+\Delta t}^\alpha=0 \tag{12-43}$$

非线性方程组可写成

$$F(\Delta\boldsymbol{\gamma})=\Delta\boldsymbol{\gamma}-\Delta t(1-\theta)\dot{\boldsymbol{\gamma}}_t-\theta\Delta t\dot{\boldsymbol{\gamma}}_{t+\Delta t}=0 \tag{12-44}$$

其中，$\dot{\boldsymbol{\gamma}}$ 和 $\Delta\boldsymbol{\gamma}$ 分别代表 N 个滑移系的滑移率和滑移增量矢量；F 是以 $\Delta\boldsymbol{\gamma}$ 为变量的方程组，包含 N 个非线性方程，每个方程具有式（12-43）的形式，将其展开可得到下式：

$$F^\alpha=\Delta\gamma^\alpha-\Delta t(1-\theta)\dot{\gamma}_t^\alpha-\theta\Delta t\left(\frac{|\tau_{t+\Delta t}^\alpha-x_{t+\Delta t}^\alpha|-Q_{t+\Delta t}^\alpha}{K}\right)^n\operatorname{sgn}(\tau_{t+\Delta t}^\alpha-x_{t+\Delta t}^\alpha)=0 \tag{12-45}$$

利用 Newton-Raphson 迭代的思想，将其推广到 N 阶，令下标 n 和（$n+1$）分别为一迭代步和当前迭代步，可得迭代式为

$$\Delta\boldsymbol{\gamma}_{n+1}=\Delta\boldsymbol{\gamma}_n-[\boldsymbol{J}(\Delta\boldsymbol{\gamma}_n)]^{-1}\boldsymbol{F}(\Delta\boldsymbol{\gamma}_n) \tag{12-46}$$

$$\boldsymbol{J}(\Delta\boldsymbol{\gamma}_n)=\begin{bmatrix}\dfrac{\partial F^1}{\partial\Delta\gamma^1} & \dfrac{\partial F^1}{\partial\Delta\gamma^2} & \cdots & \dfrac{\partial F^1}{\partial\Delta\gamma^N}\\ \dfrac{\partial F^2}{\partial\Delta\gamma^1} & \dfrac{\partial F^2}{\partial\Delta\gamma^2} & \cdots & \dfrac{\partial F^2}{\partial\Delta\gamma^N}\\ \vdots & \vdots & \ddots & \vdots\\ \dfrac{\partial F^N}{\partial\Delta\gamma^1} & \dfrac{\partial F^N}{\partial\Delta\gamma^2} & \cdots & \dfrac{\partial F^N}{\partial\Delta\gamma^N}\end{bmatrix}_n \tag{12-47}$$

其中，$\Delta\boldsymbol{\gamma}=[\Delta\gamma^1,\Delta\gamma^2,\cdots,\Delta\gamma^N]^{\mathrm{T}}$；$\boldsymbol{F}(\Delta\boldsymbol{\gamma}_n)=[F(\Delta\gamma_n^1),F(\Delta\gamma_n^2),\cdots,F(\Delta\gamma_n^N)]^{\mathrm{T}}$。

整理迭代式，有

$$[\boldsymbol{J}(\Delta\gamma_n)](\Delta\gamma_{n+1}-\Delta\gamma_n)=\boldsymbol{F}(\Delta\gamma_n) \tag{12-48}$$

将式（12-45）、式（12-47）代入上式，即可得到其分量形式：

$$\sum_{\beta=1}^{N}\left[\left.\frac{\partial F^\alpha}{\partial\Delta\gamma^\beta}\right|_n(\Delta\gamma_{n+1}^\beta-\Delta\gamma_n^\beta)\right]=\theta\Delta t\left(\frac{|\tau_n^\alpha+\Delta\tau_n^\alpha-x_n^\alpha-\Delta x_n^\alpha|-Q_n^\alpha-\Delta Q_n^\alpha}{K}\right)^n$$
$$\times\operatorname{sgn}(\tau_n^\alpha+\Delta\tau_n^\alpha-x_n^\alpha-\Delta x_n^\alpha)+(1-\theta)\Delta t\dot{\gamma}_t^\alpha-\Delta\gamma_n^\alpha \tag{12-49}$$

问题的关键即转化为对 $\boldsymbol{J}(\Delta\boldsymbol{\gamma}_n)$ 的求解，可知其中的每一分量为

$$\left.\frac{\partial F^\alpha}{\partial \Delta\gamma^\beta}\right|_n = \delta_{\alpha\beta} - \theta\Delta t\left[\frac{\partial f^\alpha}{\partial \Delta\tau^\alpha}\frac{\partial \Delta\tau^\alpha}{\partial \Delta\gamma^\beta} + \frac{\partial f^\alpha}{\partial \Delta x^\alpha}\frac{\partial \Delta x^\alpha}{\partial \Delta\gamma^\beta} + \frac{\partial f^\alpha}{\partial \Delta Q^\alpha}\frac{\partial \Delta Q^\alpha}{\partial \Delta\gamma^\beta}\right]\Bigg|_n \tag{12-50}$$

式中，f^α 定义为

$$f^\alpha = \left(\frac{|\tau_n^\alpha + \Delta\tau^\alpha - x_n^\alpha - \Delta x^\alpha| - Q_n^\alpha - \Delta Q^\alpha}{K}\right)^n \operatorname{sgn}(\tau_n^\alpha + \Delta\tau^\alpha - x_n^\alpha - \Delta x^\alpha) \tag{12-51}$$

将式（12-50）中的第二项用 f^α 进行表达：

$$\frac{\partial f^\alpha}{\partial \Delta\tau^\alpha} = \frac{n}{K}\left(\frac{|\tau_n^\alpha + \Delta\tau^\alpha - x_n^\alpha - \Delta x^\alpha| - Q_n^\alpha - \Delta Q^\alpha}{K}\right)^{n-1} \tag{12-52}$$

$$\frac{\partial f^\alpha}{\partial \Delta x^\alpha} = -\frac{n}{K}\left(\frac{|\tau_n^\alpha + \Delta\tau^\alpha - x_n^\alpha - \Delta x^\alpha| - Q_n^\alpha - \Delta Q^\alpha}{K}\right)^{n-1} \tag{12-53}$$

$$\frac{\partial f^\alpha}{\partial \Delta Q^\alpha} = -\frac{n}{K}\left(\frac{|\tau_n^\alpha + \Delta\tau^\alpha - x_n^\alpha - \Delta x^\alpha| - Q_n^\alpha - \Delta Q^\alpha}{K}\right)^{n-1} \operatorname{sgn}(\tau_n^\alpha + \Delta\tau^\alpha - x_n^\alpha - \Delta x^\alpha) \tag{12-54}$$

$$\begin{aligned}\frac{\partial \Delta\tau^\alpha}{\partial \Delta\gamma^\beta} &= \frac{\partial\left[\boldsymbol{C}:\boldsymbol{P}^\alpha:\left(\Delta\boldsymbol{\varepsilon} - \sum_{\beta=1}^{N}\boldsymbol{P}^\beta\Delta\gamma^\beta\right)\right]}{\partial\Delta\gamma^\beta} \\ &= -\sum_{i=1}^{N}(\delta_{i\beta}\boldsymbol{C}:\boldsymbol{P}^\alpha:\boldsymbol{P}^i) \\ &= -\boldsymbol{C}:\boldsymbol{P}^\alpha:\boldsymbol{P}^\beta\end{aligned} \tag{12-55}$$

由式（12-33）可知：$\Delta x^\alpha = c\gamma^\alpha - b(x_n^\alpha + \Delta x^\alpha)|\Delta\gamma^\alpha|$，整理可得

$$\Delta x^\alpha = \frac{c\Delta\gamma^\alpha - bx_n^\alpha|\Delta\gamma^\alpha|}{1 + b|\Delta\gamma^\alpha|} \tag{12-56}$$

进一步：

$$\frac{\partial \Delta x^\alpha}{\partial \Delta\gamma^\beta} = \frac{\delta_{\alpha\beta}[c - bx_n^\alpha \operatorname{sgn}(\Delta\gamma^\alpha)]}{(1 + b|\Delta\gamma^\alpha|)^2} \tag{12-57}$$

同理，也可得

$$\frac{\partial \Delta Q^\alpha}{\partial \Delta\gamma^\beta} = \frac{\partial\left(\sum_{i=1}^{N} H^{\alpha i}\left|\Delta\gamma^i\right|\right)}{\partial \Delta\gamma^\beta} = H^{\alpha\beta}\operatorname{sgn}(\Delta\gamma^\beta) \tag{12-58}$$

将此部分公式代入式（12-50），可得

$$\begin{aligned}\left.\frac{\partial F^\alpha}{\partial \Delta\gamma^\beta}\right|_n = \delta_{\alpha\beta} - \theta\Delta t\frac{n}{K}\left(\frac{|\tau_n^\alpha + \Delta\tau^\alpha - x_n^\alpha - \Delta x^\alpha| - Q_n^\alpha - \Delta Q^\alpha}{K}\right)^{n-1}\Bigg\{(-\boldsymbol{C}:\boldsymbol{P}^\alpha:\boldsymbol{P}^\beta) \\ -\frac{\delta_{\alpha\beta}[c - bx_n^\alpha \operatorname{sgn}(\Delta\gamma^\alpha)]}{(1 + b|\Delta\gamma^\alpha|)^2} - \operatorname{sgn}(\tau_n^\alpha + \Delta\tau_n^\alpha - x_n^\alpha - \Delta x_n^\alpha)H^{\alpha\beta}\operatorname{sgn}(\Delta\gamma^\beta)\Bigg\}\end{aligned} \tag{12-59}$$

其中，

$$\Delta\tau_n^{\alpha}=\boldsymbol{C}:\boldsymbol{P}^{\alpha}:\left(\Delta\boldsymbol{\varepsilon}-\sum_{\beta=1}^{N}\boldsymbol{P}^{\beta}\Delta\gamma_n^{\beta}\right) \tag{12-60}$$

$$\Delta x_n^{\alpha}=\frac{c\Delta\gamma_n^{\alpha}-bx_n^{\alpha}\,|\,\Delta\gamma_n^{\alpha}\,|}{1+b\,|\,\Delta\gamma_n^{\alpha}\,|} \tag{12-61}$$

$$\Delta Q_n^{\alpha}=\sum_{\beta=1}^{N}H^{\alpha\beta}\,|\,\Delta\gamma_n^{\beta}\,| \tag{12-62}$$

即可推得

$$\Delta\gamma_{n+1}=[\Delta\gamma_{n+1}^{1},\Delta\gamma_{n+1}^{2},\cdots,\Delta\gamma_{n+1}^{N}]^{\mathrm{T}} \tag{12-63}$$

4. 一致性切线模量的推导

在求得每一积分点的当前应力应变状态之后，下一步就要提供当前时刻的一致性切线模量，即雅可比矩阵 $\mathrm{d}\Delta\boldsymbol{\sigma}/\mathrm{d}\Delta\boldsymbol{\varepsilon}$。在用隐式应力积分方法求解每一增量步的整体平衡方程时，该矩阵将被用来求解整体刚度矩阵，以保证迭代过程的无条件稳定性和收敛速度。因此，在本构模型的有限元实现过程中，需要提供这样一个一致性切线模量 $\boldsymbol{C}^{\mathrm{alg}}$。

由式（12-29）可知：

$$\boldsymbol{C}^{\mathrm{alg}}=\frac{\mathrm{d}\Delta\boldsymbol{\sigma}}{\mathrm{d}\Delta\boldsymbol{\varepsilon}}=\boldsymbol{C}-\sum_{\alpha=1}^{N}\left[(\boldsymbol{C}:\boldsymbol{P}^{\alpha})\otimes\frac{\mathrm{d}\Delta\gamma^{\alpha}}{\mathrm{d}\Delta\boldsymbol{\varepsilon}}\right] \tag{12-64}$$

则问题转化为求解 $\dfrac{\mathrm{d}\Delta\gamma^{\alpha}}{\mathrm{d}\Delta\boldsymbol{\varepsilon}}$。利用向后欧拉法，有

$$\dot{\gamma}_{t+\Delta t}^{\alpha}=\dot{\gamma}_t^{\alpha}+\frac{\partial\dot{\gamma}^{\alpha}}{\partial\tau^{\alpha}}\Delta\tau^{\alpha}+\frac{\partial\dot{\gamma}^{\alpha}}{\partial x^{\alpha}}\Delta x^{\alpha}+\frac{\partial\dot{\gamma}^{\alpha}}{\partial Q^{\alpha}}\Delta Q^{\alpha} \tag{12-65}$$

其中，

$$\frac{\partial\dot{\gamma}^{\alpha}}{\partial\tau^{\alpha}}=\frac{n}{K}\left(\frac{|\,\tau_{n+1}^{\alpha}-x_{n+1}^{\alpha}\,|-Q_{n+1}^{\alpha}}{K}\right)^{n-1} \tag{12-66}$$

$$\frac{\partial\dot{\gamma}^{\alpha}}{\partial x^{\alpha}}=-\frac{n}{K}\left(\frac{|\,\tau_{n+1}^{\alpha}-x_{n+1}^{\alpha}\,|-Q_{n+1}^{\alpha}}{K}\right)^{n-1} \tag{12-67}$$

$$\frac{\partial\dot{\gamma}^{\alpha}}{\partial Q^{\alpha}}=-\frac{n}{K}\left(\frac{|\,\tau_{n+1}^{\alpha}-x_{n+1}^{\alpha}\,|-Q_{n+1}^{\alpha}}{K}\right)^{n-1}\mathrm{sgn}(\tau_{n+1}^{\alpha}-x_{n+1}^{\alpha}) \tag{12-68}$$

将 $\dot{\gamma}_{t+\Delta t}^{\alpha}$ 代入 $\Delta\gamma^{\alpha}$ 的表达式：

$$\Delta\gamma^{\alpha}=\Delta t\left[\dot{\gamma}_t^{\alpha}+\theta\left.\frac{\partial\dot{\gamma}^{\alpha}}{\partial\tau^{\alpha}}\right|_t\Delta\tau^{\alpha}+\theta\left.\frac{\partial\dot{\gamma}^{\alpha}}{\partial x^{\alpha}}\right|_t\Delta x^{\alpha}+\theta\left.\frac{\partial\dot{\gamma}^{\alpha}}{\partial Q^{\alpha}}\right|_t\Delta Q^{\alpha}\right] \tag{12-69}$$

$$\frac{\mathrm{d}\Delta\gamma^{\alpha}}{\mathrm{d}\Delta\boldsymbol{\varepsilon}}=\theta\Delta t\left[\left(\frac{\partial\dot{\gamma}^{\alpha}}{\partial\tau^{\alpha}}\right)\frac{\mathrm{d}\Delta\tau^{\alpha}}{\mathrm{d}\Delta\boldsymbol{\varepsilon}}+\left(\frac{\partial\dot{\gamma}^{\alpha}}{\partial x^{\alpha}}\right)\frac{\mathrm{d}\Delta x^{\alpha}}{\mathrm{d}\Delta\boldsymbol{\varepsilon}}+\left(\frac{\partial\dot{\gamma}^{\alpha}}{\partial Q^{\alpha}}\right)\frac{\mathrm{d}\Delta Q^{\alpha}}{\mathrm{d}\Delta\boldsymbol{\varepsilon}}\right] \tag{12-70}$$

进一步：

$$\frac{\mathrm{d}\Delta\gamma^{\alpha}}{\mathrm{d}\Delta\boldsymbol{\varepsilon}}=\frac{\mathrm{d}}{\mathrm{d}\Delta\boldsymbol{\varepsilon}}\left[\boldsymbol{C}:\boldsymbol{P}^{\alpha}:\left(\Delta\boldsymbol{\varepsilon}-\sum_{\beta=1}^{N}\boldsymbol{P}^{\beta}\Delta\gamma^{\beta}\right)\right]$$
$$=\boldsymbol{C}:\boldsymbol{P}^{\alpha}-\sum_{\beta=1}^{N}\left[(\boldsymbol{C}:\boldsymbol{P}^{\alpha}:\boldsymbol{P}^{\beta})\frac{\mathrm{d}\Delta\gamma^{\beta}}{\mathrm{d}\Delta\boldsymbol{\varepsilon}}\right] \tag{12-71}$$

由式（12-56）和式（12-57）可知：

$$\frac{\mathrm{d}\Delta x^{\alpha}}{\mathrm{d}\Delta\boldsymbol{\varepsilon}}=\frac{c-bx_{n}^{\alpha}\operatorname{sgn}(\Delta\gamma^{\alpha})}{(1+b\,|\,\Delta\gamma^{\alpha}\,|)^{2}}\frac{\mathrm{d}\Delta\gamma^{\alpha}}{\mathrm{d}\Delta\boldsymbol{\varepsilon}} \tag{12-72}$$

$$\frac{\mathrm{d}\Delta Q^{\alpha}}{\mathrm{d}\boldsymbol{\varepsilon}}=\sum_{\beta=1}^{N}\left[H^{\alpha\beta}\operatorname{sgn}(\Delta\gamma_{n}^{\beta})\frac{\mathrm{d}\Delta\beta^{\beta}}{\mathrm{d}\boldsymbol{\varepsilon}}\right] \tag{12-73}$$

回代入式（12-70），整理可得

$$\sum_{\beta=1}^{N}\left\{\delta_{\alpha\beta}-\delta_{\alpha\beta}\theta\Delta t\left(\frac{\partial\dot{\gamma}^{\beta}}{\partial x^{\beta}}\right)\frac{c-bx_{n}^{\beta}\operatorname{sgn}(\Delta\gamma^{\beta})}{(1+b\,|\,\Delta\gamma^{\beta}\,|)^{2}}+\theta\Delta t\left(\frac{\partial\dot{\gamma}^{\alpha}}{\partial\tau^{\alpha}}\right)(\boldsymbol{C}:\boldsymbol{P}^{\alpha}:\boldsymbol{P}^{\beta})\right.$$
$$\left.-\theta\Delta t\left(\frac{\partial\dot{\gamma}^{\alpha}}{\partial Q^{\alpha}}\right)H^{\alpha\beta}\operatorname{sgn}(\Delta\gamma^{\beta})\right\}\frac{\mathrm{d}\Delta\gamma^{\beta}}{\mathrm{d}\Delta\boldsymbol{\varepsilon}} \tag{12-74}$$
$$=\theta\Delta t\left(\frac{\partial\dot{\gamma}^{\alpha}}{\partial\tau^{\alpha}}\right)(\boldsymbol{C}:\boldsymbol{P}^{\alpha})$$

其中，$\Delta\gamma^{\beta}$ 取第（$n+1$）的值。

通过求解 N 阶方程组（12-74），即可求解 $\dfrac{\mathrm{d}\Delta\gamma^{\alpha}}{\mathrm{d}\Delta\boldsymbol{\varepsilon}}$，将其代入式（12-64），即可求得一致性切线模量 $\boldsymbol{C}^{\mathrm{alg}}$。

12.3.3　ABAQUS 用户材料子程序 UMAT

为了实现对结构的有限元模拟，在推导出本构方程的应力积分方法和一致性切线刚度矩阵后，就要利用 Fortran 语言将本章发展的本构模型进行编程，写入 ABAQUS 用户材料子程序接口 UMAT。UMAT 是 ABAQUS 提供的便于用户自定义材料力学行为的一个子程序，其主要有两个功能：一是计算每一增量步的应力增量及其他状态变量增量，在增量步末尾进行更新；二是提供与材料本构模型相关的雅可比矩阵（即 12.3.2 节推导的一致性切线模量 $\mathrm{d}\Delta\boldsymbol{\sigma}/\mathrm{d}\Delta\boldsymbol{\varepsilon}$），以供 ABAQUS 主程序求解这一增量步的整体平衡方程组。UMAT 编写流程框图如图 12-5 所示。

12.3.4　UMAT 材料参数和状态变量声明

UMAT 中的单个晶粒的材料参数和状态变量声明分别见表 12-3 和表 12-4，状态变量输出需要在 Step 中选取 SDV 输出。

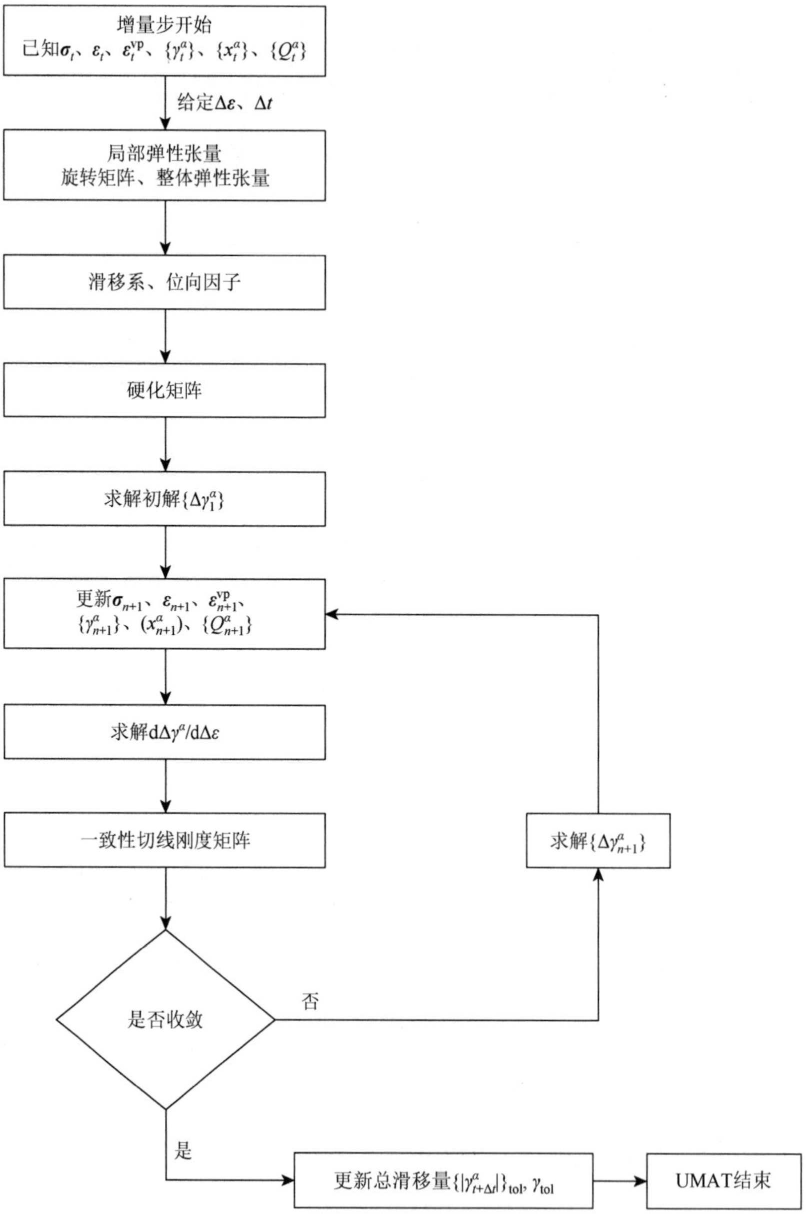

图 12-5　UMAT 编写流程框图

表 12-3　材料参数声明

参数名称	参数含义	变量名称	单位	可能取值范围
PROPS（1）	弹性模量	E	MPa	1000～10000
PROPS（2）	泊松比	ν	/	0.3～0.33
PROPS（3～24）	所有的弹性常数（对于各向同性弹性只有 E 和 ν）	/	/	/
PROPS（25～56）	被激活的立方晶体所有的滑移系数目	/	/	/

续表

参数名称	参数含义	变量名称	单位	可能取值范围
PROPS（57～72）	单晶在全局坐标系下的方向	/	/	/
PROPS（73～96）	黏塑性本构关系参数（分成三组）	/	/	/
PROPS（97～104）	自硬化参数（第一组）	/	/	/
PROPS（105～112）	潜在硬化参数（第一组）	/	/	/
PROPS（113～120）	自硬化参数（第二组）	/	/	/
PROPS（121～128）	潜在硬化参数（第二组）	/	/	/
PROPS（129～136）	自硬化参数（第三组）	/	/	/
PROPS（137～144）	潜在硬化参数（第三组）	/	/	/
PROPS（145～152）	时间积分和有限变形参数	/	/	/
PROPS（153～160）	迭代设置参数	/	/	/
PROPS（161～168）	随动硬化参数	/	/	/

表 12-4　状态变量声明

材料参数编号	参数含义
Statev（1～NSLPTL）	当前滑移系强度
Statev（NSLPTL＋1～2×NSLPTL）	滑移系剪切应变
Statev（2×NSLPTL＋1～3×NSLPTL）	滑移系解析剪应力
Statev（3×NSLPTL＋1～6×NSLPTL）	滑移面方向向量分量
Statev（6×NSLPTL＋1～9×NSLPTL）	滑移方向向量分量
Statev（9×NSLPTL＋1～10×NSLPTL）	每个滑移系统的累积剪切应变
Statev（10×NSLPTL＋1～11×NSLPTL）	每个滑移系统的背应力
11×NSLPTL＋1	所有滑移系统的累积剪切应变
11×NSLPT＋2～NSTATV	单轴本构关系相关参数

注：NSLPTL 为总的滑移系数，NSTATV 为总的状态变量数。

12.4　轧制 5083H111 铝合金板材的有限元模型

在编译好 UMAT 子程序后，即可通过 ABAQUS 有限元软件进行调用，模拟轧制 5083H111 铝合金多晶板材的单轴循环变形行为。

12.4.1　二维 Voronoï 模型

从微观层面来看，多晶体是由多个取向大小都不同的晶粒组成的，大小随机，取向随机，单晶晶粒塑性运动对多晶材料的宏观力学行为有很大的影响。采用 Voronoï 方法生成的二维多晶模型，可以真实地描述多晶材料的结构，在模拟结构中更有针对性地观察晶粒的力学行为。

Voronoï 方法是数学家 Voronoï[11]于 1908 年提出的，通过在平面内随机铺设核心点，将核心点两两相连后取中垂线连线，中垂线连接的多边形为晶粒，中垂线为晶界，核心点为晶核。生成分析所需的多晶模型，在 Voronoï 方法中需要通过控制种子，也就是随机点的位置来控制晶粒的形状和大小，其原理如图 12-6 所示。

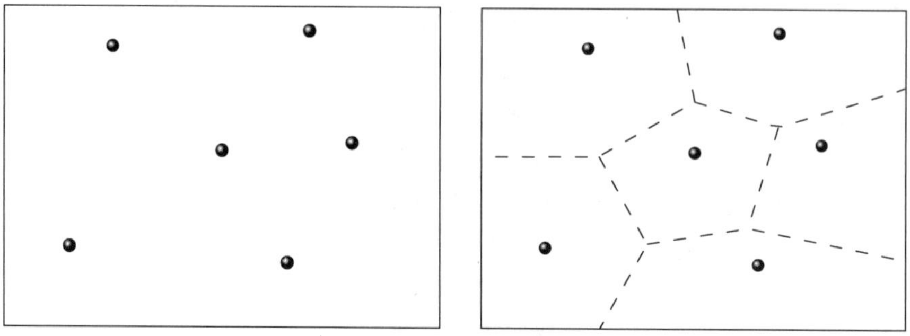

图 12-6　二维 Voronoï 原理示意图

在利用 Voronoï 方法建立二维多晶模型时，随机撒下的控制点即晶核，依赖每个晶核生成的多边形即单个晶粒，相邻多边形的交界即晶界。利用 Voronoï 方法建立多晶模型的通常做法为：首先利用程序生成包含 Voronoï 图表信息的 Python 代码，然后在 ABAQUS 中运行该脚本语言，即可生成由多个大小不一、形状各异的晶粒组成的多晶集合体。

12.4.2　晶粒取向效应的引入

二维 Voronoï 技术实现了包含数个大小不一、形状各异的晶粒的多晶聚合体的几何建模，这些晶粒不仅在大小、形状上各异，其晶体学方向也应当是不同的。这就需要对这些晶粒赋予不同的取向。每个晶粒的取向实际是由整体坐标系的两个单位基矢在晶粒局部坐标系下的相应坐标表示的。这两个矢量坐标由 MATLAB 软件随机生成，即为晶粒的随机取向。晶粒随机取向生成后，下一个重要问题就是如何将取向导入 ABAQUS 软件中，并赋予每个晶粒。这需要对每个晶粒均定义一个材料参数列表、创建一个截面，再将这个截面赋予相应的晶粒。由于晶粒数目众多，采用 CAE 界面操作来实现这一过程将非常烦琐耗时，并且后面利用发展的晶体塑性本构模型对 5083 铝合金板材的循环变形行为进行有限元模拟时，涉及运用试错法获取本构模型的材料参数，若用 CAE 界面操作无疑会消耗大量时间，因此，本书采用 ABAQUS 脚本语言 Python 来实现晶粒取向的赋予。

利用 Python 对每个晶粒赋予取向的具体过程为：首先将 MATLAB 生成的晶粒取向存入文本文件中，再利用 Python 语言中的“f.readlines ( )”函数读取文本文件中每个晶粒的取向，此时读取的每个晶粒的取向数据实为一个字符串，利用“re.findall ( )”函数将字符串中每个晶粒的取向分量读取出来并存入一个数组，此即每一晶粒的两个方向矢量。然后利用 for 循环语句，每读取一次晶粒取向，均在 Python 语言中创建一次材料参数和截面属性，再将截面属性按编号赋予每个晶粒即可。无论有多少晶粒，通过上述方法，只需运行一次 Python 程序即可对所有晶粒创建并赋予材料参数。

为二维 Voronoï 多晶模型赋予晶粒取向后的几何模型如图 12-7 所示。图中每种颜色的多边形为一个晶粒，不同的颜色代表不同的晶粒取向，该模型一共包含 100 个取向随机的晶粒。如果晶粒数目足够，多晶体内晶粒取向的随机分布将导致多晶整体响应的平均化。

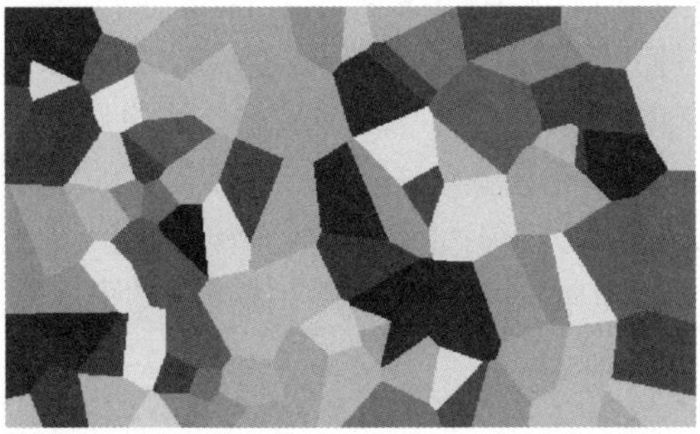

图 12-7　二维 Voronoï 多晶几何模型

12.4.3　单元选择

考虑如下因素：轧制 5083H111 板材的实验试样工作段为 10mm×6mm×6mm，实验条件表明铝合金板材在进行单轴拉伸和循环变形实验时，其 z 向表面是自由的；由于滚动轧制 5083H111 铝合金板材的晶粒趋于层状分布，在单轴实验条件和小变形情况下，晶粒层与层之间的纵向挤压作用非常微弱(与材料力学中材料纯弯曲时其纵向纤维不受挤压假设类似)。因此，综合考虑试样的几何尺寸、外部载荷以及轧制 5083H111 铝合金多晶板材的晶粒分布情况，此处采用平面应力单元进行网格划分。

12.4.4　边界条件

生成的 Voronoï 代表性区域类似于复合材料中的代表性体积单元，其整体力学性质代表了金属多晶体的宏观力学性能，其弹性性质趋于各向同性，在不考虑织构等晶粒取向占优的情况下，其塑性性质亦趋于各向同性。代表性区域的约束和加载条件如下：

左边界：$U_1 = 0$；

下边界：耦合 U_2；

上边界：耦合 U_2；

右边界：耦合 U_1；

在右下角点施加位移载荷 U_1 或力载荷 F_1。

这种边界施加方法使自由边保持为直线，以便模型能够作为多晶材料的一个可重复代表性单元，同时模型也考虑了横向效应，并且与载荷均匀施加于边界的单轴应变控制或应力控制实验加载条件相符。需要注意的是，如果是材料大变形和几何大变形情形，应当施加精确的周期性边界条件，才能同时考虑代表性区域的边界连续性和自身的真实变形情况。

12.4.5　材料参数确定

由于缺乏轧制 5083H111 铝合金板材单晶的相关实验数据，此处根据轧制 5083H111 铝合金板材的单轴拉伸和循环变形实验结果，通过试错法来确定本构模型参数。

足够数量的、取向随机的晶粒将导致多晶集合体的弹性性质近似于各向同性，为简化起见，此处直接输入宏观弹性模量。这种处理对多晶体的宏观力学性质影响并不大，只在对单晶的力学性质进行量化分析时才有影响。最终确定出的材料参数值如表 12-5 所示，后面对轧制 5083H111 的单轴加载进行有限元模拟时均采用此参数。

表 12-5　轧制 5083H111 铝合金板材的本构模型材料参数

参数类型	参数值
弹性参数	$E = 70\text{GPa}$，$\nu = 0.3$
流动准则	$n = 50.0$，$K = 20.0\text{MPa}$
自硬化和潜硬化准则	$H = 80$，$q_0 = 0.0$
随动硬化准则	$c = 760\text{MPa}$，$b_0 = 9.0$，$b_{\text{sat}} = 0.0$，$\gamma_0 = 0.02$
各向同性硬化准则	$\tau = 34.0\text{MPa}$

12.4.6　有限元网格

晶粒取向赋予及网格划分如图 12-8 所示。

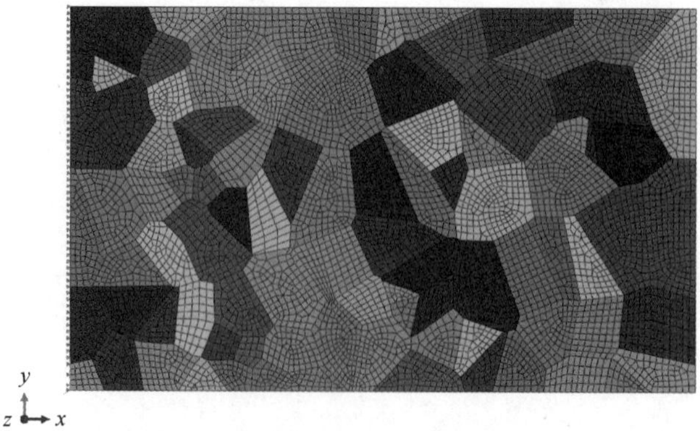

图 12-8　晶粒取向赋予及网格划分

12.4.7　模拟结果与讨论

1. 宏观模拟结果与讨论

本节对轧制 5083H111 铝合金板材在室温下的单轴拉伸行为进行了模拟，加载应变率设为 $0.00015s^{-1}$，与实验条件一致。图 12-9 给出了模拟结果及其与实验结果的对比。从图中可以看到，该晶体塑性本构模型对轧制 5083H111 铝合金板材的单轴拉伸应力应变曲线的模拟结果与实验结果吻合很好。

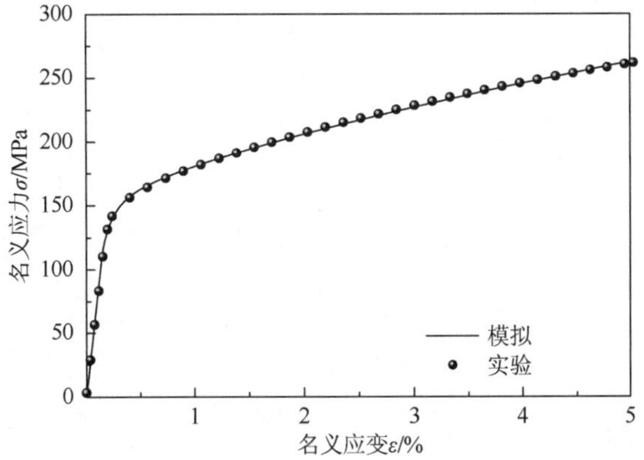

图 12-9　真实应力应变曲线

图 12-10 给出了有限元模拟的轧制 5083H111 铝合金板材在拉伸应变达到 5%时的轴向应力、应变云图。由图可见，多晶内部的应力和变形呈现出极大的不均匀性，这种不均匀性在晶粒之间和晶粒内部都得到了体现。图 12-10（a）中局部应力的最大值（1714MPa）达到了整体平均应力的 6.5 倍，而图 12-10（b）中局部应变的最大值（0.112）达到了整体平均应变的 2.2 倍，可见应力和应变的不均匀程度非常剧烈。由图 12-10（a）还可以看到，尽管模型处于宏观均匀拉伸状态，但是晶粒几何特征和晶粒取向不同，多数晶粒内部出现了局部压应力。另外还可发现，在晶粒之间的交界处特别是三重或多重交点处，应力集中现象比较明显。这主要是各晶粒力学性质的不匹配，以及晶粒之间相互的不均匀约束，导致了晶间应力和变形的急剧变化，实际破坏很有可能从晶界或多重交点处开始。采用过渡准则建立的多晶循环本构模型无法直观考虑晶粒几何形态的随机性，并且不能合理地考虑晶粒之间不均匀约束对其内部应力和应变的影响，故其对多晶材料内部变形过程的描述与实际相差较大，也不能模拟出晶粒内部的应力、应变的不均匀性。而晶体塑性有限元方法则能更形象真实地反映多晶材料在循环变形行为中的局部变形特征，这将为材料循环变形细微观机理的研究提供更深层次的分析基础。

2. 多晶内部晶粒模拟结果与讨论

由上一小节多晶单轴拉伸的有限元分析结果可以看到，多晶材料内部应力应变分布

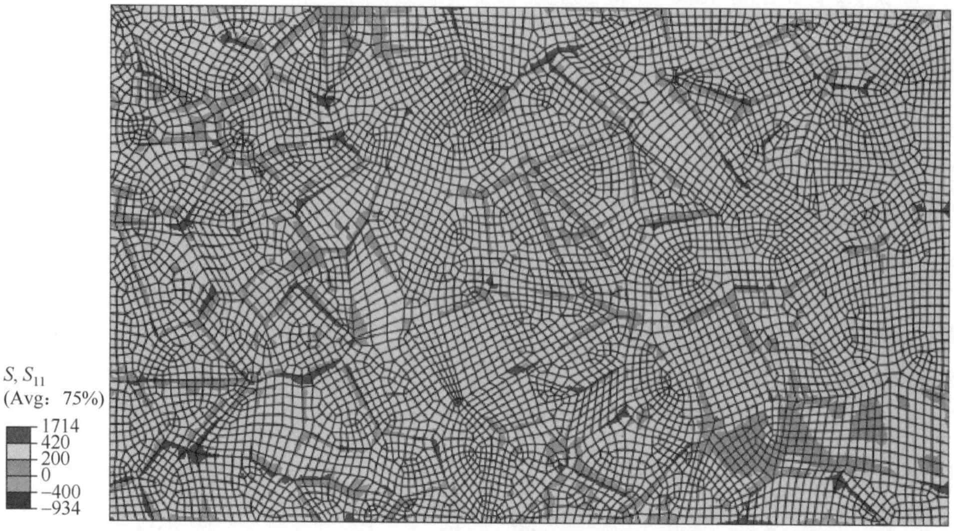

(a) 应力云图

扫一扫　看彩图

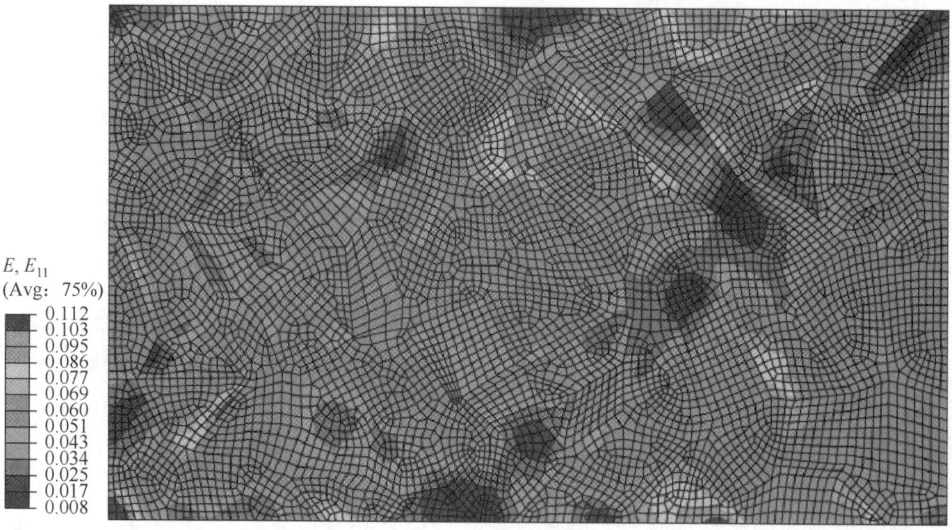

(b) 应变云图

图 12-10　拉伸过程有限元模拟云图

极不均匀，因此，在单轴拉伸后的应变云图中分别取两个高应变集中晶粒（Grain 1、Grain 2）和两个低应变集中晶粒（Grain 3、Grain 4），来观察局部应力应变响应，所取晶粒如图 12-11 所示。

模拟的四个晶粒的单轴拉伸应力应变曲线及其与宏观多晶响应的对比如图 12-12 所示。可见，Grain 1、Grain 2 的应变硬化能力低于多晶体的硬化能力，而 Grain 3、Grain 4 的应变硬化能力则明显高于多晶体的硬化能力。事实上，组成多晶的各晶粒有些处于易滑移取向（软取向），有些处于不易滑移取向（硬取向）。在宏观拉伸应变达到 5%时，Grain 1、Grain 2 的最大应力大致分别为 320MPa 和 300MPa（均高于宏观应力 260MPa），Grain 3、Grain 4 的最大应力大致为 250MPa（低于宏观应力）。相反地，Grain 1、Grain 2 的最大应

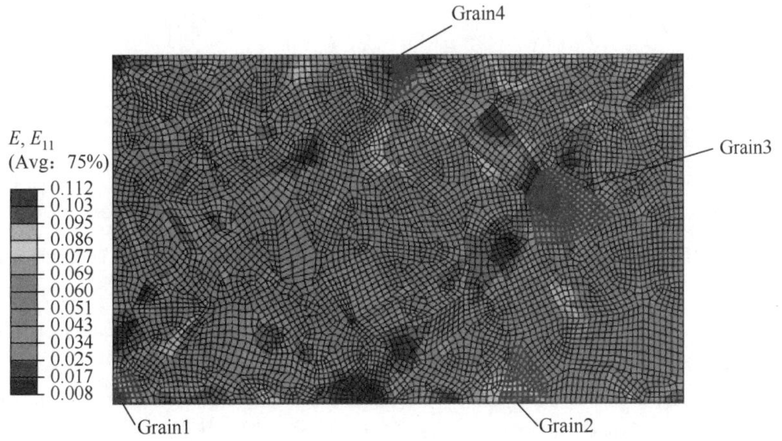

图 12-11　选取晶粒位置

变大致分别为 2.7%和 3.1%（均低于宏观应变 5%），Grain 3、Grain 4 的最大应变大致分别为 7.2%和 8%（均高于宏观应变）。由此可知，Grain 1、Grain 2 处于相对较软取向，而 Grain 3、Grain 4 处于相对较硬取向，这也间接辅证了多晶体的宏观力学性能是多个这样的软、硬取向的晶粒力学性能的平均化。高应变集中现象主要分布在软取向晶粒（Grain1、Grain 2）内，因软取向晶粒具有较低的应变强化作用；而低应变区主要分布在硬取向晶粒（Grain 3、Grain 4）内，因其应变硬化作用较强。

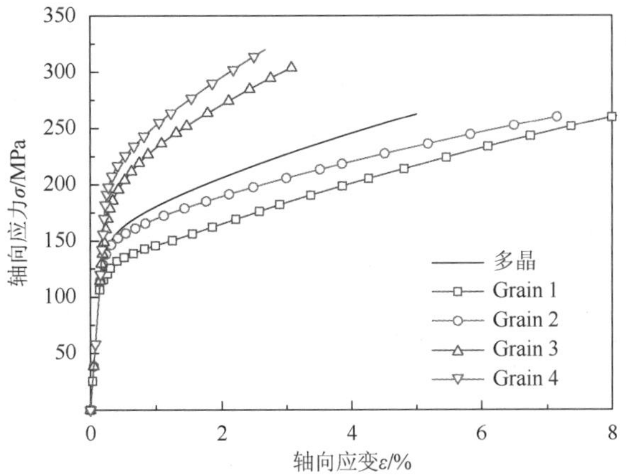

图 12-12　内部晶粒单轴拉伸模拟曲线

12.4.8　UMAT 代码和 INP 文件

参 考 文 献

[1] Hill R，Rice J R. Constitutive analysis of elastic-plastic crystals at arbitrary strain. Journal of the Mechanics and Physics of Solids，1972，20（6）：401-413.

[2] Rice J R. Inelastic constitutive relations for solids：An internal-variable theory and its application to metal plasticity. Journal of the Mechanics and Physics of Solids，1971，19（6）：433-455.

[3] Peirce D，Asaro R J，Needleman A. An analysis of nonuniform and localized deformation in ductile single crystals. Acta Metallurgica，1982，30（6）：1087-1119.

[4] Cailletaud G，Sai K. A polycrystalline model for the description of ratchetting：Effect of intergranular and intragranular hardening. Materials Science and Engineering A，2008，480（1/2）：24-39.

[5] Kang G Z，Bruhns O T. A new cyclic crystal viscoplasticity model based on combined nonlinear kinematic hardening for single crystals. Materials Research Innovations，2011，15（1）：s11-s14（4）.

[6] Bassani J L，Wu T Y. Latent hardening in single crystals II. Analytical characterization and predictions. Proceedings of the Royal Society of London. Series A：Mathematical and Physical Sciences，1991，435（1893）：21-41.

[7] Ohno N，Abdel-Karim M. Uniaxial ratchetting of 316FR steel at room temperature-part II：constitutive modeling and simulation. Journal of Engineering Materials and Technology，2000，122（1）：35-41.

[8] Kang G Z，Bruhns O T，Sai K. Cyclic polycrystalline visco-plastic model for ratchetting of 316L stainless steel. Computation Materials Science，2011，50（4）：1399-1405.

[9] 余永宁. 金属学原理. 北京：冶金工业出版社，2013.

[10] 罗娟. 基于晶体塑性理论的多晶循环本构模型及其有限元实现. 成都：西南交通大学，2014.

[11] Voronoï G. Nouvelles applications des paramètres continus à la théorie des forms quadratiques. Deuxième mémoire：Recherches sur les parallélloèdres primitifs. Journal für die Reine und Angewandte Mathematik，1908，134：198-287.

第 13 章　应变梯度塑性本构模型

随着材料科学和制造业的快速发展，在电子元器件制造、机械加工、医疗器械等众多领域中，各类部件都在向着微米、亚微米甚至纳米尺度发展。工业生产和实践中，面对着越来越多的微纳米尺度的力学问题，实验中出现的尺度效应也显得愈加重要，成为微小结构设计评估中不可忽略的重要一环。

近年来，以微机电系统（micro-electro-mechanical system，MEMS）为代表的微米尺度制造业发展极其迅猛。MEMS 从最初的半导体制造技术出发，在微米-纳米技术的基础上，将微型机械元件和电子元件集成在一起，在小微尺度上，实现了系统与电、热、光、声等多种外界物理输入量的交互作用[1]，其中某些薄膜的厚度甚至可能在 1μm 以下，近年来，更是由 21 世纪初定义的 1μm～1mm 的范围向着 0.15μm 甚至更小的尺寸拓展[2]。随着尺度的进一步缩小，纳米电子机械系统（nano-electro-mechanical system，NEMS）越来越多地在航空航天、电子器械等领域大量应用，NEMS 继电器（图 13-1）、储存器等新型的 IC 器件的大量使用，在发挥了其受外界影响很小的优势的同时，以接触点失效为典型代表的力学问题日益突出[3]。要解决这些微纳米结构的稳定性问题，就必须考虑其材料在微小变形下的尺度效应，并对其进行合理分析。正是此类微尺度产品的大量出现，使得对材料在微纳米尺度的力学行为的研究越来越急迫和重要。

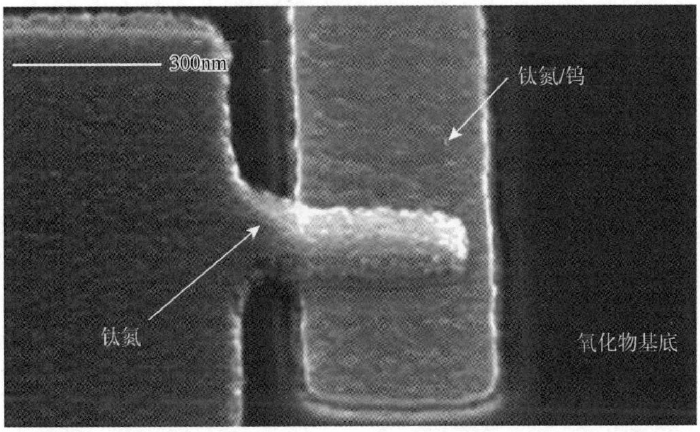

图 13-1　TiN NEMS 继电器[3]

为了提高微小材料和结构的稳定性和可靠性，设计出更加优秀的产品，必须对材料在微小尺寸下的力学性能进行系统描述。为了解决这一问题，许多学者对其进行了探讨，并提出了应变梯度塑性理论。本章就主要对基于细观机制的 MSG 应变梯度塑性理论进行介绍，并提供 UEL 有限元实现的实例。

13.1 基于细观机制的 MSG 本构理论

13.1.1 Taylor 位错密度和实验规律

Nix 和 Gao 通过压痕实验进一步对 Fleck 等[4]理论中所提及的材料长度的意义进行了阐明，并将材料的强度、特征长度与位错密度联系起来，建立了经典的 Taylor 位错模型[5]，揭示了抗剪强度与位错密度的关系：

$$\boldsymbol{\tau} = \alpha\mu\boldsymbol{b}\sqrt{\rho_{\mathrm{T}}} = \alpha\mu\boldsymbol{b}\sqrt{\rho_{\mathrm{S}} + \rho_{\mathrm{G}}} \tag{13-1}$$

其中，ρ_{T} 为位错密度的总量；ρ_{S} 为统计存储位错密度；ρ_{G} 为几何必须位错；μ 为剪切模量；$\boldsymbol{b}$ 为 Burgers 向量；α 为经验常数，值为 1 的数量级。由于应变梯度的变化仅与几何必须位错有关，所以可以将等效应变梯度 $\boldsymbol{\eta}^*$ 定义为

$$\boldsymbol{\eta}^* = \rho_{\mathrm{G}}\boldsymbol{b} \tag{13-2}$$

对于很多韧性材料来说，单拉曲线可以写成幂律形式：

$$\boldsymbol{\sigma} = \boldsymbol{\sigma}_{\mathrm{ref}}\boldsymbol{\varepsilon}^N \tag{13-3}$$

其中，N 为一个范围在 0 到 1 之间的量，反映的是塑性功的硬化指数，而 $\boldsymbol{\sigma}_{\mathrm{ref}}$ 则为参考应力。

对于多晶体来说，在单轴拉伸的工况下，试样发生均匀变形，式（13-3）仅反映统计存储位错造成的硬化，因此可以通过均匀变形来测量 ρ_{S} 的值。应变梯度塑性的硬化率为

$$\boldsymbol{\sigma} = \boldsymbol{\sigma}_{\mathrm{ref}}\sqrt{\boldsymbol{\varepsilon}^{2N} + l\boldsymbol{\eta}} \tag{13-4}$$

其中，引入了应变梯度塑性理论中的材料内禀长度 l，其具体表达式为

$$l = M^2\alpha^2\left(\frac{\mu}{\boldsymbol{\sigma}_{\mathrm{ref}}}\right)^2\boldsymbol{b} \tag{13-5}$$

13.1.2 理论动机

随着 Taylor[6]位错模型与材料屈服强度等参数之间的规律被进一步揭示，式（13-4）在压痕实验中取得了非常好的效果。Nix 和 Gao[4]在 1998 年利用他们提出的硬化率［式（13-4）］推导出压痕硬度的关系式：

$$\begin{aligned} &H/H_0 = \sqrt{1 + h^*/h} \\ &h^* = \frac{81}{2}b\alpha^2\tan^2\theta(\mu/H_0)^2 \end{aligned} \tag{13-6}$$

其中，H_0 是不考虑应变梯度效应时的硬度；h 为压痕的深度；θ 为锥形压头与试样表面的夹角。这套理论被成功应用于预测硬度的计算，对单晶铜、多晶铜等材料的硬度预测都表现出了很好的效果（图 13-2）。

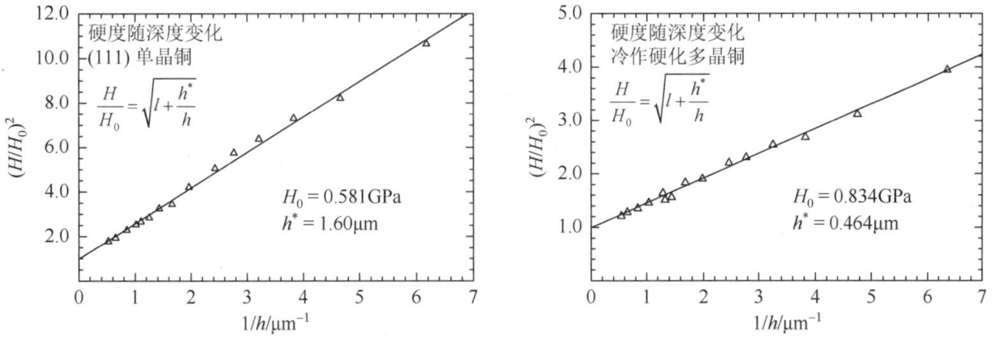

图 13-2　压痕硬度实验、理论数据对比[7]

正是式（13-6）对材料行为的良好描述，为材料在微尺度下的变形特征提供了思路。Gao 和 Huang[7]就以这种硬化规律作为基本假设，将材料的细观尺度和微观尺度结合在一起，实现了塑性与位错理论的结合，提出了 MSG 理论。

13.1.3　基本假设

MSG 的理论框架横跨了多个尺度，层次分明。在其多尺度的框架上，分为微观和细观两个尺度，其具体关系如图 13-3 所示。细观尺度下，胞元内部的应变场是线性分布的，其内部的每一点，均可以视为微尺度胞元。位错主要表现在微尺度胞元内部，其分布和交互作用满足 Taylor 位错模型，其中由几何必须位错的集聚导致的流应力硬化与式（13-4）的 Taylor 硬化函数吻合。由微尺度向细观尺度过渡，在细观层面建立塑性理论。对于微尺度胞元，其尺寸比细观尺度应变场的变化区域小，并按照经典的方式定义其应力和应变，定义为$\tilde{\boldsymbol{\sigma}}$和$\tilde{\boldsymbol{\varepsilon}}$。

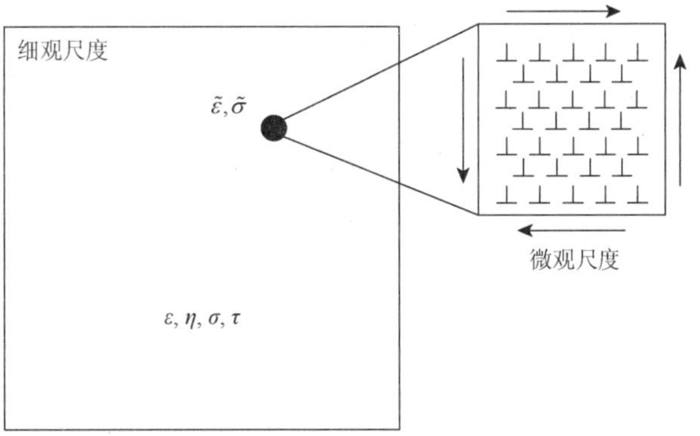

图 13-3　MSG 尺度框架图

将该理论分为两个层面的原因主要有两个：一是将微观尺度划分出来，可以与预测结果良好的 Taylor 硬化模型建立联系，将流动应力定义为位错滑动的临界力，实现了位错理论与宏观力学参数的合理组合；二是这样的构架可以将位错与应变梯度的现象联系在一起，满足热力学的本构框架[8]。

为了保证理论框架的正确性，进行以下基本假设：

（1）假设微尺度胞元内流动应力的硬化满足 Taylor 硬化关系，即

$$\tilde{\boldsymbol{\sigma}} = \boldsymbol{\sigma}_y \sqrt{f^2(\tilde{\varepsilon}) + l\boldsymbol{\eta}} \tag{13-7}$$

（2）细观尺度胞元的尺寸选择上满足“细观小微观大”。即在细观层面上足够小，保证其内部的应变近似以线性规律变化；相对于微观胞元要足够大，以保证可以应用 Taylor 模型。忽略高阶的应变梯度量，微观与细观尺度之间的纽带是塑性功相同，即

$$\int_{V_{\text{cell}}} \tilde{\sigma}'_{ij} \delta \tilde{\varepsilon}_{ij} \mathrm{d}V = (\sigma'_{ij} \delta \varepsilon_{ij} + \tau'_{ijk} \delta \eta_{ijk}) V_{\text{cell}} \tag{13-8}$$

（3）假定在微观胞元中，经典塑性力学的基本结构成立，屈服条件为 $\tilde{\sigma}_{\text{eq}} = \tilde{\sigma}$，$J_2$ 变形理论表示为

$$\tilde{\sigma}'_{ij} = (2\tilde{\varepsilon}_{ij} / 3\tilde{\varepsilon}_{\text{eq}}) \tilde{\sigma}_{\text{eq}} \tag{13-9}$$

其中，$\tilde{\varepsilon}_{\text{eq}}$ 和 $\tilde{\sigma}_{\text{eq}}$ 分别为微尺度等效应变和等效应力，表达式如下：

$$\tilde{\sigma}_{\text{eq}} = \sqrt{\frac{2}{3} \tilde{\sigma}'_{ij} \tilde{\sigma}'_{ij}}, \quad \tilde{\varepsilon}_{\text{eq}} = \sqrt{\frac{2}{3} \tilde{\varepsilon}_{ij} \tilde{\varepsilon}_{ij}} \tag{13-10}$$

13.1.4 本构方程

为了得到正确的本构关系，类比之前两种理论，依然需要首先对等效应变梯度 $\boldsymbol{\eta}^*$ 进行假设，以其作为几何必须位错密度大小的标准：

$$\eta^* = \sqrt{c'_1 \eta_{iik} \eta_{jjk} + c'_2 \eta_{ijk} \eta_{ijk} + c'_3 \eta_{ijk} \eta_{kji}} \tag{13-11}$$

其中，三个材料参数 c'_1、c'_2、c'_3 并不是实验确定的，而是考虑了平面圆孔膨胀、平面弯曲和扭转三种典型的位错模型[9]，如图 13-4 所示。

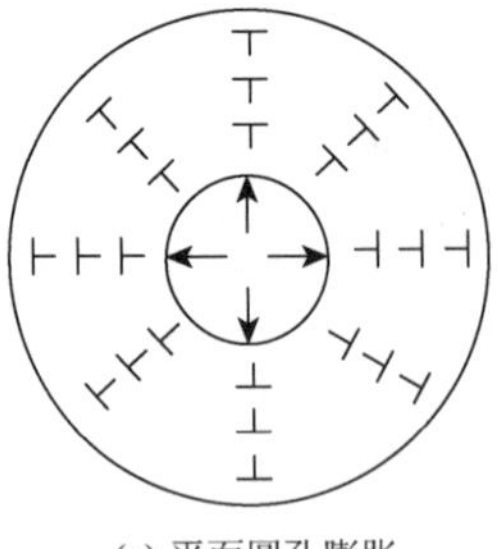

(a) 平面圆孔膨胀

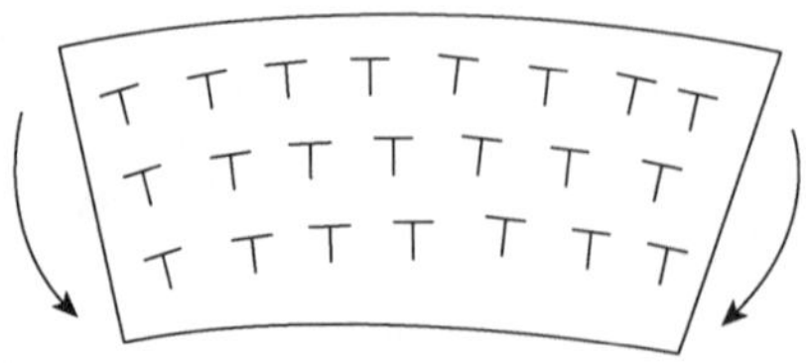

(b) 平面弯曲

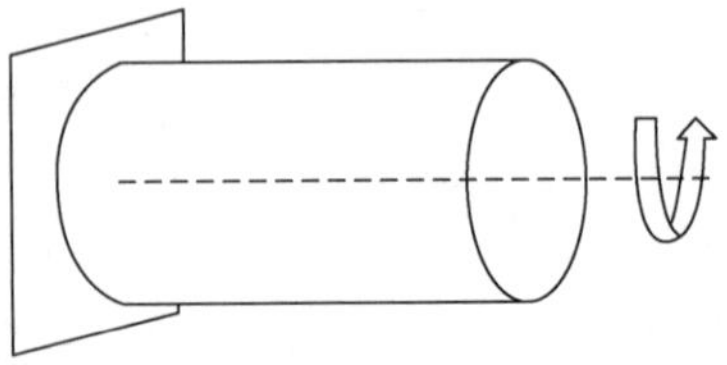

(c) 扭转

图 13-4　三种经典位错模型

取几何必须位错密度最小的时候，求出三个参数的值：

$$c_1' = 0,\quad c_2' = \frac{1}{4},\quad c_3' = 0 \tag{13-12}$$

对应的最精确的等效应变梯度的表达式为

$$\eta^* = \sqrt{\eta_{ijk}\eta_{ijk}/4} \tag{13-13}$$

讨论细观层面一个边长为 l_ε 的胞元，以胞元的中心为局部坐标的原点，由于应变场是线性的，所以其中某一点的位移变化可以表示为

$$\tilde{u}_k = \varepsilon_{ik}x_i + \frac{1}{2}\eta_{ijk}x_i x_j + O(x^3) \tag{13-14}$$

由于胞元尺寸足够小，可以略去位移的高阶量，线性的应变场表示为

$$\tilde{\varepsilon}_{ij} = \varepsilon_{ij} + \frac{1}{2}(\eta_{kij} + \eta_{kji})x_k \tag{13-15}$$

对应的微尺度下的运动有

$$\delta\tilde{\varepsilon}_{ij} = \delta\varepsilon_{ij} + \frac{1}{2}(\delta\eta_{kij} + \delta\eta_{kji})x_k \tag{13-16}$$

将 J_2 理论的表达式以及应变场分布代入塑性功等式，即可得到 MSG 理论的本构方程：

$$\begin{gathered} \sigma'_{ij} = 2\varepsilon_{ij}\sigma/3\varepsilon \\ \tau'_{ijk} = l_\varepsilon^2[\sigma(\Lambda_{ijk} - \Pi_{ijk})/\varepsilon + N\sigma_{\text{ref}}^2\varepsilon^{2N-1}\Pi_{ijk}/\sigma] \end{gathered} \tag{13-17}$$

其中，有

$$\begin{cases} \sigma = \sigma_{\text{ref}}\sqrt{\varepsilon^{2N} + l\eta} \\ \Lambda_{ijk} = \dfrac{1}{72}\left[2\eta_{ijk} + \eta_{kji} + \eta_{kij} - \dfrac{1}{4}(\delta_{ik}\eta_{ppj} + \delta_{jk}\eta_{ppi})\right] \\ \Pi_{ijk} = \varepsilon_{mn}\left[\varepsilon_{ik}\eta_{jmn} + \varepsilon_{jk}\eta_{imn} - \dfrac{1}{4}(\delta_{ik}\varepsilon_{jp} + \delta_{jk}\varepsilon_{ip})\eta_{pmn}\right]\Big/54\varepsilon^2 \end{cases} \tag{13-18}$$

13.2　有限元实现格式

本节主要采用 ABAQUS 有限元分析软件的用户单元子程序（user subroutine to define an element，UEL），对 MSG 理论进行了有限元实现。利用 UEL 子程序的特殊性，将 MSG 理论编进单元算法中，并以纳米压痕的有限元模拟为例，进行了详细的介绍。

13.2.1 UEL 子程序介绍

随着工程问题越来越复杂多变，ABAQUS 不可能满足工程全部需求，所以其提供了大量的用户子程序（user subroutine）和应用程序接口（utility routine），涵盖了建模、载荷到单元的几乎各个部分，极大地扩充了软件的功能[10]。

在使用 ABAQUS 分析的过程中，出现以下问题时，其内置常规单元将不再适用：

（1）单元所需几何信息与 ABAQUS 基础单元不同；

（2）需要模拟与结构行为耦合的非物理过程；

（3）需要施加依赖解的载荷；

（4）需要模拟主动控制机制。

在出现以上情况时，就需要使用 UEL 用户单元子程序进行分析。UEL 是用户子程序的一种，可以为用户提供自由的有限元单元构建平台。单元的节点、自由度和刚度矩阵等关键参数均可以进行更改，并可以引入其他参数代入有限元分析当中。其优点在于：

（1）可以利用 ABAQUS 软件的强大计算功能，方便对数据进行处理；

（2）UEL 子程序基于 Fortran 语言，编程简洁，逻辑清晰；

（3）提供了很多的内部变量接口，自由度很高，可以根据用户自身的需求来进行编写；

（4）可以反馈信息，提供节点的力作为其他节点的位移、速度等的函数；

（5）可以用来求解非标准自由度；

（6）可以是线性或非线性的。

同时，UEL 子程序也存在一些问题。首先，由于 UEL 不支持 ABAQUS 前处理的调用，并不能利用 ABAQUS 强大的几何建模和网格划分功能进行建模，只能依靠 INP 文件进行建模，对复杂问题的建模有一定难度。其次，虽然采用 Fortran 程序进行编程，但编程涉及有限元计算方法的编程，对编程要求比较高，对编程错误的检查比较困难。最后，在后处理方面，由于 UEL 不支持前处理，在其计算结果中单元不能以体的形式反映变形，对单元变形后的形状、单元的位置等单元信息无法反馈。

13.2.2 UEL 关键变量定义

在编写 UEL 用户子程序之前，必须要明确定义有限元单元的基本特征。主要包含单元节点数、节点坐标数、每一次节点的自由度数。可见，UEL 中的变量定义对于最后实现的结果十分重要，此部分就对其变量分类和作用进行介绍。在 UEL 子程序中，常用的变量主要分为三类，包括用户定义、更新变量和信息传递，图 13-5 对常用的典型变量进行了简单分类。

为了与 ABAQUS 实现连接，必须在 UEL 程序开头对其变量进行声明和定义。为了更好地理解 UEL 子程序的结构，将典型的子程序声明整理在表 13-1 中。

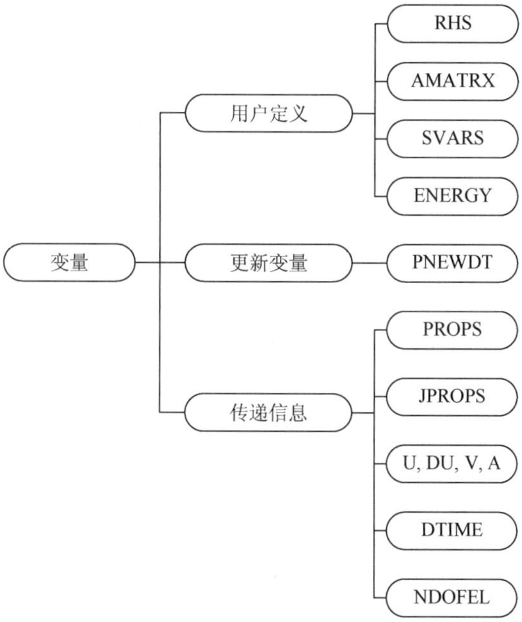

图 13-5　UEL 常用变量分类

表 13-1　UEL 子程序声明格式

子程序声明格式	注释
SUBROUTINE UEL（RHS，AMATRX，SVARS，ENERGY，NDOFEL，NRHS，NSVARS， 1 PROPS，NPROPS，COORDS，MCRD，NNODE，U，DU，V，A，JTYPE，TIME，DTIME， 2 KSTEP，KINC，JELEM，PARAMS，NDLOAD，JDLTYP，ADLMAG，PREDEF，NPREDF， 3 LFLAGS，MLVARX，DDLMAG，MDLOAD，PNEWDT，JPROPS，NJPROP，PERIOD）	用户定义变量 信息传递变量
C　INCLUDE 'ABA_PARAM.INC' IMPLICIT DOUBLE PRECISION（A-H，O-Z） C	
PARAMETER（NPRECD = 2） PARAMETER（PI = 3.1415926） PARAMETER（NTENS = 14，NDOF = 18，NODENUM = 9，IPNML = 9，IPVOL = 9）	常量定义 单元信息定义
DIMENSION RHS（MLVARX，*），AMATRX（NDOFEL，NDOFEL），PROPS（*）， 1 SVARS（NSVARS），ENERGY（8），COORDS（MCRD，NNODE），U（NDOFEL）， 2 DU（MLVARX，*），V（NDOFEL），A（NDOFEL），TIME（2），PARAMS（*）， 3 JDLTYP（MDLOAD，*），ADLMAG（MDLOAD，*），DDLMAG（MDLOAD，*）， 4 PREDEF（2，NPREDF，NNODE），LFLAGS（*），JPROPS（*） C	变量维度定义
DIMENSION BGEO（NTENS，NDOF），DDSDDE（NTENS，NTENS），STRESS（NTENS）， 1　STRAN（NTENS），DSTRAN（NTENS），DSDEB（NTENS，NDOF），XI（2）， 2　CGEO（NDOF），FS（NODENUM），FSD（NODENUM，2），POINTS（9，3）， 3　FSDD（NODENUM，4），INDDL（5），AMAGDL（5），XICOOR（2）， 4　STSZ（9，14），SVOL（9），AA（9，9），STSZN（9，14），BB（4，4）， 5　STRANE（9），STRANYE（9），STRANEN（9），STRANYEN（9）， 6　STRANEM（9），SIGMAEE（9），SIGMAEEN（9），STR（9，14）， 7　STRN（9，14），SVOLN（9），STRANEMN（9）	变量结构数量

可见，在 UEL 的变量中，有一些控制着单元的节点等信息，影响有限元计算的精度

和方式。只有输入变量与定义变量数据类型相同，且值对应范围一致，子程序才能正确调用。因此需要明确各个关键变量的含义和数据类型，具体介绍见表 13-2。

表 13-2　关键变量定义

变量名称	变量功能
RHS	右手系向量数组
AMATRX	雅可比刚度矩阵或其他的总体系统方程矩阵
SVARS	求解状态变量，个数用 NSVARS 表示，由用户定义这些变量的意义
ENERGY	用户单元的能量相关参数 ENERGY（1）动能　ENERGY（2）弹性应变能　ENERGY（3）蠕变耗散 ENERGY（4）塑性耗散　ENERGY（5）黏性耗散
PNEWDT	新时间增量与当前时间增量（DTIME）的比值，控制增量步步长
PROPS	浮点数数组，输入量中浮点数的存储数组，其数目为 NPROPS
JPROPS	整型数组，输入量中整数的存储数组，其数目为 NJPROPS
COORDS	单元节点原始坐标，例如，COORDS（*K*1，*K*2）表示单元节点 *K*2 的 *K*1 坐标值
U，DU，V，A	单元节点上求解变量估计值的数组

13.2.3　UEL 调用

UEL 无法被 ABAQUS 的前处理调用，需要在 INP 文件中通过 UEL 子程序进行调用。用户自定义子程序在调用时，在 INP 文件的接口程序中对 UEL 需要的材料参数、节点位置、单元节点数等关键信息进行声明，具体 INP 文件的调用接口见表 13-3。

表 13-3　INP 文件结构程序

调用程序	注释
*USER ELEMENT，NODES = 9，TYPE = U1， PROPERTIES = 6，UNSYMM，COORDINATES = 2，VARIABLES = 4 1，2	定义九节点的平面轴对称单元 U1
*USER SUBROUTINE，INPUT = UEL.for	UEL 的输入文件选择
*ELEMENT，TYPE = U1 1，3，2003，2001，1，1003，2002，1001，2，1002 *ELGEN，ELSET = ELS 1，10，2000，1，100，2，10 *ELSET，ELSET = ALLELS ELS，1000	赋予节点单元属性
*UEL PROPERTY，ELSET = ALLELS	材料赋值范围
** YOUNG'S MODULUS，POISSON'S RATIO，MATERIAL LENGTH，CELL LENGTH， ** YIELD STRESS，HARDENING EXPONENT 60，0.3，1.74，0.0，0.105，0.162	材料参数输入

13.2.4　UEL 实现

由于应变梯度塑性理论引入了试样变形位置的相关参数，用常规单元来进行定义不能精确地描述材料的尺度效应现象。因此，利用 UEL 用户子程序单元可自由定义参数、更新节点位置的特点，编写了 MSG 理论的二维九节点轴对称 UEL 单元。其基本编写思路参考文献[11]。

ABAQUS 主程序第一次对子程序进行调用时，先对子程序进行初始化，将其单元各节点的位移量、内部节点力、右手系向量（RHS）及雅可比矩阵（AMATRX）初始值置零。然后获取变量初始值，并将其与存储状态变量（SDV）传递给相关变量，通过材料参数等信息，定义对应的刚度矩阵。接下来根据外载荷和刚度矩阵，引入 MSG 的相关理论式，计算每个节点的位移。求解过程中的状态变量由 SVARS 变量存储，计算完成后更新状态变量 SDV，并将单元内部节点力存储在 RHS 右手系矩阵中。将结果与外载荷对比，计算残余应力，判断此步是否收敛。收敛即增加步长计算下一步；不收敛则返回上一步，减小步长继续迭代。UEL 编写流程图如图 13-6 所示。

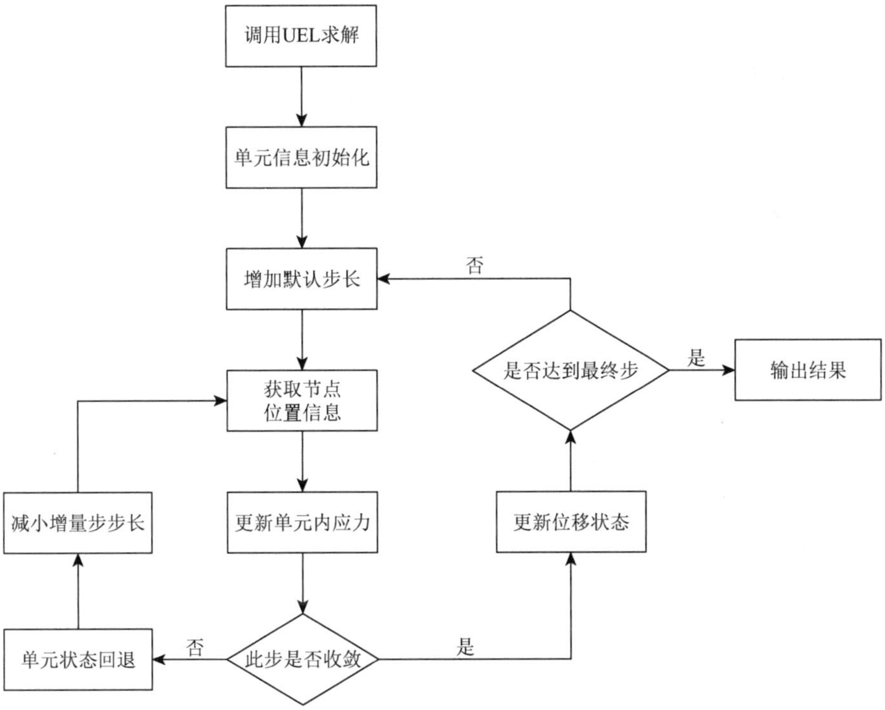

图 13-6　UEL 编写流程简图

通过这种方式，就可以实现几何位置信息与单元力学性能的耦合，对 MSG 理论进行实现。

13.2.5 材料参数声明

UMAT 中的材料参数声明见表 13-4。

表 13-4 材料参数声明

参数名称	参数含义	变量名称	单位	可能取值范围
EMOD	弹性模量	E	GPa	60
POISSN	泊松比	ν	/	0.3～0.49
ALPHA	内禀材料长度	l	/	/
BETA	胞元长度	l_e	/	0
SIGMA0	屈服强度	σ_y	MPa	
POWER	硬化指数	n	/	/

13.3 MSG 理论有限元应用

13.3.1 微柱拉伸有限元模拟验证

Fleck 等[4]早在 1994 年，就对微尺度直径的细铜丝进行了实验。在单轴拉伸实验中，分别对直径 12μm、15μm、20μm、30μm 以及 170μm 的细铜丝进行了实验，从应力应变曲线［图 13-7（a）］中可见，虽然随着直径减小，材料呈现了一定的硬化和波动，但并没有出现明显的尺度效应。2014 年，刘大彪[12]又一次对细铜丝拉伸进行了更加精确的实验，如图 13-7（b）所示，同样出现了波动，但没有明显规律。

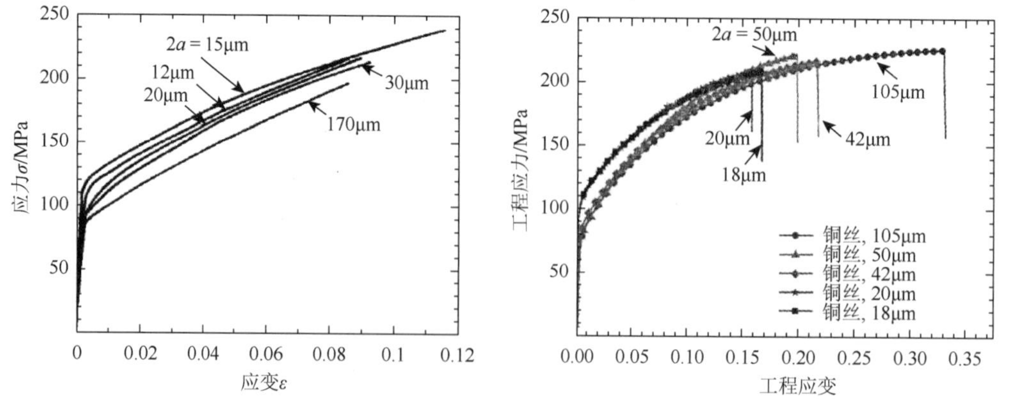

(a) 1994年微柱拉伸实验[1]　　(b) 2014年多晶铜丝拉伸实验[12]

图 13-7　细铜丝单轴拉伸实验[4, 12]

可见，随着铜丝直径的逐步减小，先后两次实验均产生了一定的波动，本书以此为切入点，接下来的部分就对微柱拉伸的有限元实现进行讨论。对于实验中出现的波动现象，通过分析单轴拉伸可能的受力情况，提出了两种假设：

（1）单轴拉伸实验端部的约束，会在铜丝端部附近产生小范围的不均匀变形，当细铜丝直径足够小时，这种不均匀变形会引起几何必须位错的大量累积，使得材料表现出尺度效应；

（2）加工试样过程中的操作，导致试样表面产生裂纹、刮痕等缺陷，由于细铜丝直径很小，这些缺陷会引起尺度效应。

为了探讨这两种因素中哪一种对应力应变曲线的影响较大，分别建立了均匀拉伸、端部约束和缺口微柱拉伸三个试样，将 MSG 理论的 UEL 单元与一般单元进行对比，并讨论理论的适用性。

材料参数如表 13-5 所示。

表 13-5　材料参数

材料参数	E/GPa	泊松比	内禀材料长度	屈服强度/GPa	硬化指数
数值	60	0.3	1.74	0.105	0.162

1. 均匀拉伸模拟

为了更好地进行其他的模拟，必须首先保证在发生完全均匀的变形时，不同的单元得到同一条应力应变曲线，所以先进行均匀拉伸有限元模拟，来验证单元的准确性。均匀拉伸有限元模型见图 13-8，高度为 90μm，宽度为 9μm。

在端部没有进行径向约束的条件下，对微柱试样进行单轴拉伸，U_1 和 U_2 方向的位移如图 13-9 所示，可见其变形是均匀的。

在均匀拉伸条件下，一般单元与 UEL 单元的应力应变对比曲线如图 13-10 所示。可见材料参数输入一致，普通单元与 UEL 单元在均匀拉伸条件下吻合效果很好。验证了在均匀变形条件下，MSG 理论退化为一般的材料本构模型，并不会附加尺寸效应。

2. 端部约束模拟

实验时的端部约束会引起局部的非均匀变形。为了探究端部约束对应力应变的影响，采用相同的材料参数，在下端施加沿试样半径方向的约束，进行拉伸实验，其 U_1 方向的位移如图 13-11 所示。由图可见，端部约束在拉伸试样的端部附件引发了变形的不均匀分布，但当泊松比为 0.3 时，端部颈缩发生得不明显，导致端部不均匀变形对整体曲线没有实质性的影响，如图 13-12 所示。

图 13-8　均匀拉伸有限元模型

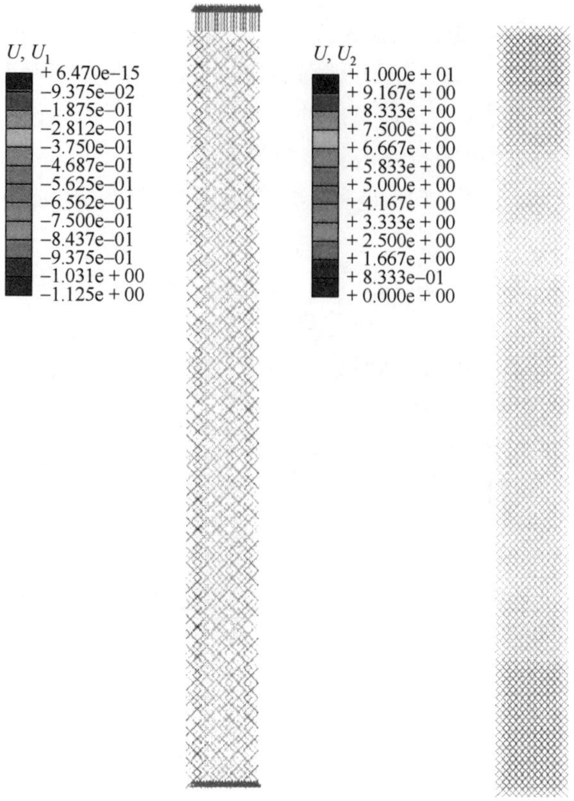

图 13-9　均匀单拉 U_1、U_2 方向位移分布图

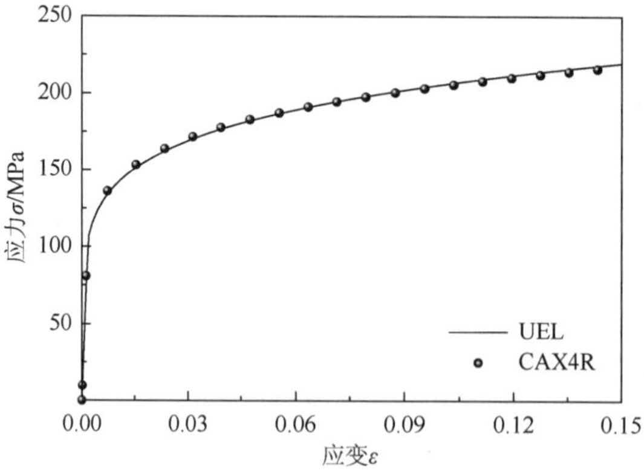

图 13-10　UEL 与 CAX4R 单元均匀拉伸曲线

为了更加深入地了解端部约束对拉伸应力应变曲线的影响程度，考虑颈缩极端的情况，将泊松比改为 0.4999，得到应力应变曲线如图 13-13 所示。可见不均匀变形影响范围足够大时，随着半径的逐渐减小，MSG 单元反映出材料在实验中越小越硬的趋势。但总的来说，端部约束对于拉伸的影响并不大。

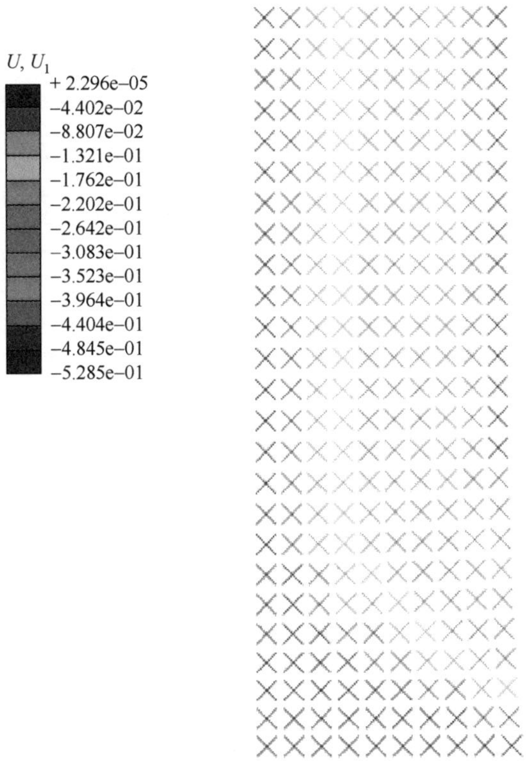

扫一扫　看彩图

图 13-11　端部约束 U_1 方向位移分布图

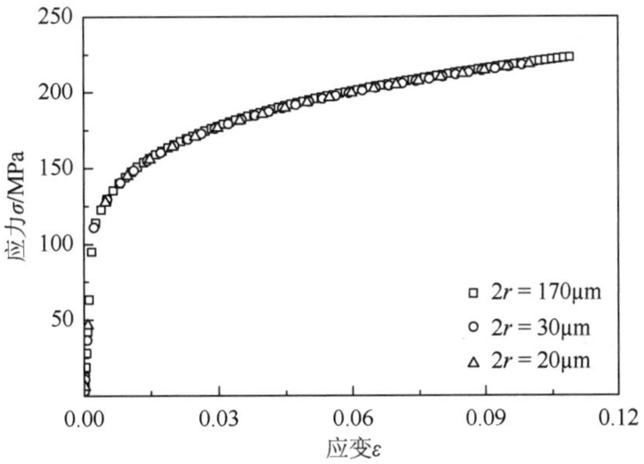

图 13-12　泊松比为 0.3 时端部约束应力应变曲线

3. 缺口微柱拉伸

为了考虑试样表面损伤对于拉伸应力应变曲线的影响，建立缺口微柱拉伸有限元模型，对其应力应变曲线进行分析。模型缺口与径向夹角为 45°，缺口深度分别考虑了半径的 10%和 5%两种情况，缺口微柱拉伸有限元模型如图 13-14 所示。

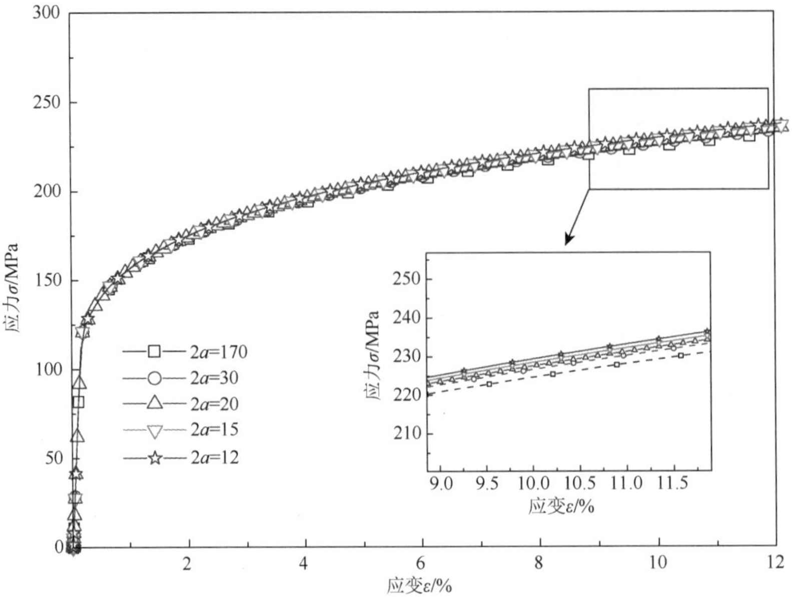

图 13-13　泊松比 0.4999 端部约束应力应变曲线

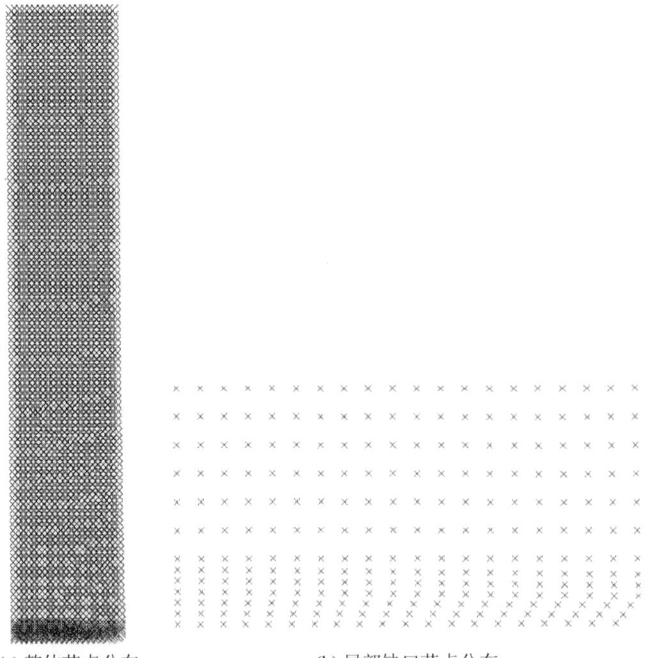

(a) 整体节点分布
(b) 局部缺口节点分布

图 13-14　缺口微柱拉伸有限元模型

当压入深度为半径的 5%时，改变试样半径，可见对于平面轴对称四节点的普通单元，更改界面大小对其应力应变曲线并没有任何影响，没有尺度效应的发生，如图 13-15（a）所示。而当采用 MSG 理论编写的 UEL 单元进行计算时，则表现出了明显的尺度效应的影响，如图 13-15（b）所示。可见，随着半径由 40μm 减小到 5μm，材料表现出了明显的硬化现象，趋势与实验结果吻合。

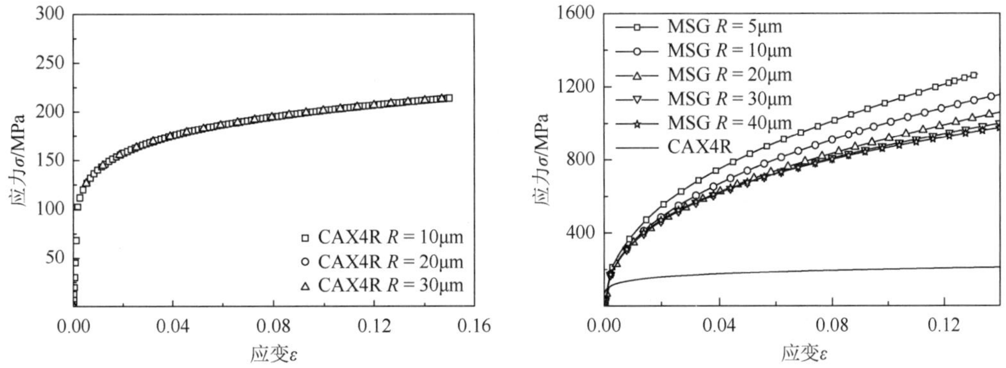

(a) CAX4R单元　　(b) UEL

图 13-15　压入深度为半径的 5%时计算的应力应变曲线

13.3.2　纳米压痕有限元模型

Nix[13]、Ma 和 Clarke[14]与 McElhaney 等[15]对不同的材料、不同的压头进行了很多压痕实验，均出现了随着压痕深度减小硬度增加的现象。为了进一步验证依据 MSG 理论编写的用户子程序的正确性，本节探讨其对于纳米压痕的模拟情况。

1. 材料参数及有限元模型

为了更好地对纳米压痕的实验进行模拟，探讨 MSG 理论对尺度效应描述的特性，分别建立了 ABAQUS 内置的平面轴对称单元 CAX4R 单元和 UEL 单元的模型，在压痕区域对网格进行细化，如图 13-16 所示。

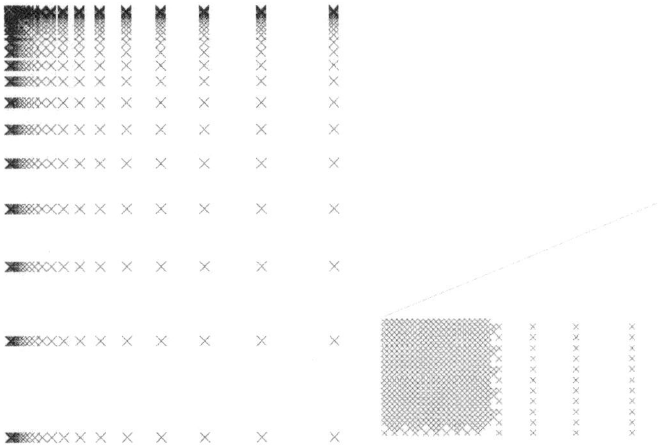

(a) 整体节点分布　　(b) 压痕接触区域的节点分布

图 13-16　压痕有限元模型

由于锥形压头硬度远高于测量材料，在有限元模型中将压头定义为刚体。在对称轴处施加对称约束，底部施加全自由度的约束。为了观察到更加明显的现象，在定义材料参数时，设定一种较易发生变形的材料，具体材料参数如表 13-5。

2. MSG 理论与经典塑性理论模拟结果的对比

提取深度方向的位移云图如图 13-17 所示。

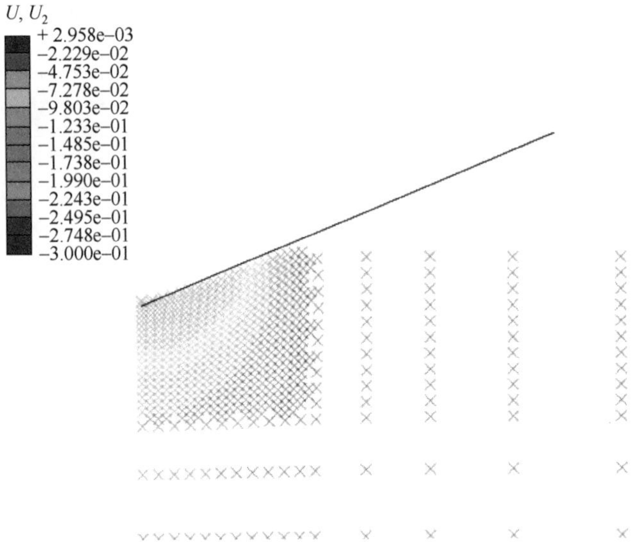

扫一扫　看彩图

图 13-17　位移云图

分别提取刚体压头的反力位移曲线，如图 13-18（a）所示。可见在相同压痕深度下，MSG 理论模拟出了较大反力。为了更加直观地反映这种硬化的变化，将相同压痕深度对应的反力做差值运算，分析其在普通单元反力的占比，观察这种差异的影响大小，定义这个无量纲量为硬化因数，来衡量材料的硬化水平，用 θ 表示，表达式为

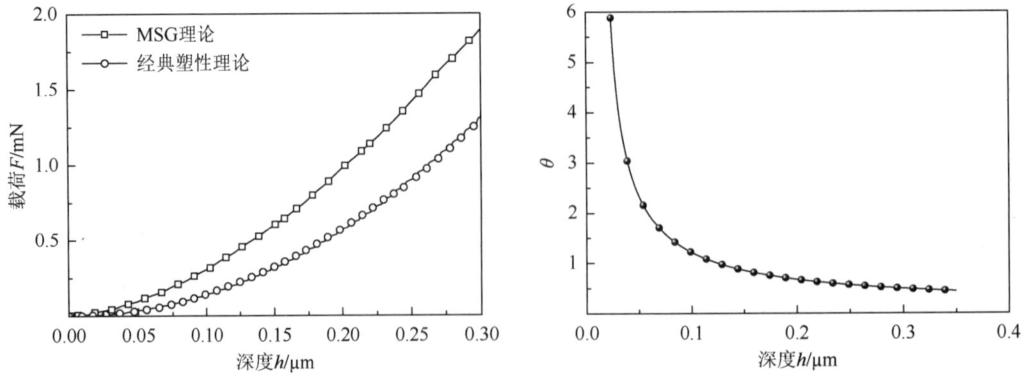

(a) 载荷–深度曲线　　(b) θ–深度曲线

图 13-18　压痕实验结果

$$\theta = \frac{F_{\mathrm{MSG}} - F_n}{F_n} = \frac{\Delta F}{F_n} \tag{13-19}$$

将硬化因素 θ 与压痕深度的关系绘制如图 13-18（b）所示，可见，随着压痕深度的逐渐增加，这种硬化影响逐步减弱。这一规律与实验中观察到的“越小越硬”的现象较为吻合。

进一步通过压痕的形状和反力，对被测材料的硬度进行计算。采用直接面积法来对硬度进行计算，如式（13-20）所示：

$$H = \frac{P}{A} \tag{13-20}$$

其中，P 为压痕过程中的最大载荷；A 为压痕的面积。面积是根据原子力显微镜测量实验压痕结果得到的，在有限元分析中可直接通过接触关系获取。

对有限元分析得到的数据进行处理之后，即可得到硬度随压痕深度的变化曲线，如图 13-19 所示。可见对于一般单元，即使在纳米级别下，虽然有一定的波动，但是其硬度基本保持不变，随着深度增加，波动也越来越小，与实验的情况并不吻合。MSG 理论的 UEL 单元则表现出随着深度的增加，硬度由大逐渐变小，最后慢慢趋近于经典塑性理论所得到的硬度。这种变化趋势与 Nix[13]、Ma 和 Clarke[14]与 McElhaney 等[15]诸多纳米压痕实验测得的结果基本一致。

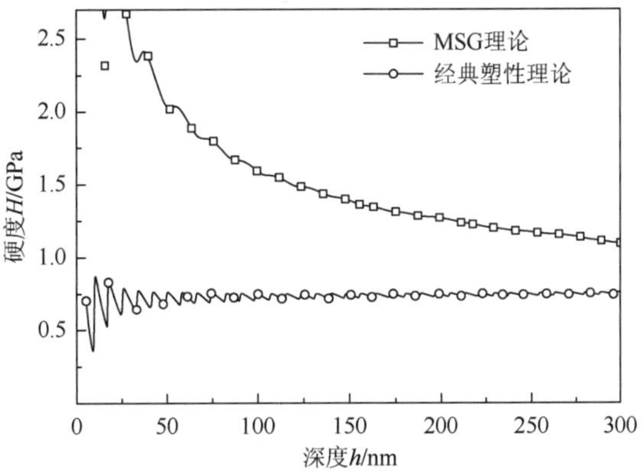

图 13-19　硬度-压痕深度曲线

13.3.3　UEL 代码和 INP 文件

参 考 文 献

[1] 谷雨. MEMS 技术现状与发展前景. 电子工业专用设备，2013，222：1-8.

[2] 张帅，贾育秦. MEMS 技术的研究现状和新进展. 现代制造工程，2005，(9)：109-112.

[3] 李志宏. 微纳机电系统（MEMS/NEMS）前沿. 中国科学：信息科学，2012，42：1599-1615.

[4] Fleck N A，Muller G M，Ashby M F，et al. Strain gradient plasticity：Theory and experiments. Acta Metall. Mater.，1994，42：475-487.

[5] Taylor G I. The mechanism of plastic deformation of crystals：Part Ⅰ.Theoretial. Proc. Roy. Soc. Lond. A Mat.，1934，145（855）：362-387.

[6] Nix W D，Gao H J. Indentation size effects in crystalline materials：A low for strain gradient plasticity. J. Mesh. Phys. Solids，1998，46（3）：411-425.

[7] Gao H，Huang Y. Taylor-based nonlocal theory of plasticity. Int. J. Solids Struct.，2001，38（15）：2615-2637.

[8] 黄克智，黄永刚. 固体本构关系. 1 版. 北京：清华大学出版社，1999.

[9] 姜汉卿. 应变梯度塑性理论断裂和大变形研究. 北京：清华大学，2000.

[10] 齐威. ABAQUS 6.14 超级学习手册. 1 版. 北京：人民邮电出版社，2016.

[11] 姜汉卿. 应变梯度塑性理论断裂和大变形的研究. 北京：清华大学，2000.

[12] 刘大彪. 微米尺度金属丝反常塑性行为实验与理论研究. 武汉：华中科技大学，2014.

[13] Nix R M. Sorption，chemisorption and desorption of hydrogen by neodymium overlayers and Nd/Cu ultra thin alloy films on Cu（100）. Surface Science，1989，220（1）：657-666.

[14] Ma Q，Clarke D R. Size-dependent hardness of silver single-crystals. J. Mater. Res.，1995，10（4）：853-863.

[15] McElhaney K W，Valssak J J，Nix W D. Determination of indenter tip geometry and indentation contact area for depth sensing indentation experiments. J. Mater. Res.，1998，13：1300-1306.